浪花朵朵

危险无处不在 1

[爱尔兰] 大卫·奥多尔蒂 著
(化名：诺埃尔·佐内博士)
[爱尔兰] 克里斯·贾齐 绘　韦萌 译

北京联合出版公司
Beijing United Publishing Co.,Ltd.

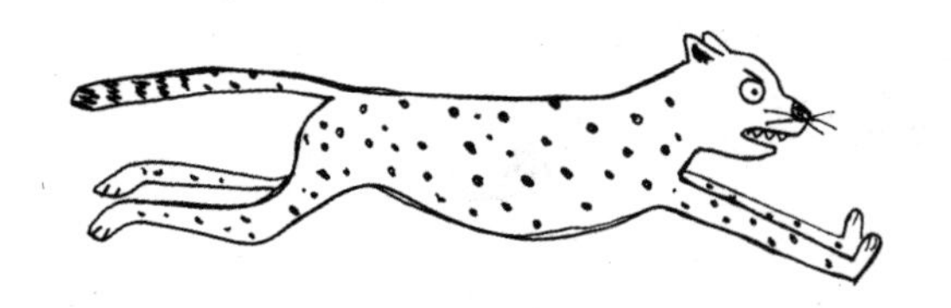

危险区书库 出品

危险 1 无处不在

世界范围内、人类历史上最伟大的危险学家

诺埃尔·佐内博士 作品

一本可以帮你避免**危险**的实用手册

谨以此书献给我的邻居格蕾泰尔。

希望她有一天能看到这本书。

——诺埃尔·佐内博士

非常感谢在我写这本书的过程中给我提供反馈的每一个人。

我把书页都撕下来了，用来清理我的山地自行车。现在请你立即离开我的店铺，再也不要回来了。

——阿尔菲·多诺霍，自行车商店老板

我们没办法把你的书扔进动物园管理员小屋的炉子里烧掉，因为长颈鹿已经把它尿湿了。

——罗克珊·坎特维尔，动物园管理员

我用它来垫桌子腿了，以免桌子总是立不稳。这是我对于你这本书（手册，或者其他什么东西）能说出的唯一一条优点。

——萨斯基亚·希尔-坎德斯，图书管理员

你竟然敢说我们学校里有些老师是吸血鬼！

——斯特普尔斯先生，某学校校长（可能也是一个吸血鬼）

大毛脸！头盔人！

——当地的一些孩子

诺埃尔

阅读
本书的
重要
说明
诺埃尔

说明一

确保在**安全场所**阅读这本书。

安全的阅读场所都有哪些呢？
请看下面几个例子：

1. 在床上，但需要检查床底下有没有
   呼呼大睡的老虎。
   注意：如果你有一只宠物猫，请先**确定它不是一只老虎。**

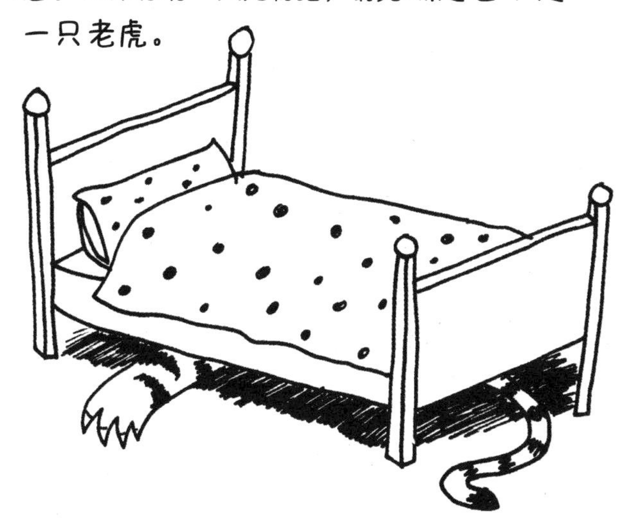

我们**稍后**会解答如何判断一只宠物猫是不是老虎的问题。

2. 靠在树上。

注意：确定你靠着的是一棵树，而不是一株巨型捕蝇草或者其他食人植物。

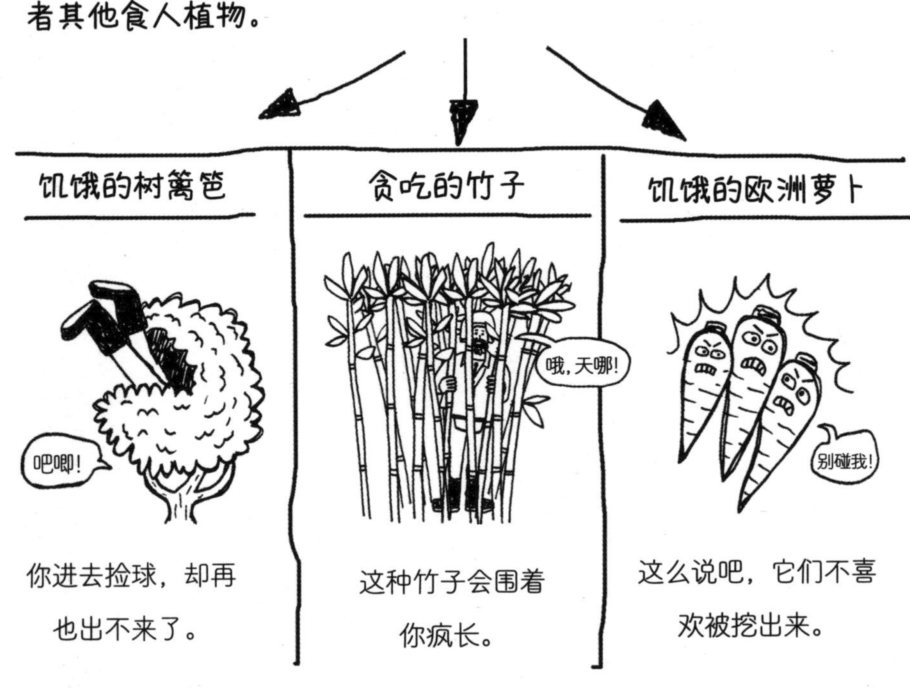

3. 坐在椅子上。

警告：坐直了！别窝着！那样对你的后背一点儿好处都没有。

从长远看，坐没坐样和其他危险的事情一样糟糕。

注意： 还要确认一下你的椅子**没有**着火。

不安全的阅读场所都有哪些呢？请再看看下面几个例子，

1. 骑着自行车躲避大黄蜂的追赶。

或者，只要是**在自行车上就不安全**。

（我讨厌自行车！）

2. 被关进鲨鱼笼，穿得像块三明治。

（鲨鱼爱吃三明治。）

3. 坐在着火的椅子上。

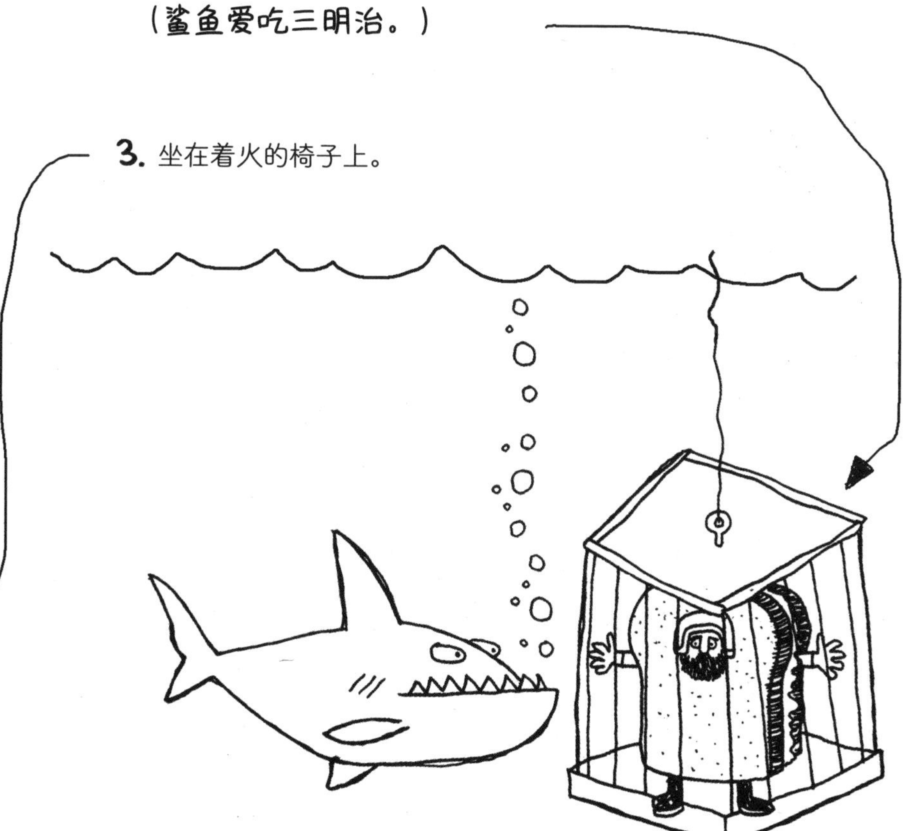

说明二

检查蝎子

你可能觉得阅读是一件安全的事情。你大概也会认为，

没有人会在读书时受伤。

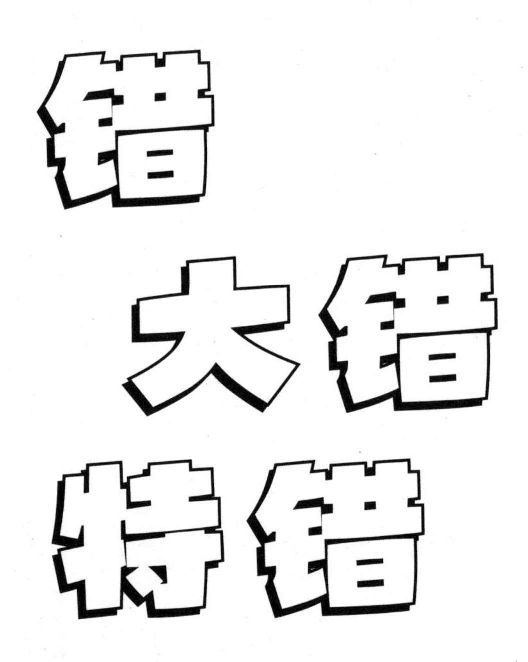

你错了一百万次！

如果你觉得安全，那是因为你从来没听说过

第9页上的蝎子，

那是一种可怕的虫子，它喜欢停在书籍的第9页上等着，

等你翻到那一页的时候，

它就会跳起来，牢牢地趴在你的鼻子上。

所以，从那一刻起，你必须跟你见到的所有人解释，说你不知道还有

第9页上的蝎子

这么一回事，也不知道它会趴在你的脸上，并从尾巴尖射出毒液。

如何检查第9页上的蝎子

1. 慢慢合上这本书，并把它放在地上。

2. 把这本书当作一张令人失望的小蹦床，上下蹦几次。

3. 如果你听见嘎吱声或者有东西被碾碎的声音，那么**恭喜你！你的鼻子得救了。**

好，继续看**说明三。**

说明三

请不要读得太快！

你会发现这本书有趣得让人难以置信，

书中充满了引人入胜的信息，一拿起来就会“嗖嗖”地翻个不停，

速度比你以前读过的任何一本书都要快。

那就要当心了！

如果你在烈日炎炎的室外看得太快，

整本书可能会突然着起火来。

所以，你最好在身边放一个灭火器，

或者提前准备一桶水，

一旦闻到焦煳味或者看到冒烟，就需要立即灭火。

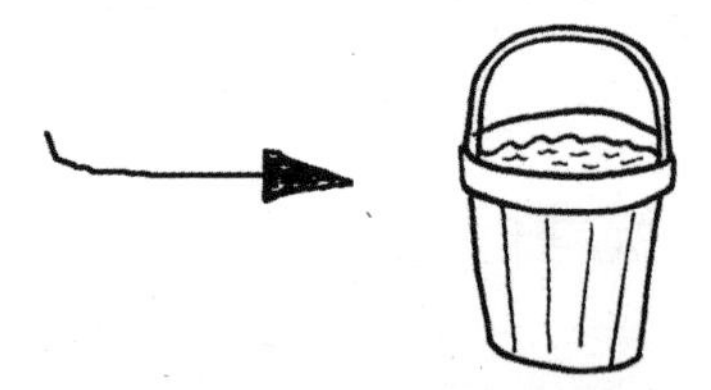

现在，你可以开始阅读这本书了。

谢谢！

可别告诉我，
你已经
把第9页的
蝎子
给忘了！

自我介绍

读者朋友们，你们好哇！

我是诺埃尔·佐内博士，我是一名

危险学家。

事实上，我是**世界上唯一一位危险学家。**

我可没吹牛，因为**“危险学家”**这个词是我自己发明的。

所以，你们可以称呼我为

世界上最伟大的危险学家。

或者：

诺埃尔·佐内博士：

世界范围内、人类历史上最伟大的危险学家

谢谢！

你们注意到我的头衔了吗？我是**博土**，而不是**博士**。

要想成为博士，没有多年的勤奋学习是不行的。

我给自己封了个**博土**的头衔，这样就能集中精力做一名**危险学家**了。

不仔细看的话，几乎没人能发现我头衔上的这个小猫腻，

这样就省去了很多解释的时间。

什么才是危险学家呢？

危险学家是**危险学**领域的专家。

那么，什么才是危险学呢？

危险学是**危险学家**专长的领域。

拜托，请不要再用“危险学”这个词来解释危险学家了好不好？

哦，好吧好吧。

你可能觉得这个世界是一个令人兴奋、适合冒险、适合骑行的地方，

可是在**危险学家**的眼里，

这是一个**随时**都会有危险发生的可怕的地方。

你这是在反对有趣的事情吗？

不不不不不不不不！我绝不是在反对有趣的事情。

我只是觉得趣人趣事会让人忘记

危险
无处不在

例如：也许你很喜欢爬树，

并觉得这件事十分有趣。

好吧，看看下面这个故事，再告诉我它是不是还那么有趣吧。

1.

你爬树爬到一半，发现一只**巨大的老鹰坐在那儿。**

2.

你赶紧往下爬，可还是被它叼着带回了森林深处的**秘密鹰穴。**

你被搁在巨鹰蛋上数月之久，偶尔被喂上几条**从土里刨出来**的虫子。没有别的食物，你也就别挑了。

当巨鹰宝宝出壳，会把你当成它的妈妈，又把你在怀里抱了整整一个星期。

终于熬到巨鹰飞走的那一天，就剩你一个人在鹰穴里。可惜离哪儿都很远，更别指望有公交车路过了。

你用了好长时间，**花了好大一笔钱**（火车票 + 汽车票）才回到家中。

这样的经历听起来还有趣吗？

一点儿也不！

你问我是如何成为危险学家的？

非常棒的问题。我曾经是一位

游泳池救生员。

游泳池有以下这些常见的安全规定：

- **请勿潜水**
- **请勿奔跑**
- **请勿跳水**
- **请勿搞爆炸**
- **请勿偷偷尿尿**
- **请勿啷啷我我**

可是没过多久，我又发现了不少未做警示的危险行为：

沿着游泳池边行走很危险。

入水很危险。

游泳本身就非常危险。

因此，我把这些活动也全都禁止了。

事实上，我禁止了任何形式的肢体运动。

可是这又产生了新问题。人在水里一动不动是要沉底的，

这样就
更危险了。

我只好用一个带圈的长柄救生工具（就像把吹肥皂泡的玩意儿放大了很多倍）把他们捞上来。

有一段时间，我异常忙碌，不停地向水里的人使劲吹口哨，直到他们一动不动，我再赶紧把他们捞上来。

然后我意识到游泳池的真正问题是：

水！

水在哪里，哪里就湿乎乎、滑溜溜的。水会溜进嘴巴，
钻进鼻孔，冲进耳朵眼儿。在水里游泳会让人感到疲惫不堪。

水让一切都变得**危险**。

我的解决办法很简单：

摆脱水。

水位
上限

我放空了游泳池里的水。不过你还是可以进入
游泳池，只是需要小心翼翼地顺着梯子爬下去，
穿泳装戴头盔，躺在冷冰冰的瓷砖上。

没过多久，我的游泳池就门可罗雀，我也只好关门大吉了。
我成功地让一个危险场所变得**一点儿也不危险**。

这真让我**喜出望外**！
谢谢大家的配合！

这本书的要点是什么？

这又是一个好问题。**问得好哇！**

不多不少，刚好有**两个要点：**

1. 提醒你

危险无处不在

2. 让**你**成为一名合格的**危险学家**（初级）。

你问我是谁？我是目前唯一的**危险学家！**

那么要怎么做才能成为危险学家呢？

如果你能安然无恙地坚持看完这本书，既没有**引火上身**，也没有**遭到攻击**，更没有**被书中的内容吓个半死**，你就有资格参加第232页的**危险学测试**（成为一名不折不扣的危险学家所必须通过的**危险学测试**）。

如果10个问题全部答对了，你将获得第241页展示的初级**危险学毕业证书。**

这意味着你也可以自称为**危险学家**（初级）了。

你还可以定制自己的

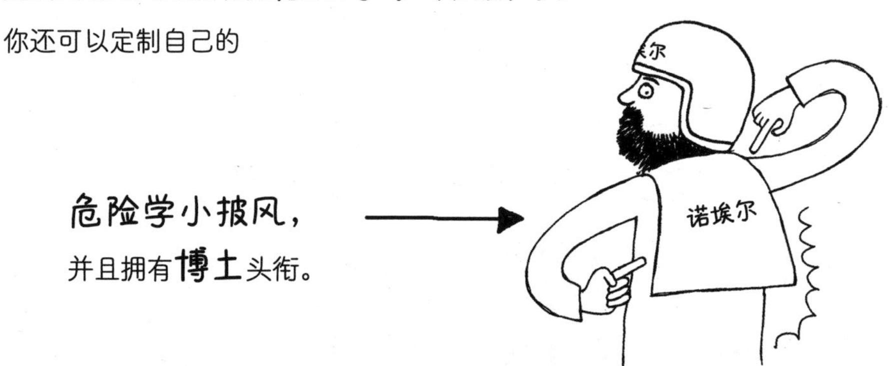

危险学小披风，

并且拥有**博士**头衔。

注意：我是五级危险学家，所以你们的水平跟我相比还有很大的差距，

不过，万事开头难，不要太着急。

我们可以一起向全世界宣告

谢谢！

Docter Noel Zone

诺埃尔·佐内博士

当今世界最伟大的危险学家

（格蕾泰尔的邻居）

重要程度令人难以置信！

重要性绝对超乎想象！

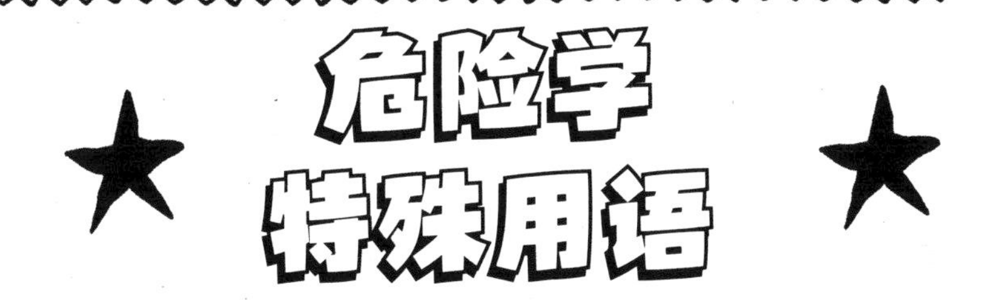

作为一名危险学学生，你需要习惯使用危险学特殊用语。

危险学家的生活将会非常忙碌，主要包括以下内容：

★ 寻险（寻找危险）

★ 指险（指出哪里可能会有危险）

以及

★ 确险（确认其他人都相当肯定没有危险的地方的确没有任何危险）

由于时间紧迫，危险学家们经常来不及完整地说一句话。

比如：你呼朋唤友，在宁静的田园一角举办野餐会，突然从森林中闯出一只**猎豹**。

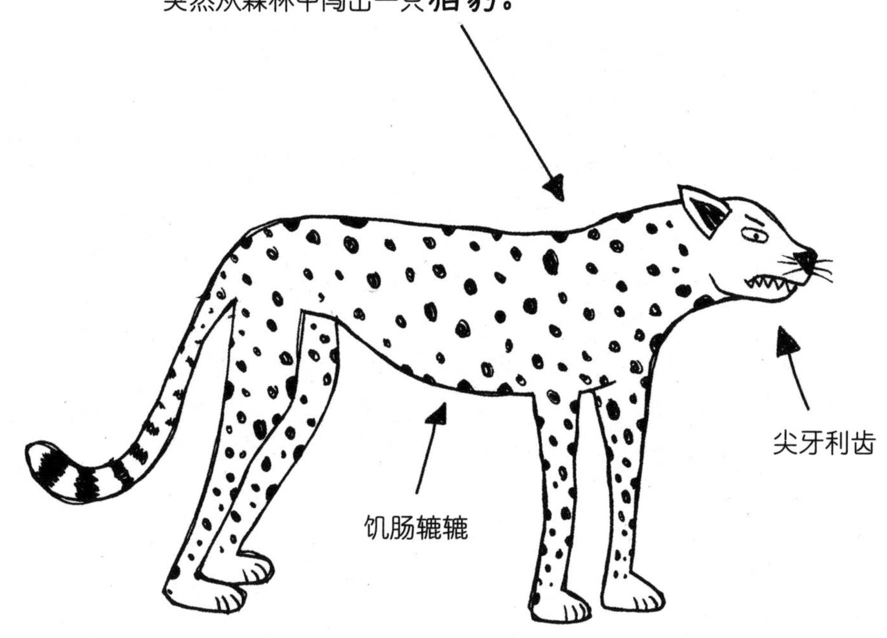

没学过危险学的人很可能会说：

“哦不！那是一只从森林里闯出来的猎豹吗？

没想到在这儿撞见它了。它是不是想吃我们的三明治？

不，等一下。它想吃……啊啊啊……啊啊啊，啊啊啊！”

下面的故事应该不用我再接着讲下去了吧。

（**线索提示**：跑、跑、跑，嚼、嚼、嚼）

如果是**危险学学生**，或者不折不扣的**危险学家**遇到这样的场景，

就会简练地喊出：

“猎豹警报！”

用来表示**附近有猎豹出没，并且非常危险。**

如果还有其他**危险学学生**或者不折不扣的**危险学家**在场，

听到“猎豹警报！”之后，都知道要立即站起来**开始跳舞。**

这是因为，包括猎豹在内的大型猫科动物以及喜欢在婚礼上乱发脾气的人都**恐惧舞蹈**——这比**没学过危险学的人或是非危险学家**见到猎豹的恐惧程度都有过之无不及。

猎豹看见有人跳舞，就会立马调头，全速跑回森林。

你将在这本书中看到许多危险学特殊用语。

下面是一些基础用语的速查指南：

避免被愤怒和强攻击性动物攻击的建议

（AAAAaAAA）

AAAAaAAA是避免被愤怒和强攻击性动物攻击的建议（**A**dvice **A**bout **A**voiding **A**ngry **a**nd **A**ggressive **A**nimal **A**ttacks）的首字母缩写。读的时候一直"啊啊啊"就好了，记得在"a"的地方稍微停顿一下。

AAAAaAAA很重要，书中出现了很多次。

还有一个词也常常出现：

生活避险十大诀窍

（TTTFADIES）

TTTFADIES是英文**T**op **T**en **T**ips **F**or **A**voiding **D**anger **I**n **E**veryday **S**ituations的首字母缩写，即"日常生活避免危险的十大诀窍"，也可称为"生活避险十大诀窍"。

举个例子，如果你要出去度假，请务必查阅一下生活避险十大诀窍之度假篇，以及当地的避免被愤怒和强攻击性动物攻击的建议。

希望你能好好享受假期，但在规划行程的时候，记得一定要把

侧重点放在安全上

危险警报装置（DAD）

在**危险学**中，**DAD**不是爸爸，而是**危险警报装置**（**D**anger **A**lerting **D**evice）的首字母缩写。

它其实就是一个挂在脖子上的口哨，用来向别的**危险学家**发出“附近有**危险**”的信号。

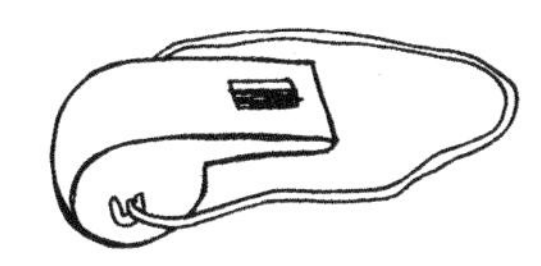

警告！ 在足球比赛中，切勿吹响你的**危险警报装置（DAD）**。场上球员会因此停止比赛，每个人都会对你非常不满。

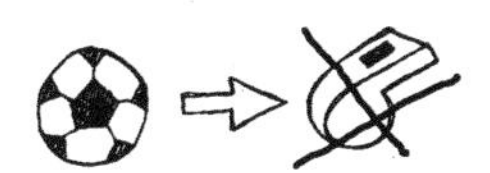

当心！ 不要使用哨音太过尖锐的**危险警报装置（DAD）**。它可能会招来附近的狗，让状况变得更加危险。

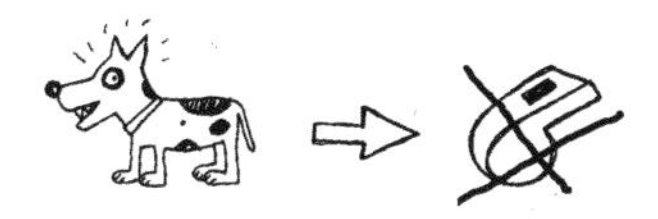

注意！ 还有一个特殊用语也非常重要，那就是**危险学毕业证书**，你只有通过了**危险学测试**，才能获得这个证书。

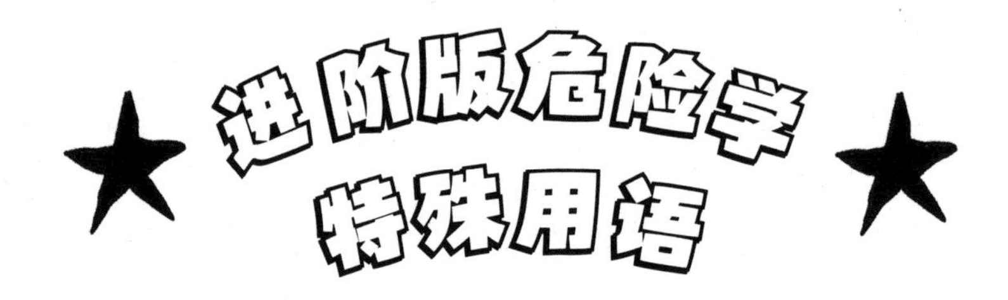

不好吃（NAAD）

（**NAAD**是英文**N**ot **A**t **A**ll **D**elicious的首字母缩写，意思是“一点儿也不好吃”，简称“不好吃”。）

见到这个词就别吃了。

好吃（RED）

（**RED**是英文**R**eally **E**xtremely **D**elicious的首字母缩写，意思是“真的非常好吃”，简称“好吃”。）

这与“不好吃”的意思正好相反。

举个例子：那块蛋糕**不好吃**，这棵卷心菜**好吃**。

注意1：别搞混了，这棵卷心菜不是红色（red）的，而是**真的非常好吃**。

为了避免产生误会，你在说**RED**的时候，声音应该比说“red”更响亮一些。

注意2：卷心菜的确很好吃。这是我最喜爱的食物，也是**无危物品**（完全**没有**任何**危险**的**物品**）的绝佳范例。

个人急救腰包（PEBB）

PEBB是个人急救腰包（**P**ersonal **E**mergency **B**um **B**ag）的首字母缩写。

每一位**危险学家**都需要在腰间系一个**个人急救腰包**，

里面装满**抗险设备和小工具**。

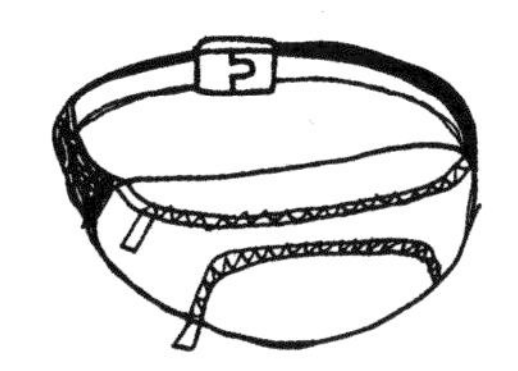

危险学小披风（T-COD）

T-COD是危险学小披风（**T**iny **C**ape **O**f **D**angerology）的首字母缩写。

危险学小披风相当于**危险学家**的姓名牌。

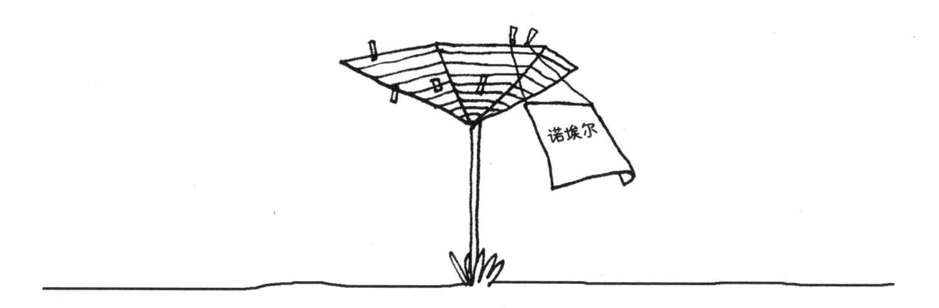

非常危险（TID）

TID是**非常危险**（**T**hat's **I**ncredibly **D**angerous!）的首字母缩写。

危险学家总把这个词挂在嘴边。

不太危险（NED）

NED是**不太危险**（**N**ot **E**specially **D**angerous）的首字母缩写，

是**非常危险**（**TID**）的反义词。

介于这两个词之间的，是**变得有点儿危险**。

在极少数时候，还你会遇上用**非常危险**都

不足以形容的危险情况。

在**危险学特殊用语**中，这种罕见的情况被称为：

极其危险（RAD）

RAD是**R**eally **A**wfully **D**angerous的首字母缩写，
意思是“**真的极其危险**”，简称“**极其危险**”或“**极危**”。

如果你感觉有什么**极其危险**的事情将会发生，
你就应该**卧床休息**。

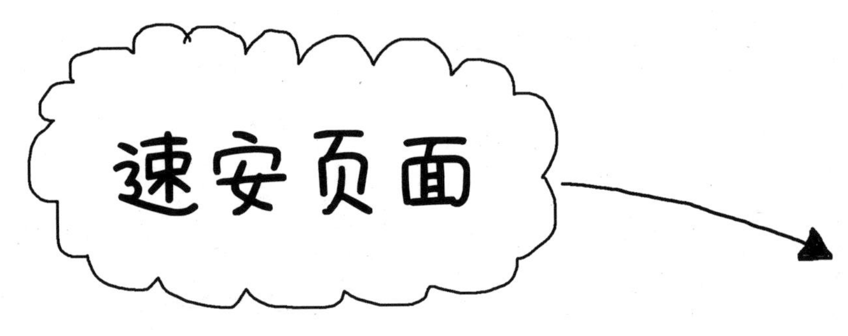

（速效镇定安神页面）

虽然本书的目的是告诉你

危险无处不在，

但是书中的一些内容也很可能会把你吓得够呛，以至于手抖得没办法继续翻页。

这将严重影响你完成危险学测试以及获得危险学毕业证书。

如果书中任何内容让你觉得过度恐惧，

你都可以看看右边的速安页面。

这是我能想象出的最放松、最平静的画面。

你可以随时翻回这一页，盯着画面平静片刻，直到你感觉好一些，能继续往下看为止。

如果你盯着画面看了5分钟，依然觉得害怕，那你就应该卧床休息，最好能躺上一整天。

现在，让我们找一个非常熟悉的地方，开始

危险无处不在

的课程吧。

浴室里的危险

你的浴室看起来很安全。卫生纸、软毛巾、泡泡浴……

可能觉得这些东西一点儿也不危险。

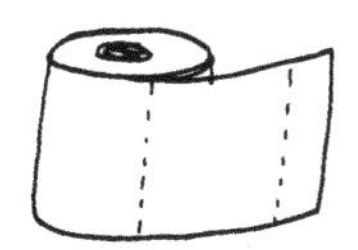

哦，天哪！

你这个想法错得有些离谱。

对于在家里养犀牛的人来说，浴室排在**犀牛屋**（你没看错！那是一间养了活犀牛的屋子——**极其危险**）之后，是家中第二危险的房间。不过对于大多数人来说，浴室就是家中最危险的地方。

你常在**困得睁不开眼睛的时候**造访浴室吗？这会让浴室变得**非常危险。**

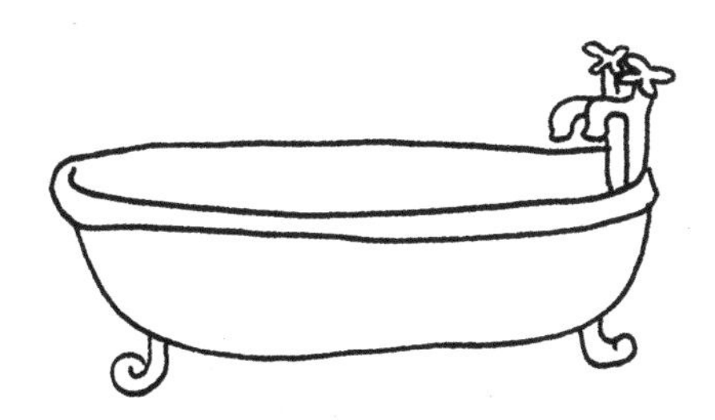

早上刚起床和夜里临睡前是一天当中最危险的两个时段。

除此之外，

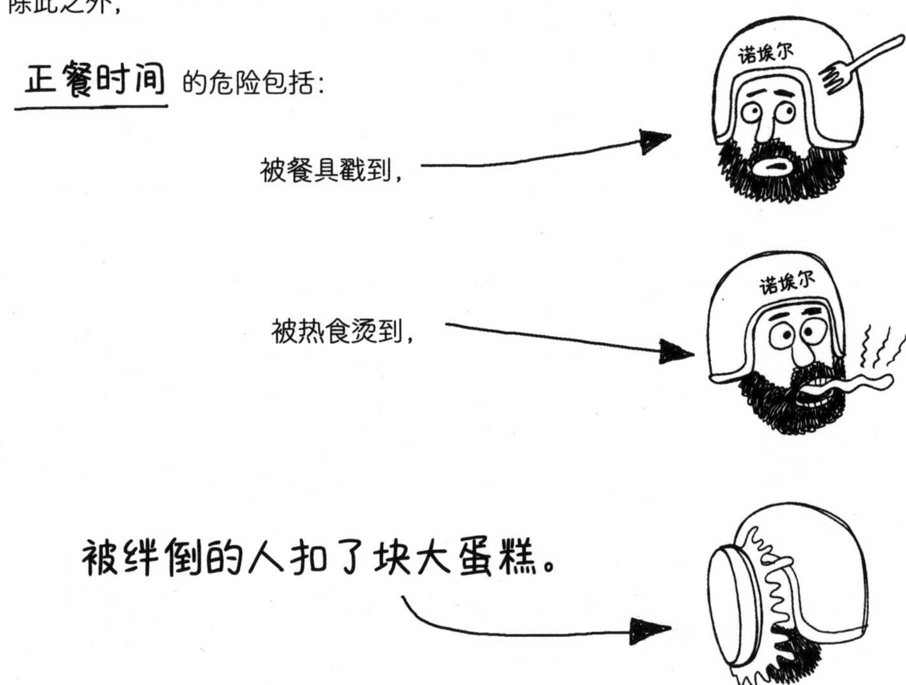

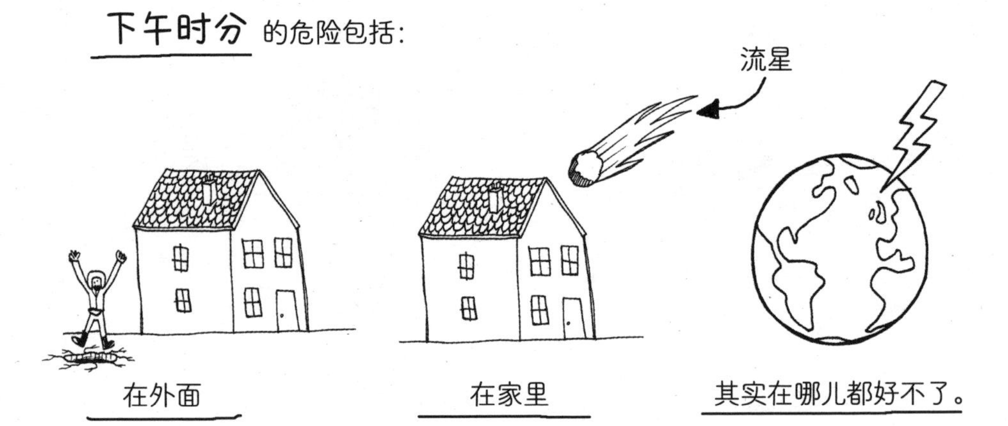

晚间时段的危险包括：

玩棋盘游戏玩出事故。

（比如：骰子卡住鼻孔。）

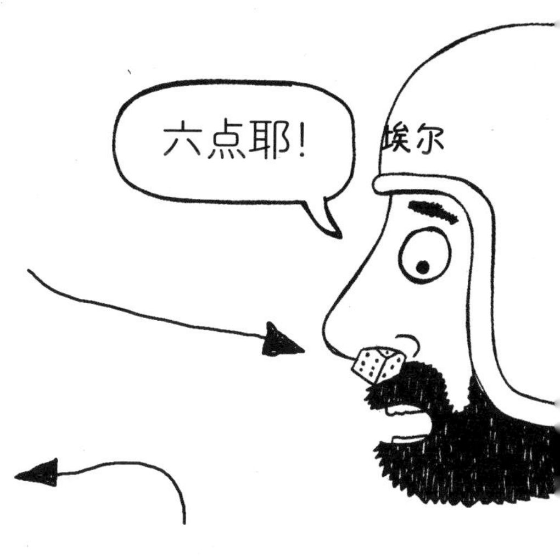

写家庭作业写出意外（**这部分稍后会具体介绍**）；

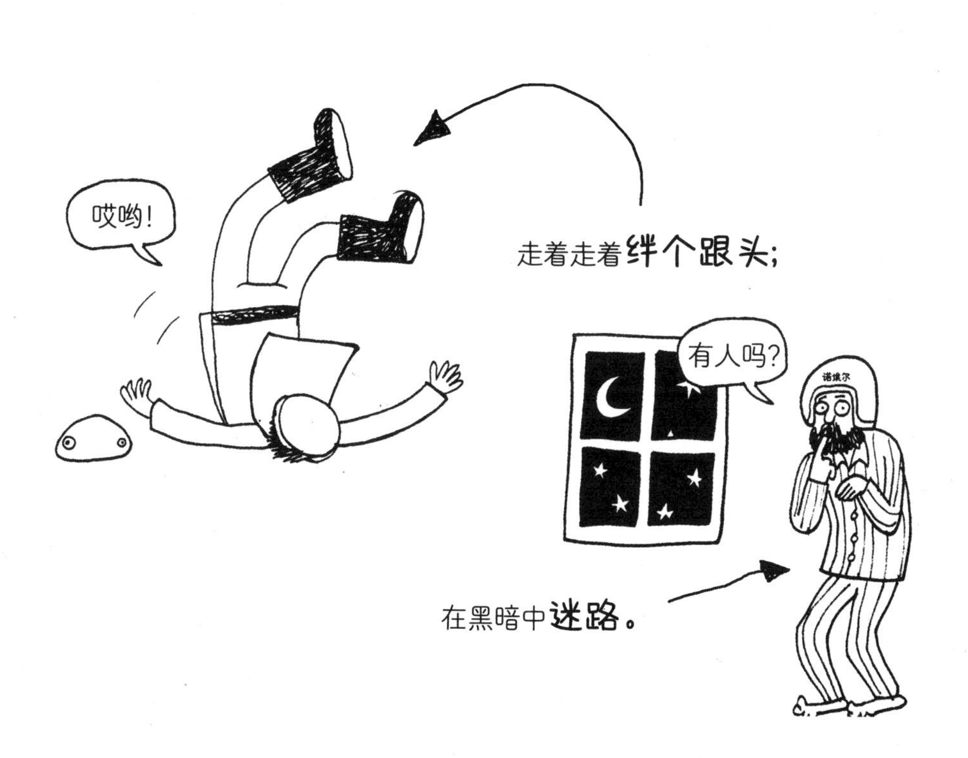

走着走着**绊个跟头**；

在黑暗中**迷路**。

在浴室危险清单中，排在最前面的是

牙刷蛇

牙刷蛇是一种老家在比利时的危险动物，极其罕见。它看起来像一支牙刷，会偷偷溜进浴室，躲在洗脸池边等待时机攻击人类。

如果你没有太当心，误把牙膏挤在牙刷蛇的身上，它将会在你准备刷牙的时候从你手中一跃而起，

并钻进你的鼻孔。

接下来会发生什么呢？

接下来就会发生最糟糕的一种情况：

牙刷蛇并不会消失，

它就那么挂着，看上去就像一条醒目的大鼻涕。

那么，该如何摆脱牙刷蛇呢？

现在，问题变得有点儿棘手。牙刷蛇把自己牢牢钉在你的鼻孔里，你没办法把它硬拽出来，或是用真空吸尘器吸走。而且，挠痒痒、吹气这些对付怪物的办法对牙刷蛇也起不到任何作用。

好了，别再瞎折腾了，摆脱牙刷蛇只能借助**音乐！**

但不能用广播里放的那种音乐。你需要自己演奏小号或者别的什么管乐器，只要是往里吹气就能发出声音的乐器都行。

图1：牙刷蛇发起进攻。

图2：牙刷蛇被赶走了。

但是还要当心！

牙刷蛇**很讨厌情歌。**

最好能吹奏进行曲、生日颂歌或者其他类似的旋律。

你还好吗？希望你摆脱牙刷蛇之后没有**受到太大的惊吓**。

不过，**从现在开始**，这本书将会变得更加可怕，请你做好准备。

危险的宠物

挑选一只合适的宠物非常重要。

挑对了，你就拥有了一位

最好的新朋友。

挑错了，你就相当于给自己买了**一张通向食人镇的单程车票，希望你能明白我的意思**

（我的意思就是：你在食人镇上会被吃掉）。

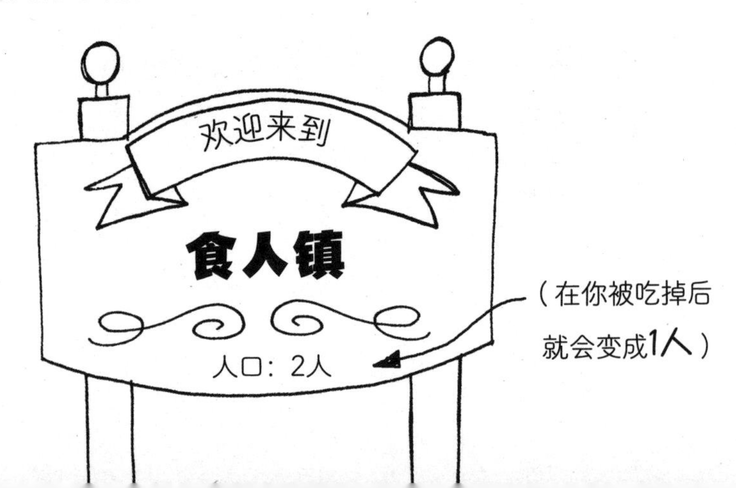

对于任何新宠物，你都应该考虑一下这个最重要的问题：

它现在看起来的确很可爱，
可是一年以后又会是什么样子呢？

比如说，我养了一只小猫。

我该如何确认这是一只正常的猫，

而不是一只幼虎呢？

如何判断你养的猫是不是一只老虎？

先问问自己下面三个简单的问题：

1. 我的猫是不是比别人家的猫大了许多？

2. 它的牙齿是不是很大，有时还会跃跃欲试，想吃掉肥美多汁的邻居？

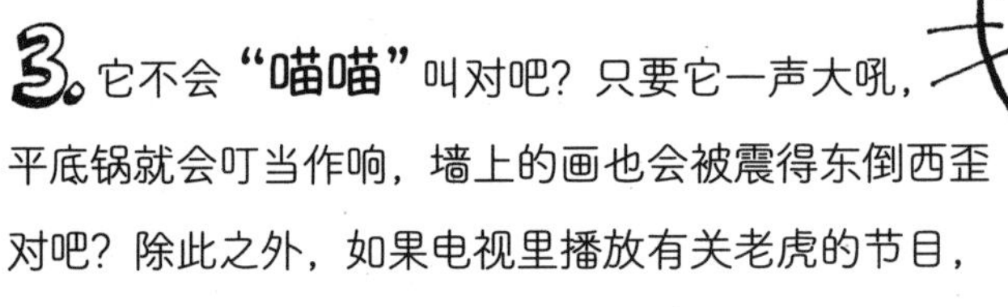

3. 它不会**“喵喵”**叫对吧？只要它一声大吼，平底锅就会叮当作响，墙上的画也会被震得东倒西歪对吧？除此之外，如果电视里播放有关老虎的节目，它是不是一边默默地盯着自己的朋友，一边泪流满面？

如果你的答案里至少有**两个“是”**，那么毫无疑问，**你的宠物猫实际上是一只幼虎。**

你应该**立刻**给当地动物园打电话。

在你等人来的这段时间里千万别闲着，一定要**跳舞！（猛虎警报！）**

我养的宠物狗是一只幼狼吗？

它会冲着月亮嚎叫吗？它很喜欢鸡肉吗？你家附近的鸡会丢吗？它会不会在夜里偷偷跑出去，大清早才回来，粘着满身毛，还有一股鸡的味道？

简明新闻：当心了，它根本就不是狗！恶狼警报！

我养的宠物鱼是大白鲨宝宝吗？

它看见你吃三明治，会不会激动得控制不住自己？它饿肚子的时候，会不会把背鳍露出水面，并且一圈一圈地游？它有没有撞碎过鱼缸，并跑出来吃掉你的家人？

如果是，那就要当心了，你应该大喊“鲨鱼警报！”，并在它吃掉更多人之前，雇一位老船长或捕鲨人把它抓走！

我养的仓鼠是河马宝宝吗？

仓鼠转轮对它来说是不是**太小了**？

它是不是**比你还大**？

它是不是一张嘴就能吞下一顿饭，打饱嗝的声音比摩托车还响？

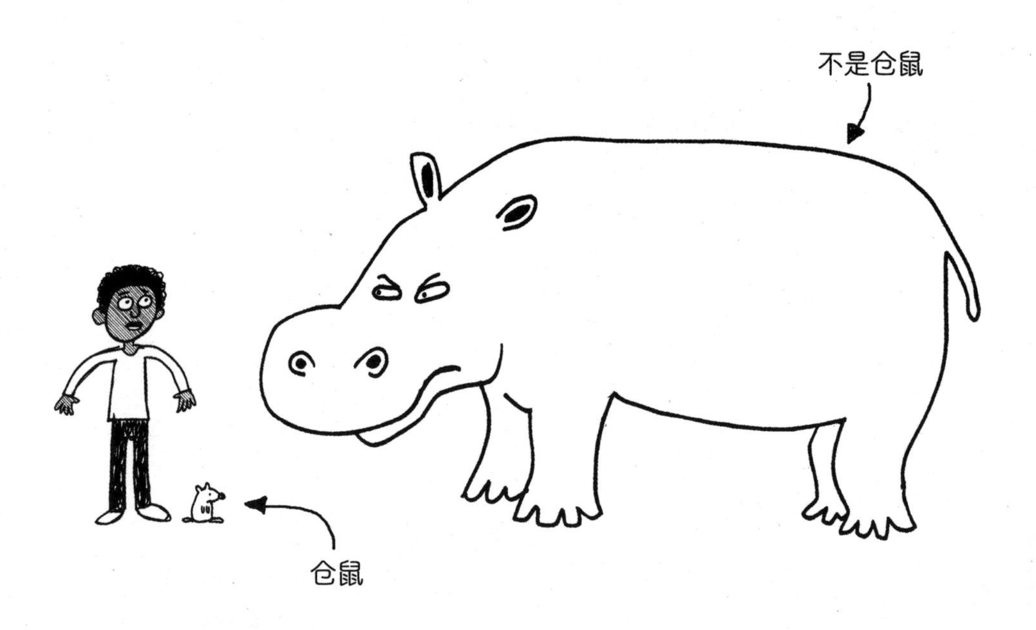

河马警报！我确定这根本不是一只仓鼠。

并且**极其危险！快跑啊！**

也许你应该考虑拥有一只**一点儿也不危险**的宠物——

也就是**危险学**中所说的**无危宠物**（完全没有任何危险的宠物）。

举几个无危宠物的例子

1. 室内植物

它既不会啃家具，也不会在床上尿尿。室内植物就像

一条不吃不喝也不动的狗，除了缓慢生长，什么也不做。

警告1：在家种植香蕉树是个糟糕透顶的主意。

黑猩猩听说了会跑过来和你一起住的。

警告2：不要养**食人植物**，

还要小心**仙人掌扶手沙发**，

要是被它扎一下，有你好受的。

2. 卷心菜

卷心菜是一种绝佳的宠物替代品。我有多喜欢安全，就有多喜欢卷心菜。

我吃过最好吃的卷心菜出自邻居格蕾泰尔的商店：

格蕾泰尔的卷心菜小屋。

我每天都去她那儿买一棵回家当午饭。格蕾泰尔一直很贴心，

总是友善地询问我最近过得怎么样。可惜我老是羞羞答答的，

憋了半天也搭不上一句话。我这么紧张，肯定是因为她把

卷心菜堆得摇摇欲坠，如果垮塌了（就像雪崩一样）

就**会把我们全都埋进去。**

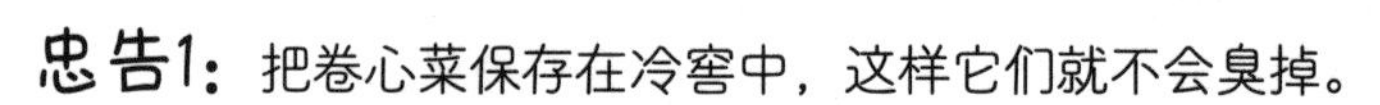

忠告1：把卷心菜保存在冷窖中，这样它们就不会臭掉。

臭卷心菜可**不好吃。**

忠告2：别误把你的宠物卷心菜当午饭吃了，

再**好吃**也别吃。

3. 石头

我的宠物是一块石头。他不会饿肚子，不必带出门遛弯、尿尿，也几乎不用照顾。你只需要给他画上眼珠子，出门滑旱冰的时候也把他带上就行了。这就是我的宠物石——德尼斯。

德尼斯跟我在一起五年了。以前他还有一个妹妹，名叫梅根。可惜我带着他俩去海边游泳的时候，把梅根弄丢了。德尼斯特别想念妹妹，你瞧他有多伤心。

梅根应该还在那儿，我们希望有一天可以找到她。

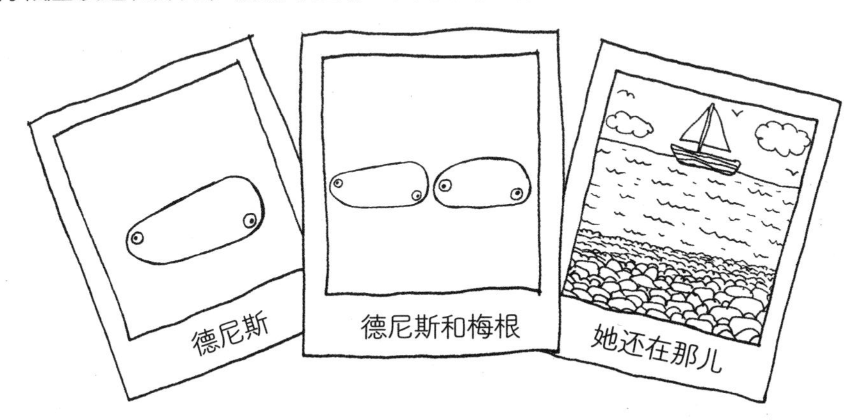

天空中的危险

放风筝

我有两个外甥女，名叫凯瑟琳和米丽森。她俩喜欢到我这儿来和我待着。

你们瞧，她俩看起来多开心呀！

我尝试着教她们一些**危险学知识**，可是她俩好像

并不想成为**危险学学生**。

这是因为她们太年轻了，还没有意识到

危险

无处不在

比如说，她俩喜欢放风筝——**这是最危险的事情之一。**

为什么这么说呢？请看下面三种情形：

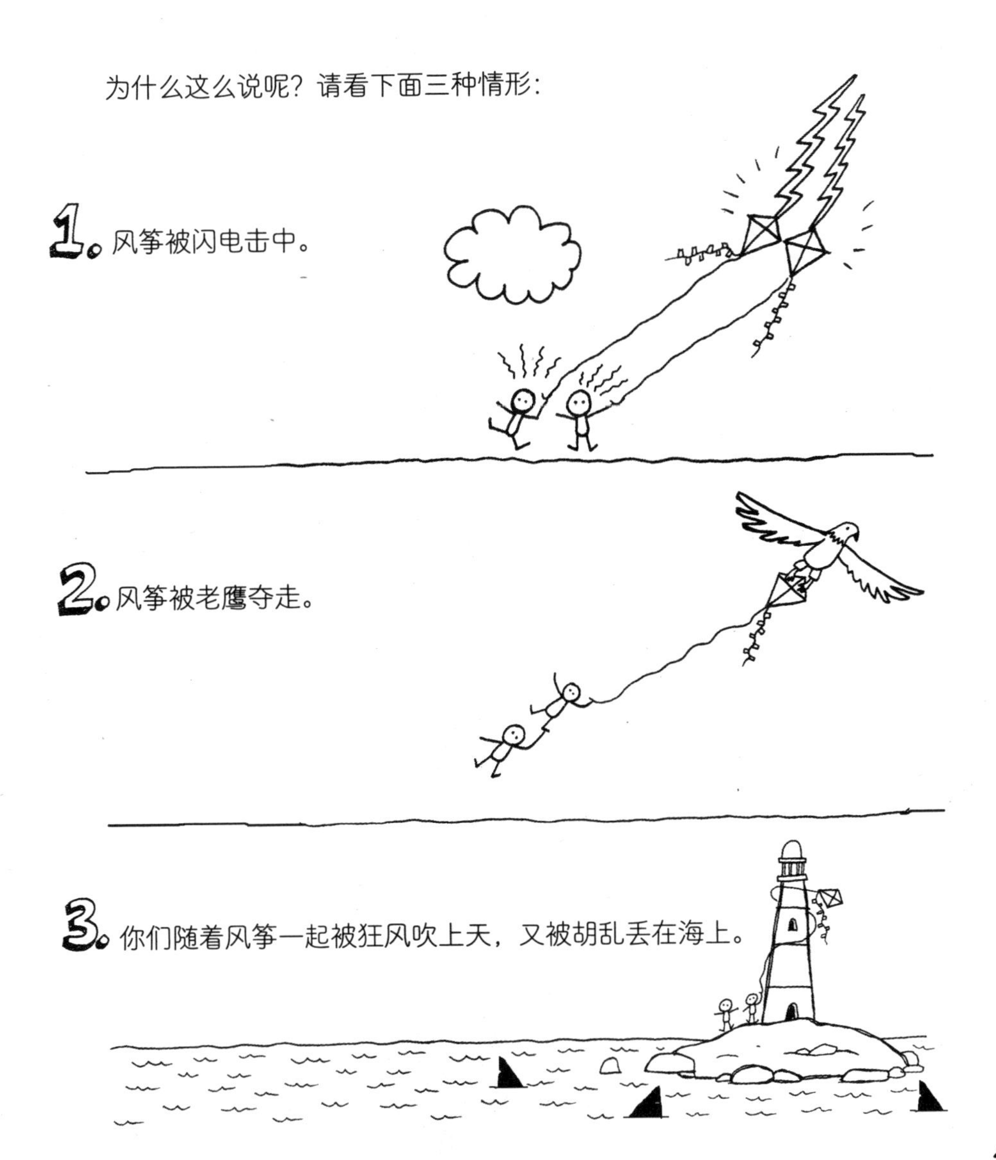

1. 风筝被闪电击中。

2. 风筝被老鹰夺走。

3. 你们随着风筝一起被狂风吹上天，又被胡乱丢在海上。

如果掌握下面几个**基本安全小窍门**，就能让放风筝既有趣又安全。

1. 起风时绝对不去放风筝。

只有在一点儿风都没有的情况下，

风筝才不会飞起来——

这样操作绝对安全。

2. 在风筝上扎满窟窿——这是

确保风筝飞不起来的又一妙招。

或者，直接把风筝换成卷心菜，

这样不就更安全了吗？

（或许可以考虑用格蕾泰尔小屋的美味卷心菜。）

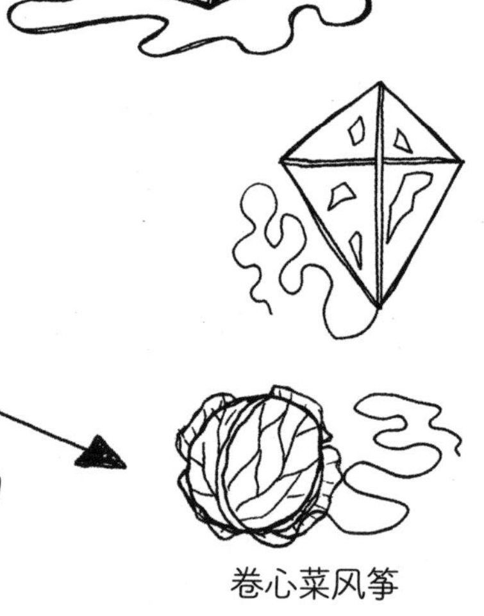

卷心菜风筝

3. 为了确保你不会连同风筝一起被风吹走，就需要**让自己变得更沉。你可以穿上你所有的衣服。**再在衣兜里揣上宠物石和其他各种重物，出门前再大吃一顿。甚至还可以请人帮忙挖一个坑，将下半身埋起来。

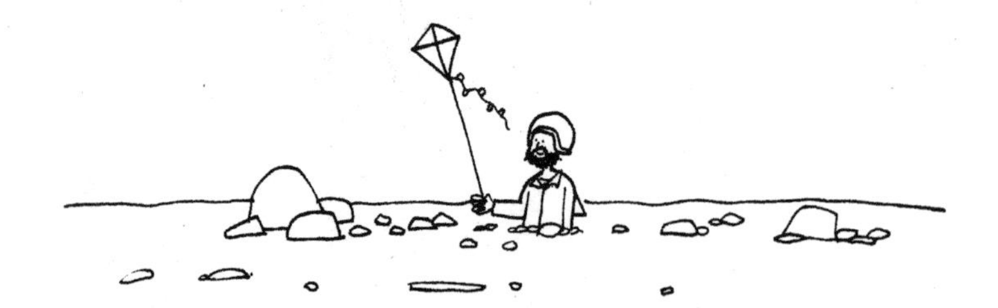

你还可以坐在汽车后座上，**系上安全带**，

然后把风筝伸出车窗。这一招是不是更妙？

注意：还是要留心，可能会有**低空飞机**驶过……

所以，我还是建议你们**待在家里，躺在床上假装放风筝。**甚至可以把像风筝一样的硬纸板粘在扫把杆上。瞧，凯瑟琳和米丽森玩得多开心呀！

谢谢你们，两位年轻的小姐。

校园里的危险

我的老师是吸血鬼吗？

过去，人们很容易通过尖牙利爪、披肩、毛发等特征认出吸血鬼。

可是现在他们学聪明了，打扮得很低调，不仔细看还以为他们是电台新闻主播呢。

校园是僵尸，特别是吸血鬼兴风作浪的理想场所。所以，当你待在学校里的时候，**一定要多留心了。**

假扮成新老师是吸血鬼在学校常用的花招。

“哦，年轻的女士们先生们，你们的老师今天来不了了**（真正的原因是他们都被我吃掉了）**，在他们回来之前**（其实再也回不来了）**由我给大家上课。”

辨别新老师是不是吸血鬼，一共有5种方法。

1. 大蒜

众所周知，吸血鬼都**讨厌**大蒜。所以，为什么不送新老师一份**蒜香浓郁的见面礼**呢？

比如说蒜蓉面包、蒜香鸡柳，或者装满大蒜头的果篮都可以考虑。

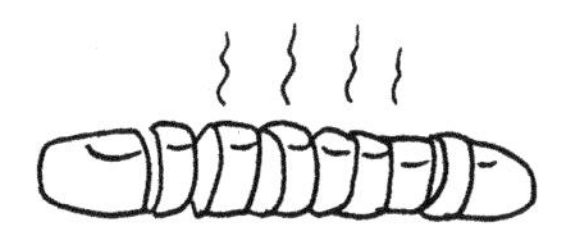

如果他们喜出望外，对你精心挑选的礼物感激不尽，

你就可以安心地跟着新老师上课了。可如果他们尖叫着逃跑，

那么**祝贺你！**

你识破了新老师的真面目，挽救了大家的性命。

2. 吃纸

你的老师吃纸吗？我说的可不是细嚼慢咽的那种吃法，

而是撕了书直接往嘴里塞。你有没有发现书本经常不翼而飞？

而且每次丢书之后，老师都是一副酒足饭饱的模样？

你有没有见过老师往午餐例汤或者三明治里放过纸？

听好了，你的老师绝对是吸血鬼。

吸血鬼的脸色看起来那么苍白，

就是因为他们爱吃纸。

3. 汽水

喝完汽水之后的异常反应是吸血鬼另一个不太为人所知的特点。咱们喝完汽水顶多打几个嗝儿，可是吸血鬼喝完汽水后会放屁！

千真万确！

不管你曾经放过多么响的屁，也都不能和吸血鬼的屁相提并论。你听过远洋巨轮向另一艘船或者灯塔打招呼时发出的汽笛声吗？

或者，你听过大卡车在公路上超车按喇叭时发出的轰鸣声吗？

吸血鬼喝完汽水之后放屁的声音就类似这样。

4. 邪恶的笑声

通过邪恶的笑声来识别吸血鬼也是个不错的办法。

和大多数人一样，我会**“哈哈哈”**地笑，有时候也会**“嘿嘿嘿”**。

我还听到格蕾泰尔在卷心菜小屋发出过**“嘻嘻嘻”**的笑声，

听起来真是可爱极了。

吸血鬼可不会这样笑，他们的笑声是：**呜哈哈哈哈哈哈哈……**

只要他们开启了大笑模式，**“呜哈哈哈哈哈哈哈……”**

就会无休无止，绵延不绝，经年累月。

所以，准备好秒表和笑话去检验一下你的老师吧。

你：夜里飞老师，我有个问题想请教您。

夜里飞老师：说说看，我的孩子。

你：汤里为什么有条黑带？

夜里飞老师：为什么呢，我的孩子？

你：因为这是一碗胡萝卜汤（“胡萝卜色的”英文为carroty，一定要把它故意读成karate。Karate是“空手道”的意思）。

等到老师被逗笑了，你就按下秒表，开始计时。

呜哈哈哈哈哈哈哈……

如果超过10秒钟，笑声还没停下来，那么

夜里飞老师肯定是吸血鬼，赶紧逃命吧！

5. 变成蝙蝠

再告诉你一种非常管用的识别吸血鬼的方法——看看你的老师是否变成过蝙蝠。吸血鬼不喜欢开车，一般也不坐公交车，所以他们出门时，或者变成蝙蝠飞起来，或者**骑平衡车。**

你试着回忆回忆下面这三个问题：

A. 你见到过老师在放学之后变成蝙蝠吗？

B. 你的老师有没有迟到过，而且是飞着赶来的？

C. 你的老师经常骑平衡车来学校吗？

如果任何一个问题的答案是**肯定的，**那么毫无疑问，

你的老师就是一个吸血鬼。快快快，赶紧告诉校长！

不过，等一下，**先得确认你的校长不是吸血鬼才能这么做。**

好样的！

能坚持看到这一页的人都特别勇敢。但是，如果你以为书中可怕和

危险的部分都已经翻篇了，**那你真是高兴得太早了。**

我们才刚刚看到第53页。千万别忘了，在这本书里，

在这个世界上，

危险
无处不在

下面我们要找一个特别危险的地方，

在那里继续学习日常**生活**中**避**免危**险**的

十大诀窍。

生活避险十大诀窍

超市篇

1. 请**仔细**规划你的行程。**画一张详细的超市地图，**

包括你要去的货架区和预计到达时间。

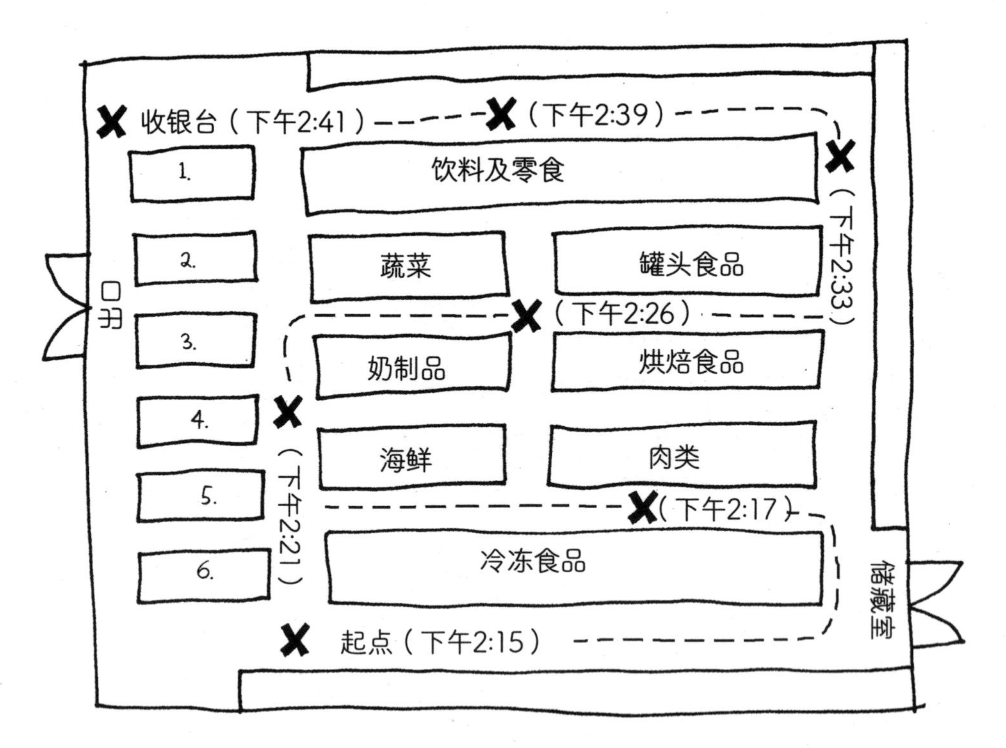

2. 每来到一片货架区都应该**点一次名**，

以确保购物小组全体成员已经**按时安全到达**。

3. 用绳子把大家连成一串，就可以避免有人走丢。

别忘了在每个人的**危险学小披风**上写上名字，店内广播找人用得着。

例如：“那位坐在南瓜堆顶上，用双筒望远镜到处观察，

头巾上写着**诺埃尔·佐内博士**的先生，请你赶紧下来好吗？”

4. 挑一辆**不摇晃、四个轮子都能转动**的购物车。

晃晃悠悠的轮子会影响转向，还可能引起**多辆购物车追尾。**

还有，在购物车正前面加装一只大功率自行车灯，不但可以**提高能见度，**停电时还容易找到出口。推车时也请**多加小心，**转弯时千万别忘了打手势，并吹响**危险警报装置。**

5. 在大规模产品展示区周围活动时，要**格外当心。**

最轻微的碰撞都可能让堆积如山的商品垮塌。当你发现自己**被埋住**时，就只能用嘴**吃出一条生路**了——如果是卷心菜（一种**好吃**又**非常危险**的诡异混合体）还有可能实现，可如果被堆成山的洗衣粉埋起来怎么办？**（不好吃。）**

6. 如果你身上的绳子松了，而你又迷了路，**切莫惊慌。**先按照头顶的标识找到**日用品区。**

然后找一把扫帚或者长刷子，**把你的危险学小披风挂在它的一端。**再把扫帚高高举起，同时吹响你的**危险警报装置。**这样你就很容易被购物小组的其他组员发现了。

7. 如果你已经走丢了好一会儿，
情况变得异常紧急时，赶快去
碳酸饮料区。
找出四**大瓶汽水，**使劲摇晃后
将它们放在屁股下方，然后坐下去。

你只要把瓶盖拧开，
就会**被汽水喷泉**
推送到半空中。
这时，你居高临下，就很容易
看见购物小组的其他组员了。

8. 不要购买那些**本身就很危险的东西**，比如尖锐的萝卜、活蹦乱跳的龙虾。

还得当心**超市美洲豹**。它们身上的黄毛再配上黑色斑点，很容易藏在熟透的香蕉堆里辨认不出来。

准备跳舞（美洲豹警报！）

9. 收银台也是一片非常危险的区域，尤其是对于个头矮小的购物者，一不小心就有可能与结过账的东西混在一起，被人装进袋子里拎走。

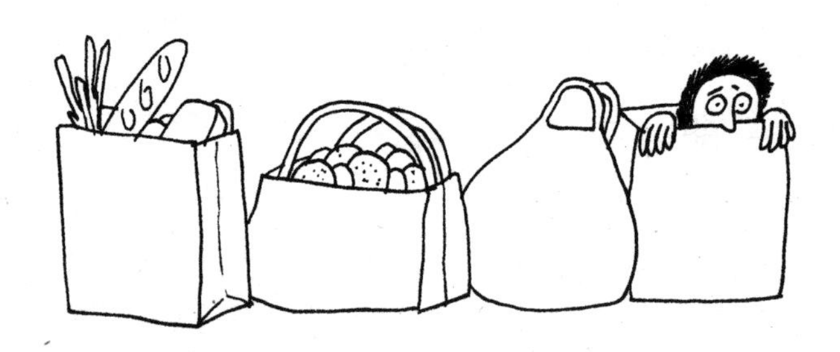

设想一下，如果他们回家没注意，

直接把你倒进平底砂锅里怎么办？

为了避免这样的惨剧发生，请务必在收银台不停地重复：

“我不是一袋胡萝卜！

我不是一袋胡萝卜！”

以及

“我不是一条羊腿！

我不是一条羊腿！”

10. 别把你的购物袋塞得太满。

袋子里的东西如果掉出来，会摔个稀巴烂，还可能混合成全新的危险物质。比如，鸡蛋、洗洁精和猫粮这些东西单独放着都没问题，可是混在一起就会形成一种滑溜溜的液体。**超市不得不为此暂停营业一星期，**否则这种液体根本干不了。

如果糖霜、可乐和某些臭烘烘的奶酪混在一起，就会形成一种强力胶水。**你要是不小心踩了上去，就只能等着起重机或是直升飞机来把你吊走——**当然，**鞋恐怕得留在原地了。**

作为一位**危险学家**，我把毕生精力都献给了

寻险、指险、确险。

可是有时候，你得先把自己置于危险之中才能摆脱危险。

有时候，那些危险状况真是异乎寻常地可怕。

比如说：

蜜蜂的危险

有些人可能会说，对付误入家中的蜜蜂，最好的办法就是忽略它。只要把窗户打开，蜜蜂就可以自己飞出去。对于持有这种观点的人，我想说：

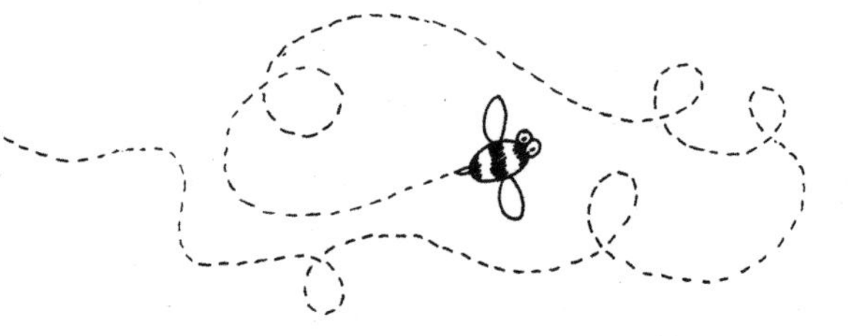

你疯了吗？

想一想，蜜蜂在你家中东撞西闯，会引起什么样的恐慌和混乱吧！

蜜蜂在家里乱飞，会引起什么样的的恐慌和混乱呢？

给你们举几个例子好了：

1. 分散你的注意力，
从而酿成事故。

2. 蜇你！蜇你！蜇你！

3. 从你的耳朵眼飞进大脑，
然后就赖着不走了。

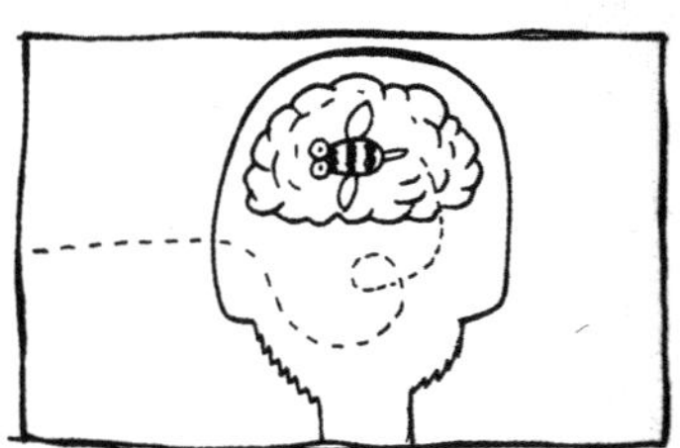

4. 发出信号，
招来数百万个朋友。

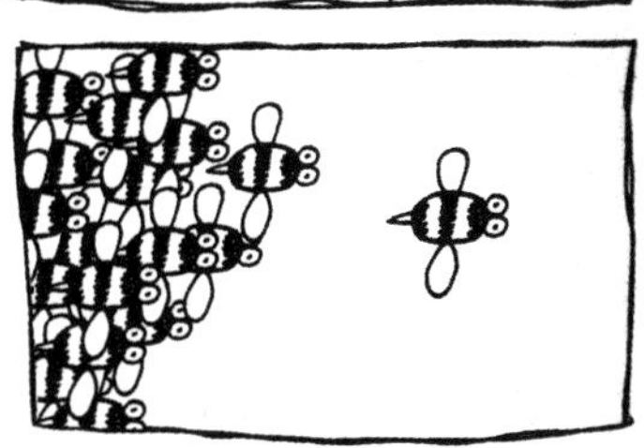

5. 如果它是一只伪装成
蜜蜂的大黄蜂该
怎么办呢？

如何赶走家中的蜜蜂

摆脱蜜蜂的办法有很多，可是它们都**非常危险**。

你可以穿上盔甲，试着用苍蝇拍打它，或者用驱虫喷雾喷它。

但在你追着它跑来跑去的时候，**很容易发生意外**。

你还可以找一只吃蜜蜂的蜥蜴。

可如果那不是蜥蜴，而是一只**会吃掉你的**

恐龙宝宝又该怎么办？

记住，要想摆脱蜜蜂，只有一种安全的办法。

你得**假装自己也是一只蜜蜂**，但又不能是普通的蜜蜂。

因为蜜蜂只听**蜂王**的话，其他蜜蜂说什么都没用。

伪装成蜂王的道具指南

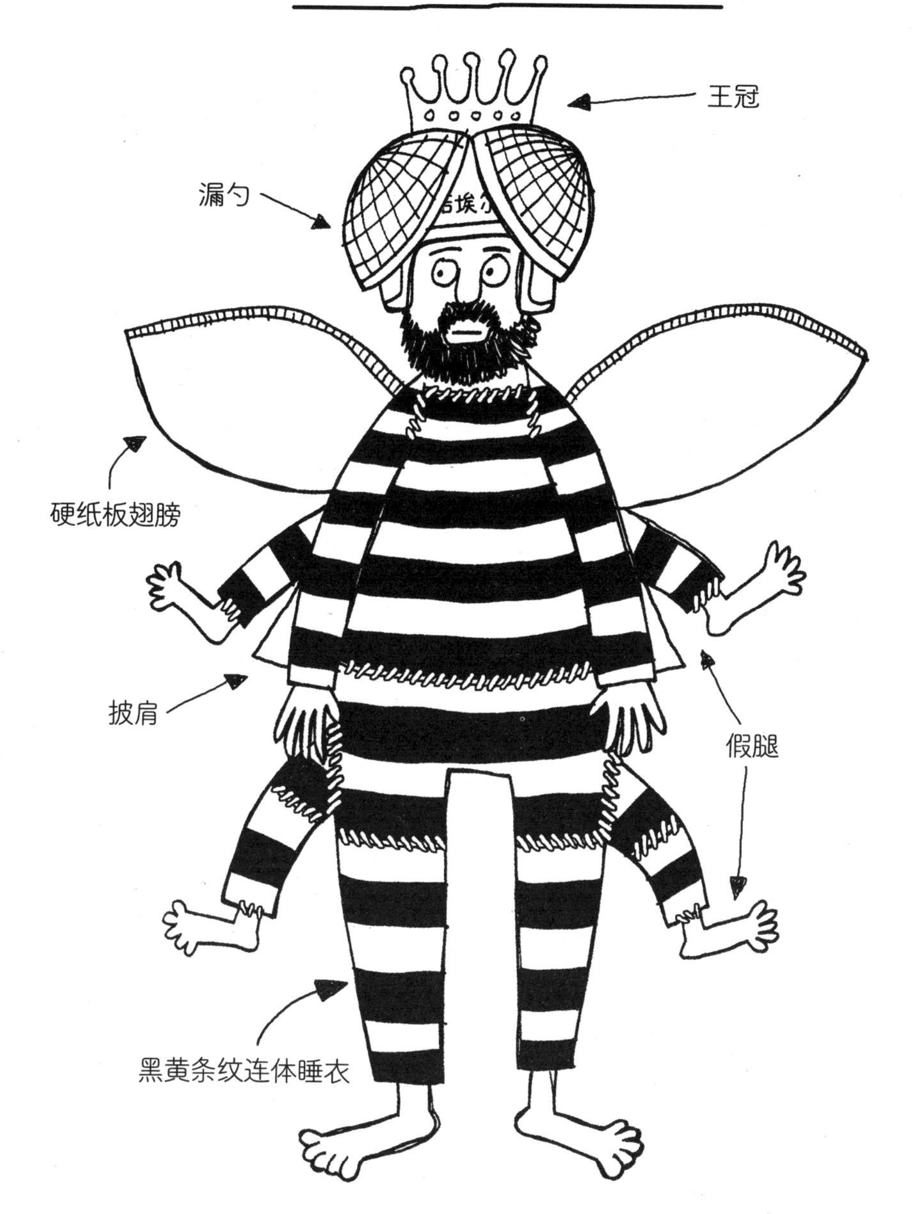

穿得像还不够，你的**一举一动**

也得像个蜂王。

不是随便哪张桌子或者冰箱都能让

蜂王落座的。

它只认**王权宝座**

（你可能得去借一个），

还有

婚礼蛋糕

（除非你正在筹办婚礼，

否则你也得去借一个——不管怎么样，

都祝你一切顺利吧）。

最后，为了让蜜蜂们相信你真的是蜂王，

你还需要响亮地发出**蜂王独有的**

嗡嗡声。

这个倒是不难，手机的**振动提醒**

就可以。不过，你得提前和很多人打好招呼，

请他们给你打电话发短信。

在婚礼蛋糕和王权宝座之间晃悠一小时之后，你随口说一句**“走吧！”**，就可以出门了。如果蜜蜂没有跟着你一起出门，那说明**它是一只伪装成蜜蜂的大黄蜂，你还得在门口多等一会儿，直到它自己飞走。**

注意：不要穿着蜂王的行头在屋外站太久。如果邻居把你当成一只**巨蜂**可就麻烦了，等着你的可能是驱虫喷雾或大号苍蝇拍。

如果邻居恰好是格蕾泰尔，那这个局面可真是太尴尬了。

欢迎

来到

（第一部分）

通过前面的热身，我们已经相互熟识了，

现在该展示一下我的家了——我和宠物石

德尼斯将它称为**危险区。**

我们从户外的**危险花园**开始介绍吧。

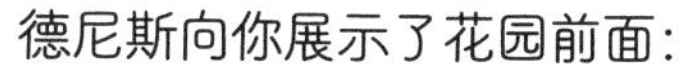

德尼斯向你展示了花园后面:

没错。我们的花园里啥也没有。我已经用水泥把能看见的地方全都铺上了。这意味着：

——危险无处藏身。

——危险的动物没办法在地底下打洞，更不会钻出来吓唬人。

——我们不会被**疯长的树或植物**困在房间里出不来。

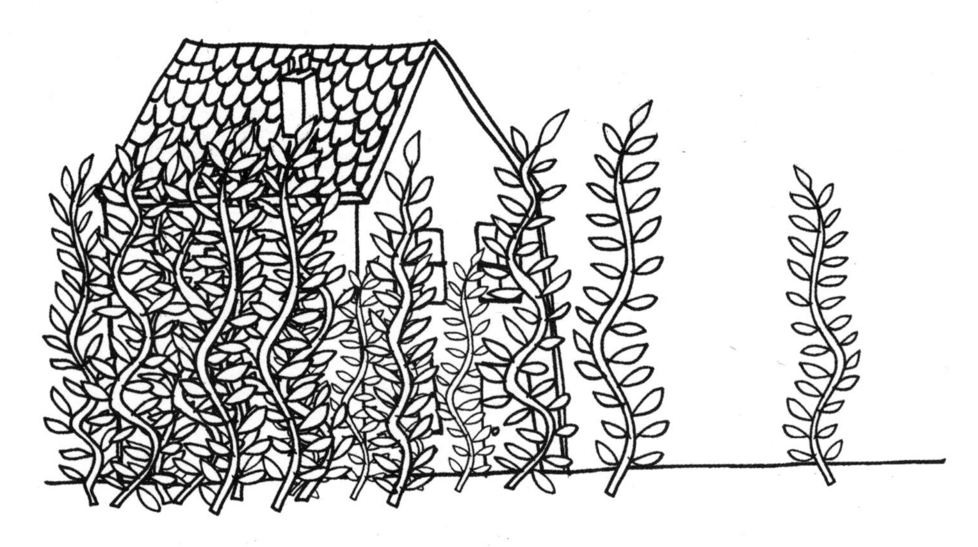

可是，花园里这么多落叶是怎么回事？

好问题！**问得好哇！**

因为我遇到了史上最糟糕的邻居。

（我说的当然**不是**格蕾泰尔。）

我的花园后面是动物园里的长颈鹿围栏。

长颈鹿们一边盯着你看一边乱丢杂物，还发出奇怪的咀嚼声。

我已经给公园写过31封投诉信来抱怨长颈鹿的不当行为，那么

他们把长颈鹿换到其他地方了吗？

并没有！

公园不但没有把长颈鹿搬走，还把我的投诉信喂给它们吃。

别以为我什么都不知道，我在**危险花园**里捡到过长颈鹿

吃了一半的投诉信，还不是一次两次。

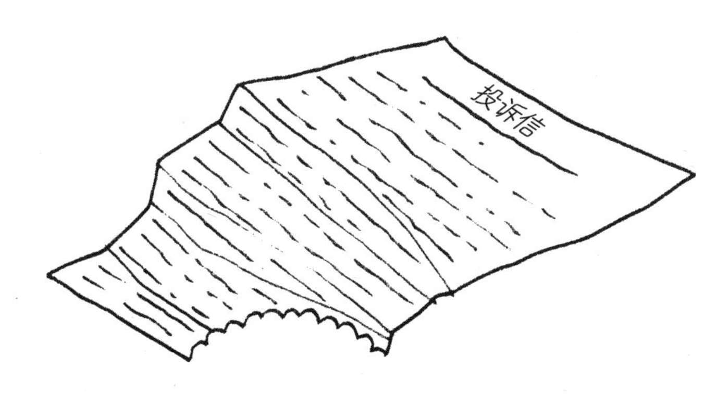

别再盯着我看了。

你们这群脖子被拉长了的怪马。

我一边的邻居是大卫和克里斯。他们俩总在附近出没。

其实我也不知道他们是做什么的，也许是与计算机相关的工作吧。

他们俩的后院原先有个小池塘，后来被填上了。

真是谢天谢地，**鳄鱼不会跑来住了。**

要不然，大卫、克里斯、我，

还有格蕾泰尔都会挨个儿被鳄鱼吃掉。

所以，那个小池塘能被填上实在是太好了。

超级超级棒！

好吧，好吧，

我承认。

是我把池塘填上的。

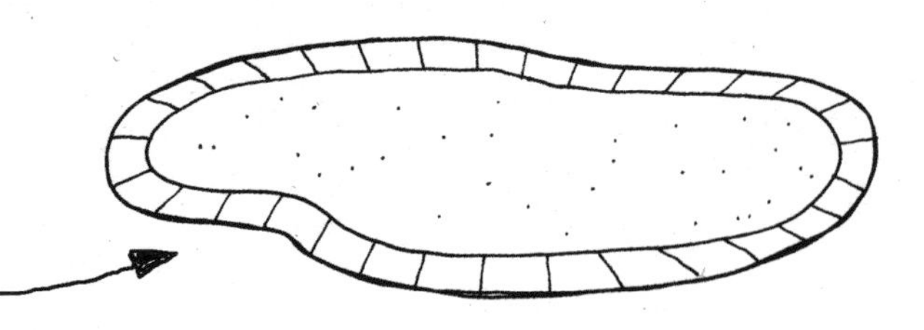

通过这件事，我们也就相互认识了。那是一个深夜，大卫和克里斯听到后院里传来异样的声音（我正在填他们家的池塘），就打电话报了警。

大卫和克里斯听完我的鳄鱼理论，都非常理解，可是警察才不管那么多呢。

她警告我说如果再被抓住私闯邻居家后院，将会惹上大麻烦。

我另一边的邻居是又漂亮又完美的**格蕾泰尔。**

她比这漂亮多了。

她在花园里种卷心菜。

她在路上见到我总会向我打招呼。

可我始终不知该说些什么，只好躲起来。

但要是在我的花园里遇见了，那我就无处可躲了。

真希望我可以不表现得这么慌乱，也能给她回个礼。

我想告诉她，穴居动物和变异后疯长的卷心菜可能会把她困在家里，除此之外，

我想告诉她：

1. 她可能会被危险的自行车伤到。
2. 她可能会被吊床缠住。
3. 她的烧烤炉离屋子太近了，可能会把家烧光。
4. 她的喂鸟器可能会引来秃鹫。
5. 如果赶上下雪，留在屋外的东西可能会被雪覆盖，格蕾泰尔很可能会被绊个跟头。

格蕾泰尔的花园

诺埃尔博士奉上愉悦身心的童话故事

（侧重点在安全上）

你能够坚持看到这一页，真是好样的！

希望你还记得**危险学测试**。

不过，你现在需要休息片刻了。我改写了一则经典童话，不过将**侧重点放在了安全上**。

请大家欣赏。

小红帽的故事

从前有一天，小红帽打算去森林深处的小屋中看望奶奶。

小红帽盘算了半天，打算步行穿过森林。但她马上意识到**这是个可怕的想法**，因为森林中遍布着愤怒的松鼠和长毛蜘蛛。即使没有遇上这些坏蛋，她也可能会**撞到树上**。

小红帽还考虑了骑车穿越森林的方案（森林中有一条光线充足的自行车道），好在**她想起了自行车的危险**。链子掉了怎么办？车胎被扎了怎么办？如果遇上**动物园中逃出来的黑豹、狼或河马在森林中游荡，那就更可怕了（还要发出黑豹警报、饿狼警报、河马警报）。**

她还可以让爸爸开车送她去，就走围绕着森林的那条高速公路，可是**如果遇上警察追捕匪徒，并且匪徒从车里开枪怎么办？**

最终，小红帽决定打电话告诉奶奶今天她不去了，因为一切都太危险了。

“哦，好吧。”奶奶说，
“如果能见到你就好了。”
小红帽挂了电话，不料电话掉下来砸到了脚。
她只穿了袜子，因而脚上肿了一大片。

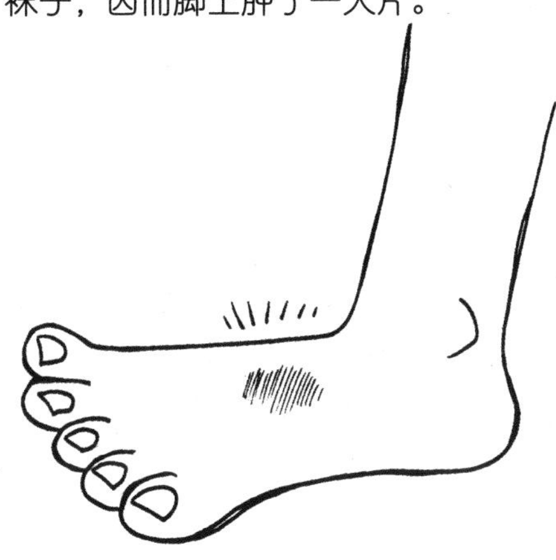

这则童话的寓意是：不要只穿着袜子四处走动。

因为

谢谢！

现在，请做好准备，是时候吹响你的**危险警报装置**了。

下面为大家介绍本书第一个

避免被愤怒和强攻击性动物攻击的建议

北极熊篇

在你上学、上班，或者采购卷心菜的路上，如果一只北极熊突然跳出来挡在你面前，

你该怎么办？

北极熊奔跑和游泳的速度都比你快，爬树也比你熟练，嗅觉更是堪称完美。你可能会觉得这下无路可逃了——的确如此。不过，你可以**迷惑它们。**趁它们还没回过神，赶紧开溜。

如何迷惑一只北极熊呢？

四个字：**纸牌游戏。**

北极熊酷爱纸牌游戏。最基本的套路都能把它们给糊弄住。

它们会用长达一小时的时间坐在地上琢磨。

1. 你遇见一只北极熊。

2. 迅速从你的个人急救腰包中掏出一副扑克牌。

3. 玩一个纸牌游戏给它看。

4. 北极熊被迷惑住了。

5. 你逃命的机会来了！赶快跑！

现在我得警告你，即便是按照经验丰富的

奶奶的危险

如果对家庭成员的危险程度进行排名，

绝大多数人都会把奶奶排在末尾。

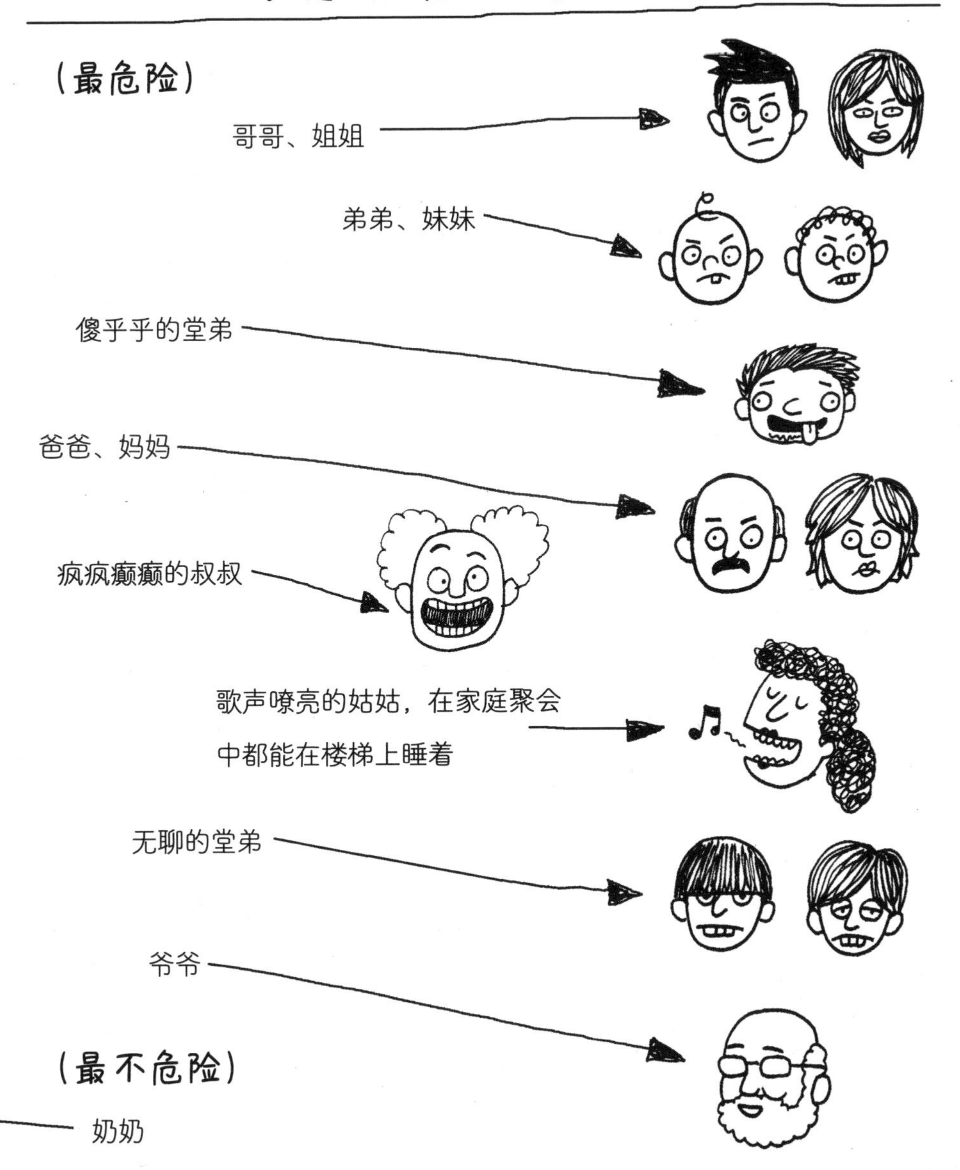
家庭成员危险程度排行榜
（最危险）
哥哥、姐姐
弟弟、妹妹
傻乎乎的堂弟
爸爸、妈妈
疯疯癫癫的叔叔
歌声嘹亮的姑姑，在家庭聚会中都能在楼梯上睡着
无聊的堂弟
爷爷
（最不危险）
奶奶

我们喜欢向爷爷奶奶提出很多问题：

“你曾经骑马上学吗？”

“你为什么不跟着阿姆斯特朗一起登上月球呢？”

“在遥控器发明之前，你是坐在沙发上用一根长棍戳电视机上的按钮吗？”

然而，有一个问题我们不能经常提问：

“奶奶，请问你是机器人吗？”

机器人奶奶是什么？

机器人奶奶是由别的机器人所制造，

看起来很像你奶奶的机器人。

怎么会出现这种情况呢？

在超市提供免费试吃来转移

奶奶的注意力**是机器人惯用的伎俩。**

机器人（伪装成人形）会给奶奶

赠送她爱吃的食物小样，例如：

水果蛋糕、

奇怪的汤，以及

新鲜西梅、西梅果汁、

含有西梅的能量棒。

奶奶试吃一遍平均需要30分钟。这刚好是机器人

建造一个机器人奶奶所需要的时间。

机器人奶奶会给家里打电话，

并且怂恿你来到公园或者海滩这种**开阔的地方**，

和她养的狗狗一起玩耍。

（注意：狗狗其实是狗形机器人。）

可是，当你来到开阔地，把棍子扔出去等着狗狗捡回来的时候，突然，

嗖——

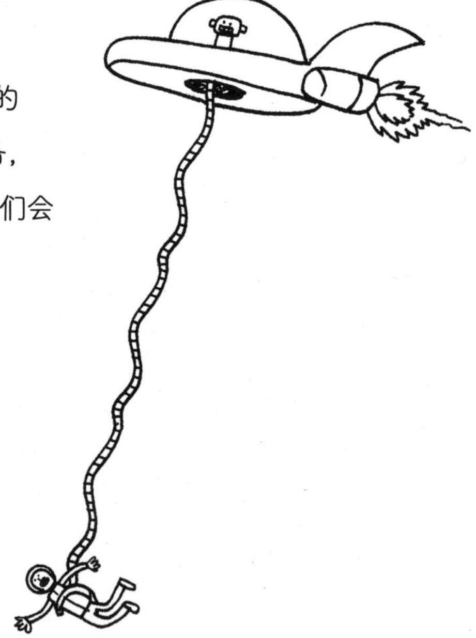

一艘机器人飞船俯冲下来，用长长的机械手把你抓住。面对这样的装备，你的反抗没有任何胜算的可能。他们会把你拽进飞船，带回机器人星球。

接下来会发生什么呢？

他们会把你关进**人类动物园**——形式和我们的动物园完全相同，只不过**关在笼子里的是人，而不是动物。**机器人会带着妻儿老小，来观看你表演的各种无聊的活动：**吃吃喝喝、打盹睡觉。**你唯一的玩具是**挂在树上的轮胎，**刚开始还挺好玩的，可是很快就变得异常无聊。唯一的食物是胡萝卜（机器人认为人类爱吃胡萝卜）。刚开始还能吃，可是没过多久就会吃腻。

如何避免这一悲剧的发生？

你需要确认你的奶奶是货真价实的奶奶，而不是机器人。

其中一个办法就是让奶奶做一些只有真正的奶奶才做得出来的事情：

"嘿，奶奶，教我跳一段您最拿手的舞蹈吧。"

或者

"奶奶，我特别喜欢您做的这个蛋糕，让我看看您是怎么做的吧。"

如果你的奶奶不会跳舞，或者做出的蛋糕根本就不是那个味道，**她很可能就是个机器人。**再让奶奶给你看看她的腕表。所有机器人的**腕表下方都**藏着一个开关按钮。如果你发现了那个按钮，长按3秒钟，机器人奶奶就会断电。然后，你就可以等着真正的奶奶从超市回来了。机器人奶奶将会遇上**大**麻烦。

谢谢！

坚持看到这一页的勇敢的读者们，如果你能读完这本书，

一定会成为一名真正的、杰出的、

不折不扣的危险学家。

对于那些已经吓跑了的胆小读者，我想说……算了，我啥都不说了，后面写什么他们也看不到了。不过，我还是想再说两句：

郊游中的危险

让我来设定一个场景。你已经和同学在大巴车上摇摇晃晃一整天了。有些人吃了太多巧克力而吃坏了肚子，有些人不见了踪影；而你不得不用一个小时的时间，听着一个老太太用细若游丝的声音，讲述一座**随时可能倒塌的城堡。**在返校的路上，你觉得情况再糟糕也不过如此了，没想到还有更倒霉的事情发生。**大巴车被海盗劫持了。**

海盗们会假装在公路上施工，这是他们惯用的伎俩。

黄色安全帽和亮橘色外套刚好能把海盗服掩盖住。

他们中会有人举着写有“停”字的标志牌把车拦下来。

司机打开车门刚想说话，就又有10个海盗冲了上来。

如果海盗占领了校车该怎么办？

1. 任何人都不要提及黄金或者宝藏。 这些正是海盗所寻找的东西。哪怕随口一说都不可以。甚至连“我最喜欢的鸟是**金**翅雀”或者“我表哥叫玛利 · **金**”都不能说。

2. 用海盗的语言来交流。 如果你尝试像他们那样讲话，他们会对你更加友好，就如同你在法国度假时试着说法语一样。

如何模仿海盗讲话

用**“呀哈”**代替**“哈喽”**，用**“啊哈”**代替其余的词汇。

所以，如果你想说**“哈喽！希望你今天开开心心”**，

就应该说成**“呀哈！啊哈啊哈啊哈啊哈啊哈”**。

---

① 译注：英文为 Piece of Eight，是古西班牙的一种银币，价值为八个里亚尔。此词对海盗来说有独特含义。

② 译注：此词为法语，意为“早上好”。

3. 想摆脱海盗非常简单。你只需要给他们一张地图，并宣称这是从一本古书中发现的就行。如果没有地图，也不用担心，现画一张也管用。在地图上标出一些海盗熟悉的东西，例如森林、印花头巾商店、寿司店（海盗**都爱吃**寿司）。

在地图上挑一处地方画个大 × ——**这尤为关键。**

只要海盗看见 ×，就会放弃校车，转而去寻找地下宝藏了。

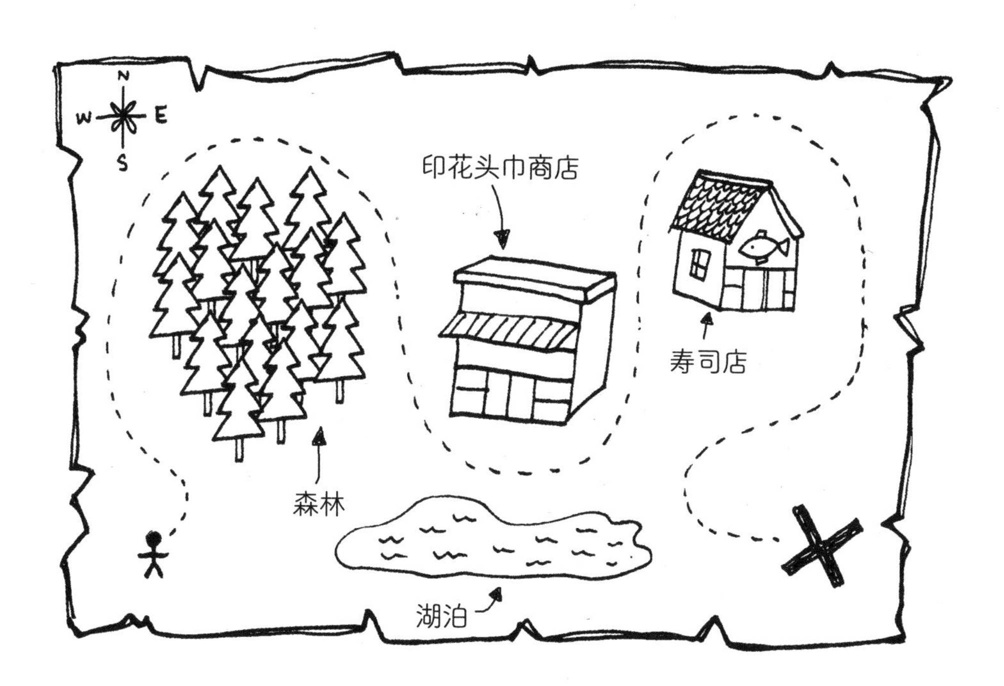

我觉得应该是下面这些内容导致多诺霍先生禁止我再进入他的自行车店。

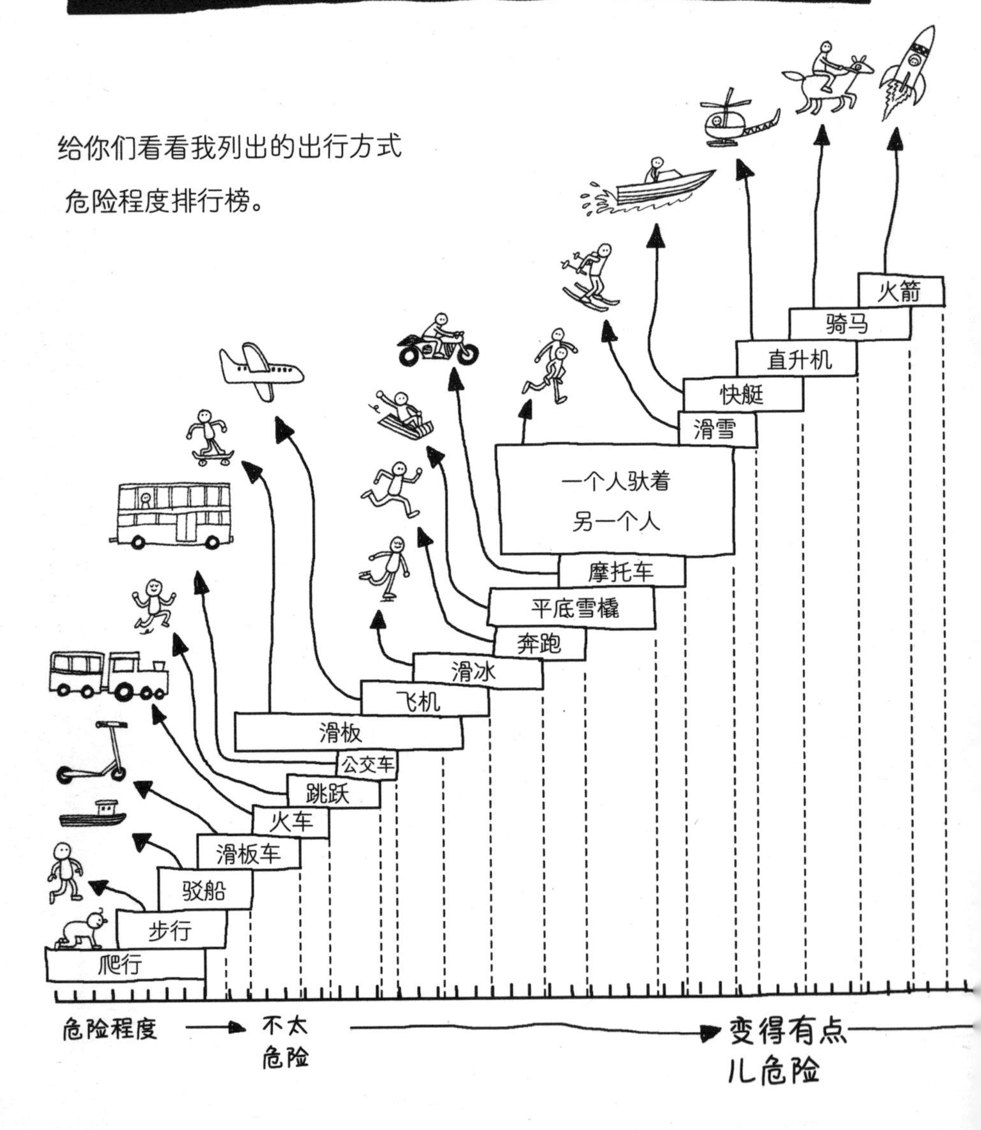

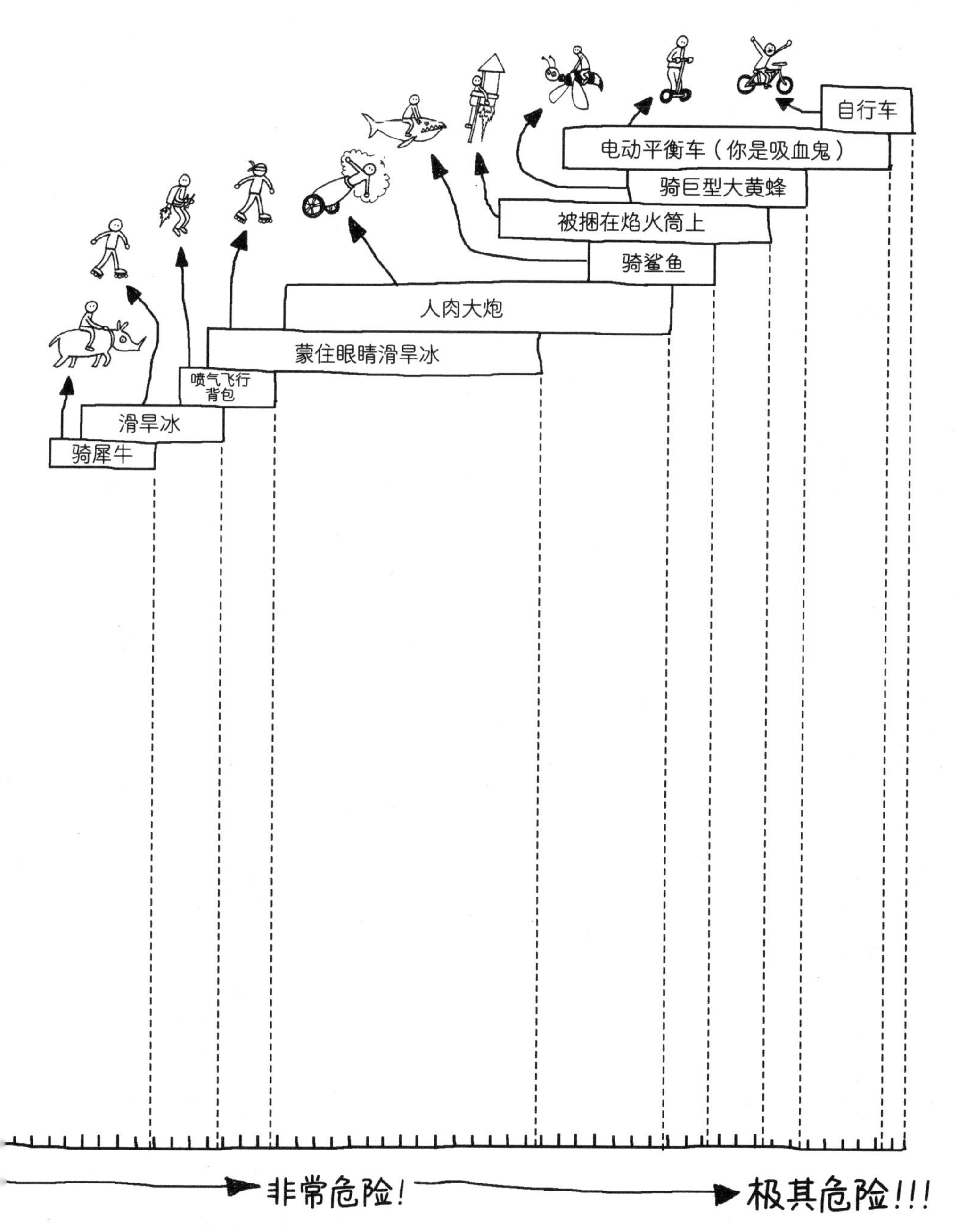
自行车
电动平衡车（你是吸血鬼）
骑巨型大黄蜂
被捆在焰火筒上
骑鲨鱼
人肉大炮
蒙住眼睛滑旱冰
喷气飞行背包
滑旱冰
骑犀牛
非常危险！
极其危险！！！

如果由我来管理，这个世界将完全是另外

一个样子：没有周末（**太危险**），

没有太妃糖（**太黏**），

没有人字拖

（太吵，而且穿着

它跑不起来）。

我还会给自行车重新取一个名字：

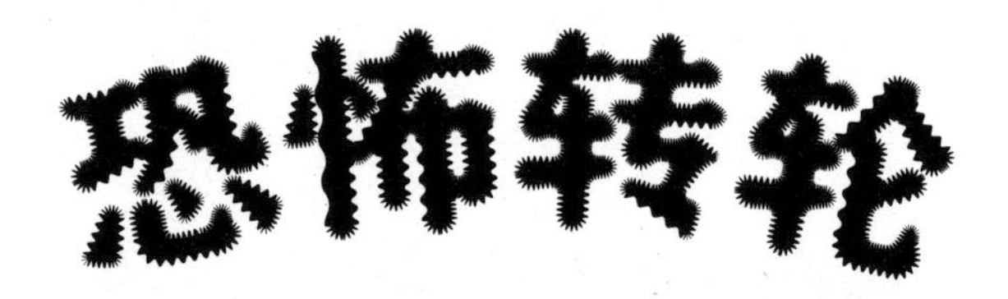

并把骑行列入**任何人都绝不可以参与**的清单之中。

自行车为什么那么危险呢？

好吧，如果你仍然没有意识到自行车的危险，那我告诉你，

自行车的存在没有任何意义。

你刚把它立起来，手一松它就倒了。

可你还是坐了上去，一圈一圈地踩着脚蹬子，还指望着它能支撑住你对吗？

我就不相信这玩意儿，你也不该相信。

格蕾泰尔有一辆自行车，车头还装了个大筐。以前她每天早上都骑车去卷心菜小屋送货。

格蕾泰尔，这是为什么呀？

你为什么要冒这么大的风险？可怕的事情随时可能发生啊。

格蕾泰尔可能会碰上的糟心事举例：

1. 她可能会摔跟头。

2. 大黄蜂可能会从领子钻进她的外套里。

（格蕾泰尔有很多漂亮的外套。）

3. 蜜蜂可能会从嘴里飞进去，她只要一擤鼻涕，就会有蜂蜜流出来。

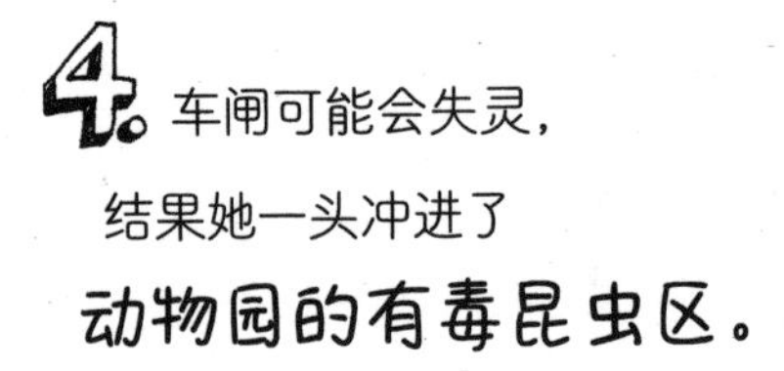

4. 车闸可能会失灵，结果她一头冲进了

动物园的有毒昆虫区。

5. 车闸可能会失灵，她一头冲进了专卖杯碟和易碎的昂贵小物件的商店。

6. 刹车的吱吱声可能会招来附近所有的猫（还包括老虎、猎豹、美洲豹等）。它们会以为格蕾泰尔是一只大老鼠，都想冲过来吃掉她。

7. 拳击手听见车铃响，可能会以为比赛开始了。

8. 她从别人的晾衣绳下经过，可能会被床单裹住，路人看到还以为撞见鬼了。

格蕾泰尔，当心啊。

诺埃尔·佐内博士关于自行车安全的几点建议
(写给格蕾泰尔和其他每一个人。)

1.

把自行车装进一个大箱子。

2.

把箱子运到海边高耸的悬崖上。

3.

确认悬崖下方没有站人。

把箱子从悬崖上扔下去。

回家。以后再也不要接近
自行车了，想都别想。

谢谢！

家庭作业的危险

我们都记得**第9页上的蝎子**（参见第9页），但在你写作业的时候，还有很多其他可怕的危险，需要你提高警惕。下面列举其中四种最可怕的情况：

1. 书包头

每年都有数百名学生遭受“书包头”之苦。你放学回家后，希望赶紧把作业写完。你迫不及待地将书包翻了个底儿朝天，可是急用的书死活都找不到。你越来越着急，头也越埋越低，结果头被书包卡住了。突然之间，你什么也看不见了，也没人能听见你痛苦的呼喊。

治疗书包头的唯一办法就是去医院找医生用特制的自行车打气筒把书包取下来。

2. 铅笔盒

把手伸进铅笔盒比伸进

愤怒的螃蟹堆里更加危险。

当你在铅笔盒里翻文具的时候，

很容易被里面各种带尖儿的东西刺伤。

所以我改用一顶**宽檐文具草帽。**

我把用得上的文具都用绳子挂在帽檐上，

需要哪个就把它转到眼前。

这样是不是又实用又时髦？

戴着文具草帽出门，

所有人都会向你投来嫉妒的目光。

警告：绝不可以戴着文具草帽骑车！

挂在帽檐上的文具可能会松动，

如果甩出去会严重地伤及行人（如果

伤到吸血鬼或者狼人倒也无所谓）。

绝对不要骑车。**非常危险！极其危险！**

3. 笔尖

有人说钢笔的威力比剑还要强大。

依我看，一支尖锐的铅笔

和剑一样危险。

记得把铅笔和钢笔都用**安全芽**和**土豆保护罩**盖上。

尤其是挂在**文具草帽帽檐**上的笔。

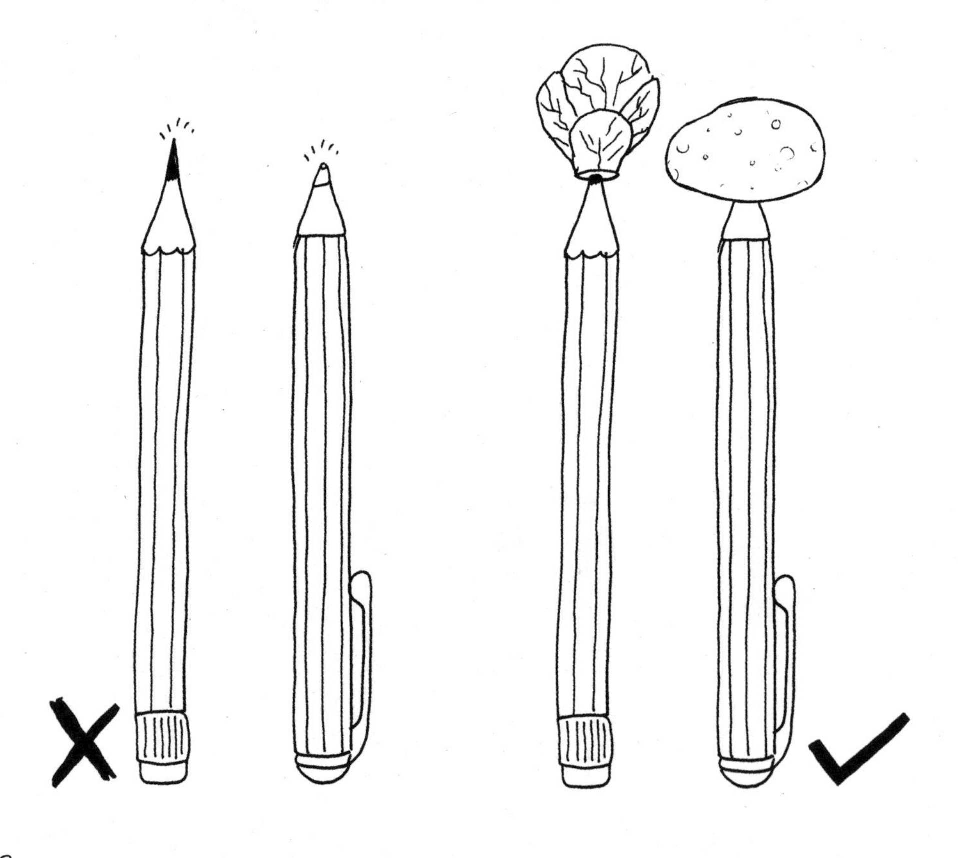

4. 闹鬼的书

当你翻看从图书馆借来的旧书时，

请先确认它不会闹鬼。

闹鬼的书很容易辨认，它们都很大，落满灰尘，翻开时会发出吱吱嘎嘎的声音。大声朗读闹鬼的书相当于**念咒语**，会把你的狗变成

水果或蔬菜。

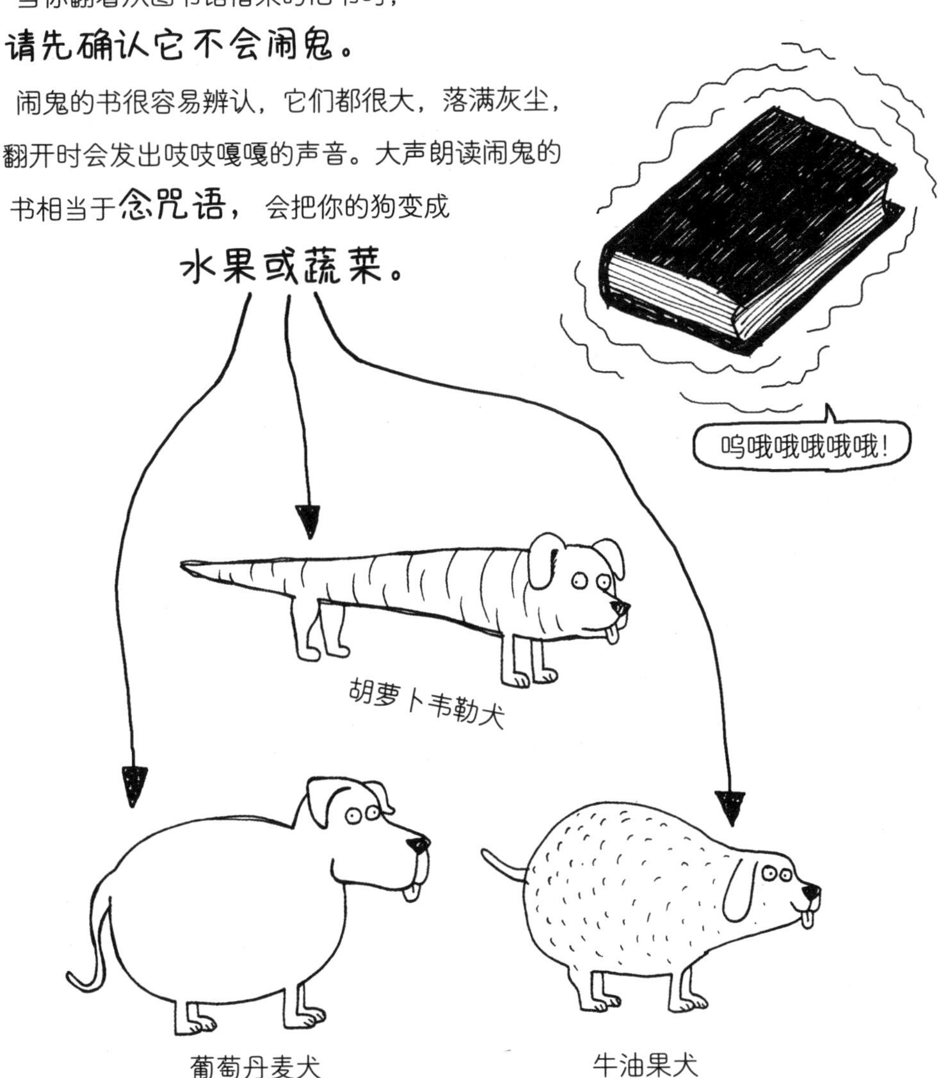

这本书你已经看了快一半了，

距离**危险学家**的头衔也越来越近了。

是不是想举办一次聚会，好好地庆祝一番？

千万不要这么做！

聚会实在太危险了。

我们现在就来看看聚会中最危险的情形都有哪些。

生活避险十大诀窍

生日聚会篇

很难想出与生日聚会同样危险的事情了。

但如果话剧《罗密欧与朱丽叶》的女主角由

一只愤怒的银背大猩猩来扮演，

其危险程度倒是可以与生日聚会一较高下。

欢乐开场的庆祝活动经常以鸡飞狗跳的结局草草收场：
有的人需要打石膏、缠绷带，有的人连派对的帽子
都没摘掉就已经哭了。

下面介绍几个基本的聚会小窍门（**侧重点在安全上**）：

1. 邀约

邀请的人越少越好。最理想的情况是没有人来，
来一两个人也可以接受。请记住下面这条生日聚会前
邀请宾客的黄金定律：

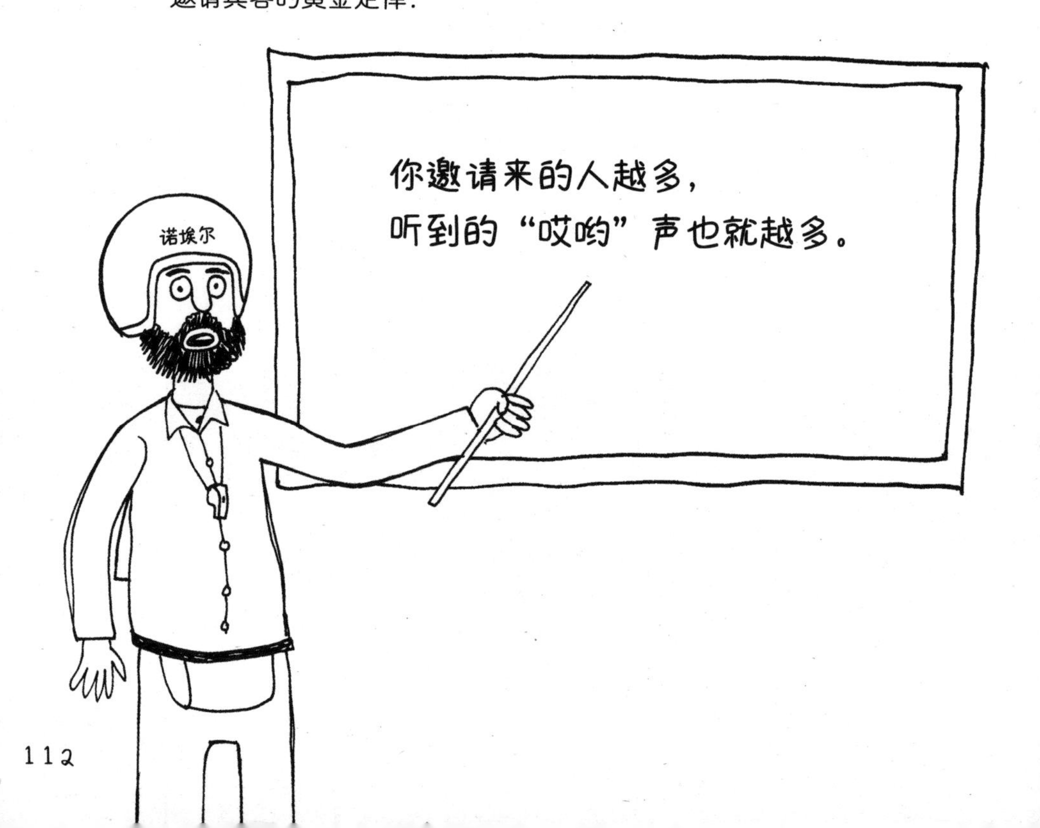

2. 时间

生日聚会总是很漫长，经常从下午3点持续到晚上6点。

为什么不能从下午3点开始，3点半就结束呢？

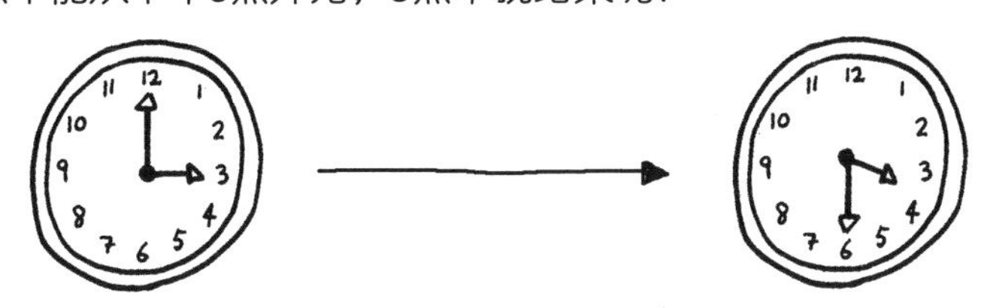

如果能早上7点开始，7点零5分结束就更好了。

在这个时间，大家都还迷迷糊糊没睡醒，所以干不了什么太危险的事。

请记住下面这条生日聚会时长定律：

3. 聚会活动

请避免常规的聚会活动。

打保龄球、游泳、看电影和画画都太危险了。为什么不尝试一些令人惊喜的新想法呢？比如在树篱笆边上干坐着，或者去参观打印机墨盒专卖店。

4. 礼物

每个人都喜欢头盔。如果他已经有了，为什么不再送他一顶新的呢？最好能大上一号，可以戴在原来那顶上面（变成双层头盔）。

5. 蛋糕

烤蛋糕可能会把整间屋子都点着了，因此可以用半个卷心菜来替代蛋糕（或许可以考虑**从格蕾泰尔的卷心菜小屋选购**）。

另外半个你可以戴在头上，刚好可以当成一顶**酷炫的生日皇冠。**

6. 蜡烛

点蜡烛？你的脑子没有进水吗？

点蜡烛就意味着**点火。**

你打算把火也请来一起参加聚会吗？

不，点蜡烛实在太危险了。所以我改用胡萝卜代替。

胡萝卜（尖尖的那头）长得还挺像蜡烛的，而且永远不会烧尽。聚会结束了，你还能把它直接吃掉。你只需要在生日卷心菜上插几根胡萝卜，带着它去找个树篱笆或者打印机墨盒专卖店，

派对就可以开始了！

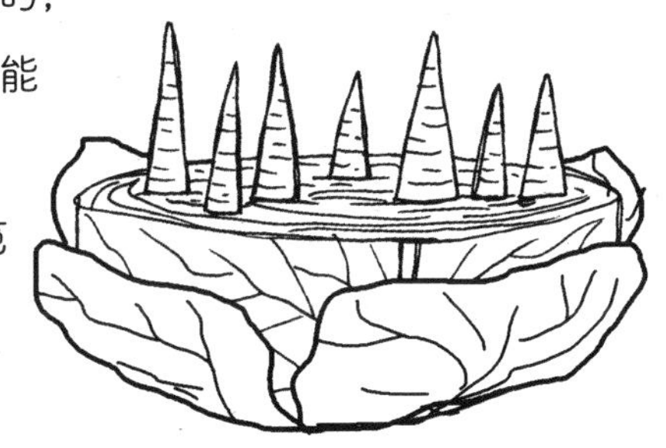

7. 游戏

如果玩“钉驴尾巴”的游戏，需要驴（一种致命的动物）的图片、尖锐的图钉，还得蒙住眼睛，这些都太危险了。

所以，为什么不换个游戏呢？比如：

8. 抢椅子

虽然有音乐相伴，但游戏中会出现很多岔子，所以常常夹杂着泪水。

为此，我提出了一些新规则，玩起来依然很有趣，却更加安全。

规则1： 参加游戏的人都需要穿裤椅。

裤椅是什么东西？

玩抢椅子游戏时最理想的下装就是裤椅。

如果你还没有，可以自己做。

我是如何制作裤椅的？

你需要以下材料：

一把椅子

一条裤子

还有一大罐胶水

制作指南：

第一步： 用胶水把椅子和裤子上屁股那一片粘在一起。

第二步： 已经做好了，没有第二步。

规则2： 当音乐响起，每个人都穿着裤椅缓慢移动。

注意： 挑选舒缓、忧伤的乐曲，比如《平安夜》（*Silent Night*）、《飞越彩虹》（*Somewhere Over the Rainbow*）就很合适。

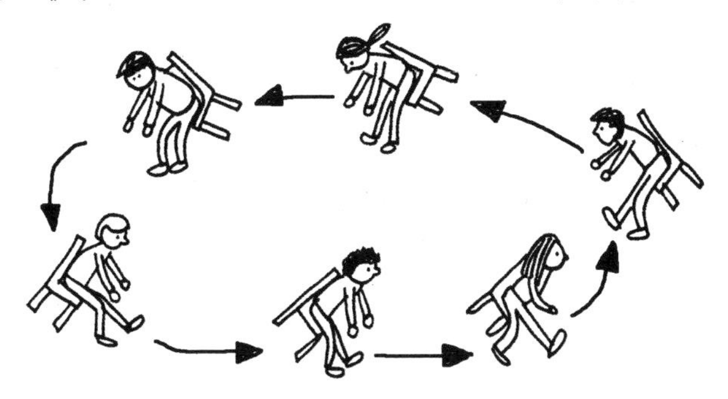

规则3： 当音乐停止，每个人都坐在自己的裤椅上。

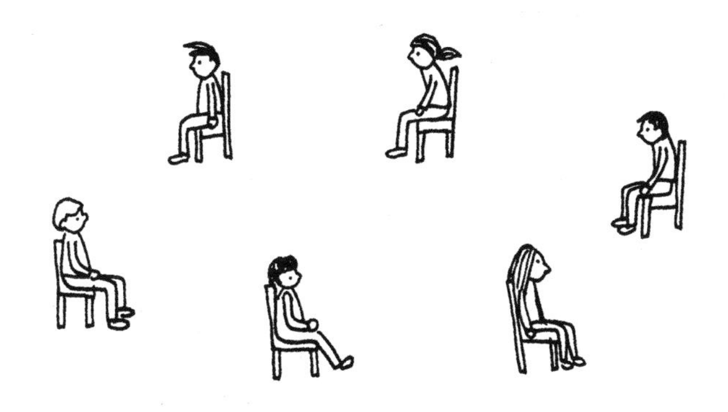

规则4： 当音乐声再次响起，

大家又站起来缓慢移动。

规则5： 重复上面的步骤，直至回家时间到。

9. 远离充气城堡

我承认，在充气城堡里摔一跤没有在真正的城堡里摔得那么疼。

可如果它被刺破了，又会发生什么呢？

它会像一只破了洞的气球，一边撒气，一边载着你和所有来参加聚会的小伙伴蹿上天。最终，你们会降落在……

10. 惊喜派对

我一点儿也不喜欢惊喜派对，因为如果有人由于**惊吓过度**而休克晕倒，摔成脑震荡怎么办？不过，如果聚会上能制造一些**不那么危险**的小惊喜，还是很有意思的。比如：

惊喜来了！

我把所有不健康的汽水都倒掉了，所有人都改喝卷心菜汁！

惊喜来了！

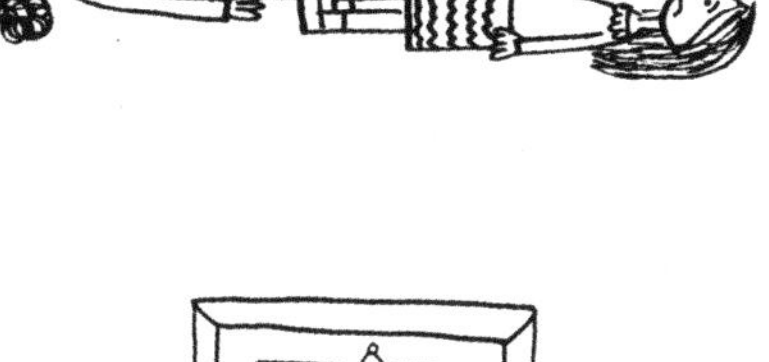

你以为会有一位魔术师来为我们变魔术，可实际上每个人都被要求就地躺下，开始睡觉！

惊喜来了！

聚会被取消了，因为太危险了。所有人都回家了。

危险学家的着装风格

到目前为止，你应该已经学到了好多东西，而我独具一格的着装风格和时尚的品味肯定也会令你印象深刻。

我相信你跟自己说过这句话：

“有个怪叔叔，不管做什么都把安全放在第一位，可一点儿也不耽误他走在时尚的最前沿。”

我去买卷心菜的时候，格蕾泰尔经常夸我英俊潇洒，头盔闪闪发亮。每次我都紧张得说不出话，现在我想补上一句：

“谢谢你，格蕾泰尔。”

很多读者开始跃跃欲试，想打扮得像我一样了吧？好吧，那我就来给你们讲讲：

我的顶级时尚理念中的“要”和“不要”

要 选一件亮色的**安全连体服。**

它会让你看起来更加醒目。

不过，我得提醒你：请不要选购白色连体服加上白色头盔的套装。

一身白会让你看起来**太过醒目，**

醒目到**刺眼（刺眼也是一种危险）。**你肯定也不希望**没学过危险学的人把你当成鬼（非常危险！）。**

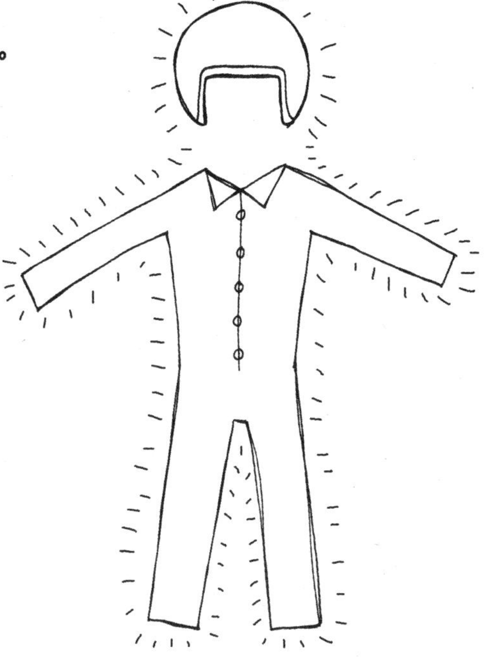

不要 穿棕色连体服，同时戴绿色头盔。

视力不好的小动物会把你当成一棵树。松鼠和小鸟可能会试着在你身上筑巢。

不要 穿一脚蹬的轻便鞋、夹脚拖鞋、脚蹼……

这些鞋都非常危险，很容易滑倒。

你肯定不希望因为鞋没穿对而滑倒或摔个大跟头吧。

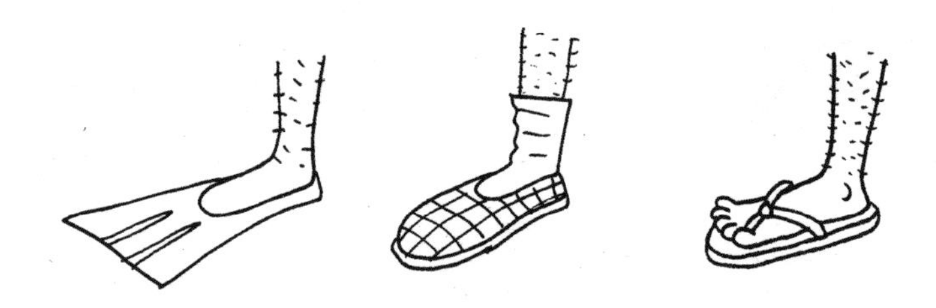

不要穿带跟儿的鞋，也不要穿凉鞋。

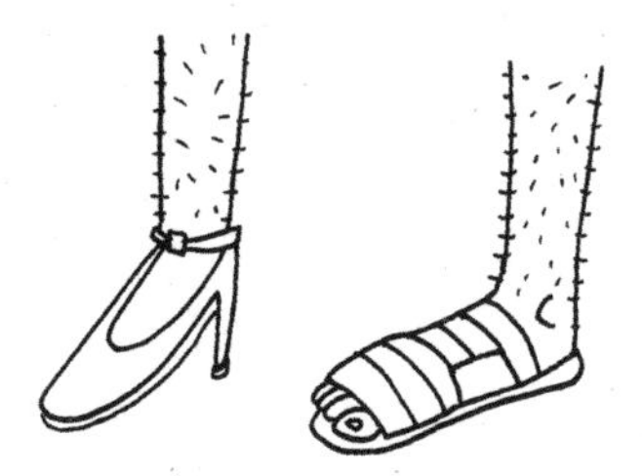

不要穿任何系带的鞋。松开的鞋带会把鞋变成香蕉皮。

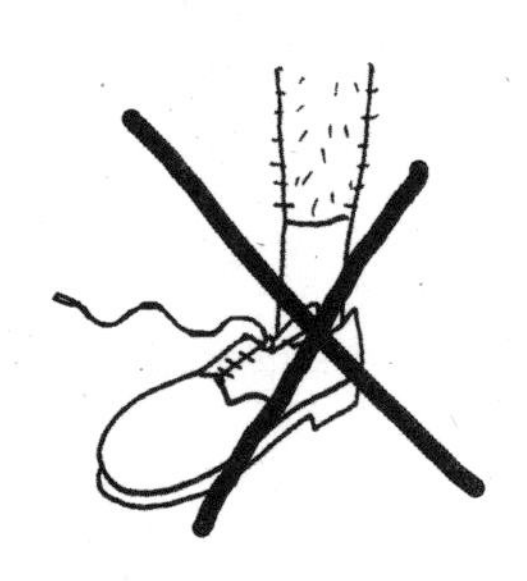

要 穿一双优质的防水橡胶靴。特殊情况下，需要穿上带有一些光泽的橡胶靴。

绝对不要打领带。

它可能会垂下来，被别的东西卡住，甚至会被拖进复印机、真空吸尘器、狮子嘴里（**狮子警报！**）。

要 穿一件胸前印着领带的T恤衫，既安全又能保留打上领带后的风度。

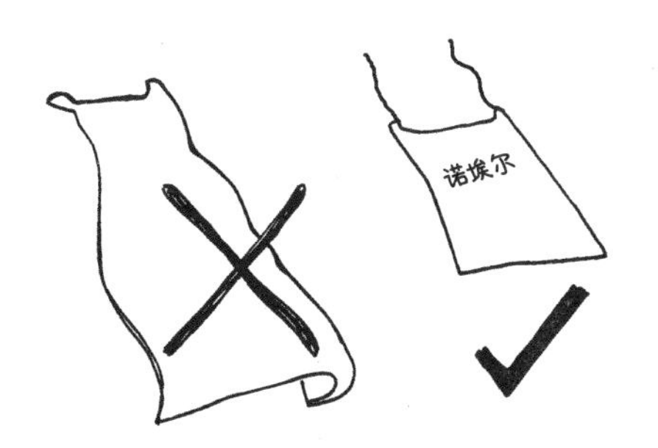

不要 用普通的披风。它们都太长了，看起来既危险又可笑。如果换成**危险学小披风**就会很完美，还可以让别的危险学家把你认出来。我的危险学小披风是用茶巾做的。

要随时带着你的**个人急救腰包**，里面装好必要的**抗险设备或小工具**

1. **危险警报装置：**用来发出信号引起他人注意
2. 备用**危险警报装置：**以防第一个**危险警报装置**坏了
3. 一块饼干：用来转移危险动物的注意力
4. 一副扑克牌：为了干扰北极熊
5. 一瓶吹泡泡肥皂水**（后面会展开来讲）**
6. 一张地图：万一迷路了用得上
7. 一本地图册：万一迷路迷得有点儿远用得上
8. 一个地球仪：万一迷路迷到十万八千里之外用得上

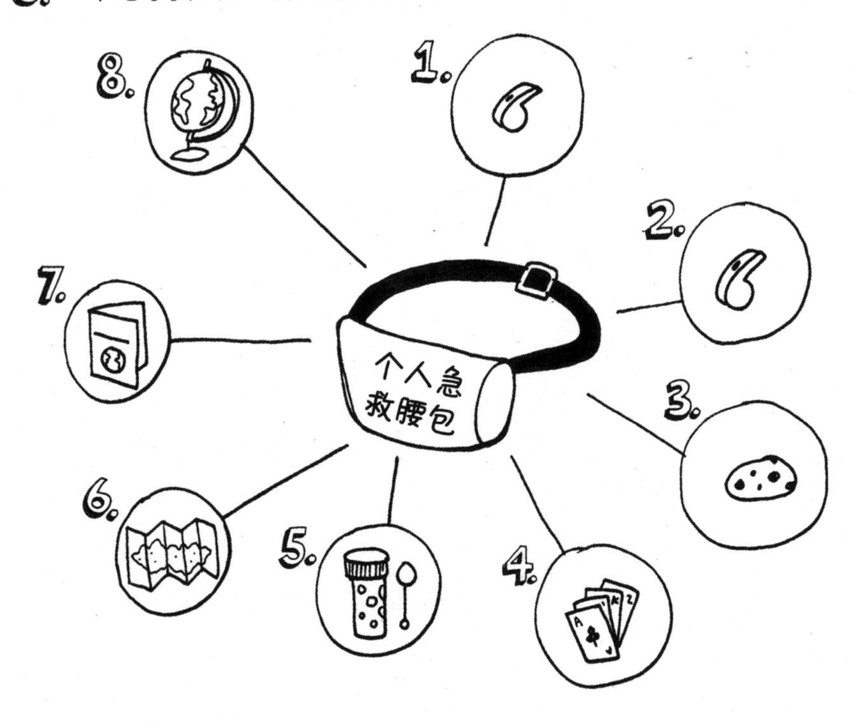

要在早上穿衣服的时候，就想清楚一天中可能会遇到哪些危险。例如，如果你需要登高（登上高层楼房或双层巴士的顶层），就应该带上降落伞包。如果你会接近恶犬，就应该穿上全套的盔甲。

维京人的危险

如果这本书写于1000年前，一页纸就够了，
上面只需要写一句话：

啊啊啊啊啊，维京人来啦！

以前，维京海盗总是**见啥毁啥。**
你的房子马上就竣工了，正要安装
最后一块玻璃，忽然看见一群手持
利刃、头顶尖盔、满脸绒毛的巨人
排山倒海般地向你冲来。

他们的咆哮震耳欲聋：

SMA-SHE-ROO-NEE①

① 译注：这句呐喊出自 smash 和 rune 两个英文单词，意思分别是“粉碎”和“卢恩字母”，都与海盗文化相关。

不出5分钟，你的新房就会被他们**毁于一旦**，只剩残砖断瓦和一地玻璃碎片。

1000年前的一个假期，你正在野营，并且刚拼完一幅难度极大的800片大拼图，突然听见一阵震耳欲聋的咆哮声：

SMA-SHE-ROO-NEE

转眼工夫，你的帐篷就变成了地毯，折叠桌变成了一堆零件，刚完成的拼图也撒了一地。

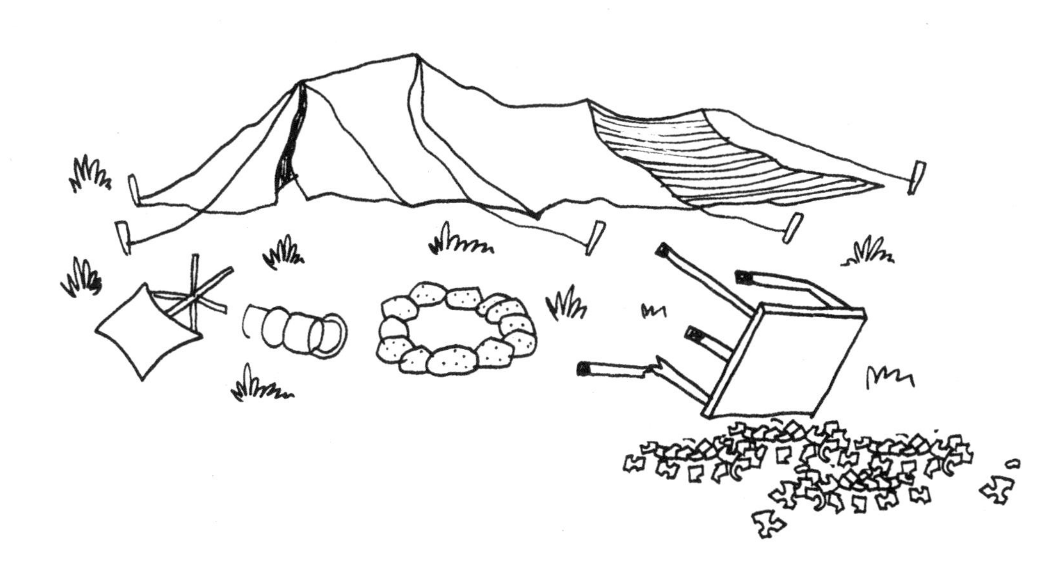

不过，前面讲的都是1000年前的往事了。慢慢地，几乎人人都听说了“维京人无比热衷于打砸抢”。只要你听过维京人的传闻，就很容易辨认出他们。没过多久，所有人都熟悉了他们的吼声：

SMA-SHE-ROO-NEE

所以，在有维京人出没的地区，人们都会锁紧家门，停止野营。

如今，维京人也学聪明了，打砸抢也变得更加隐蔽了。

现在，他们还学会了使用各种**伪装**手段。

如果你遇见下面这些人，可要**多加小心**了。

1。乐队

维京人装模作样地组织了许多不同的音乐团体，但还是很让人放心不下：

男生或女生组合——看起来一直都不太对劲儿。

歌剧演员——他们的唱腔实在太可怕了。

交响乐团乐手——他们依然没有收敛，还在不停地破坏乐器。

重金属乐队——实在太吵了，连他们自己都受不了了。

后来，他们发现了**民谣音乐**的妙处。

在随意地敲啊弹啊这一点上，维京人还真有点儿像民谣乐手。

所以，如果你在音乐厅或者街边看见民谣乐队，那可要**当心**了。

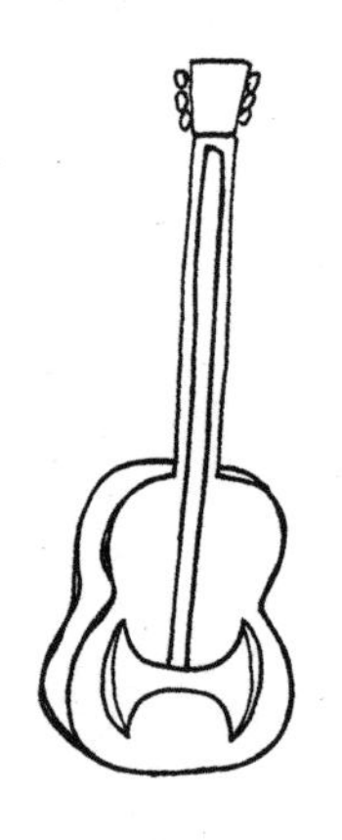

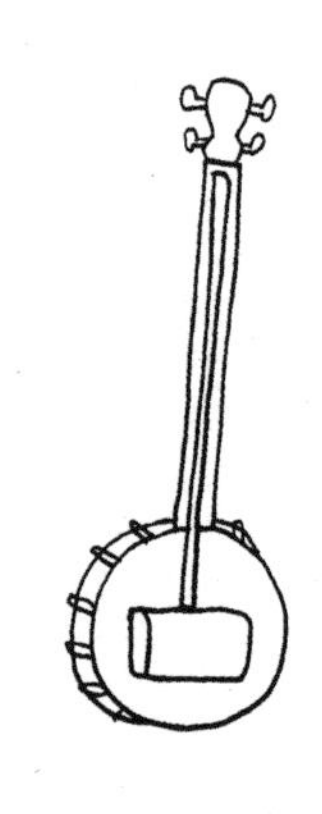

**他们很可能已经把
斧头和锤子藏在
班卓琴和吉他后面了。**

仔细听，如果歌词突然变成：

SMA-SHE-ROO-NEE

别犹豫，赶紧跑。

2. 童子军

有时候，维京人为了能接近他们想要破坏的东西，会把自己伪装得很乖巧，以至于你根本不忍心怀疑他们会打砸抢。如果你碰到童子军上门询问有没有他们能帮上忙的奇怪工作时，一定要仔细地看看他们。童子军怎么会满脸大胡子呢？还有，他们的年龄是不是太大了点儿？

3. 圣诞老人

一到平安夜，维京人就会假扮成圣诞老人，

结伴去各家各户敲门，这是他们惯用的鬼把戏。

任何情况下都绝不能让他们进屋！

圣诞老人应该是单独行动，从烟囱进屋的。

圣诞老人是绝对不可能带着4对双胞胎兄弟/姐妹从正门进入的。

还有，圣诞老人应该说

“吼吼吼！” 而不是 **“SMA-SHE-ROO-NEE”**。

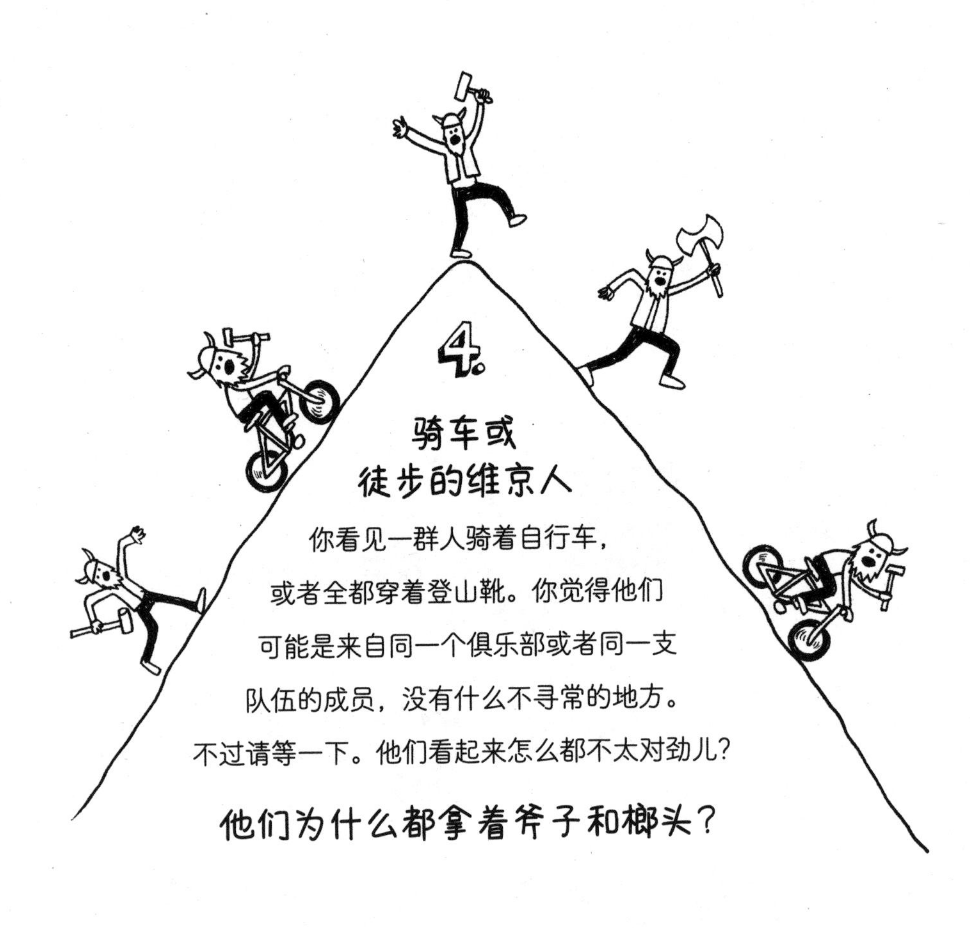

啊啊啊啊啊！

他们是骑车或徒步的维京人，
马上就要动手了！

注意1：不要因为我也满脸大胡子就说我是维京人！

注意2：我更不是狼人！

每天中午，当我拿着刚买到的卷心菜路过巷尾的学校时，

都能听到孩子们用各种各样的外号称呼我。

最后一个称呼尤其让我恼火。

我留大胡子的理由和很多男士都一样：

1. 刮胡子和剃须刀都**极其危险。**

2. 如果不小心摔了跟头，

胡子是**天然的缓冲物。**

3. 让我看起来很帅（格雷泰尔有一回说

我的胡子“相当可爱”）。

谢谢！

不过，留大胡子**不会**让我变成狼人。

我不是狼人的5个铁证

1. 狼人是一种**虚构出来的**半人半狼混合体。月圆之夜，它们会来到户外，并且变得**像狼一样凶残。**可是不管月圆月缺我都**待在家里，**因为**夜里出门又黑又危险。**

2. 像所有的宠物犬一样，狼人也喜欢被拍拍头和挠痒痒（轻一点儿！）。如果你信心满满地接近狼人，拍拍它的头顶，挠挠它的肚子，它会吐出舌头，高兴地在地上打滚。可如果你这么对待我，我会问你：“说真的，你这个家伙究竟在干什么？”

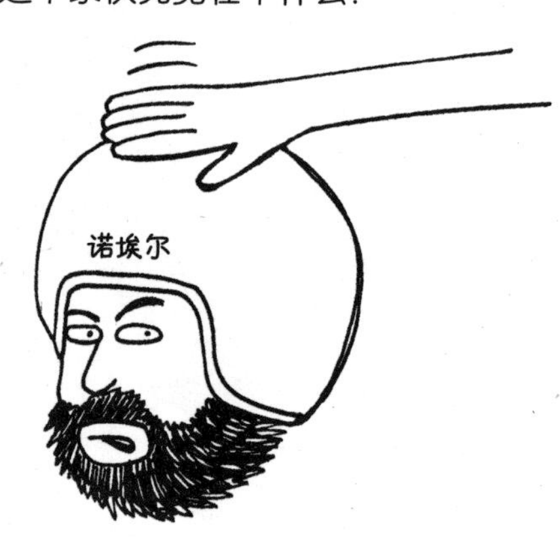

3. 你如果当着狼人的面扔出去一根棍子，它会兴高采烈地跑过去把它叼回来放在你脚边。可如果你这么对我，我会气急败坏，因为

扔棍子很危险。

4. 如果你开车带着狼人出去兜风，它会像所有的狗一样，把头从半开的车窗中伸出去，一边吹风一边舔毛。

我就不会这么干。

我会系紧安全带，老老实实地坐着。你如果超速了，我还会立即提醒你。

5. 最后一点，狼人对**预防危险**完全不感兴趣。它们对机器人奶奶或者被卷心菜埋起来等状况也一点儿都不担心。它们也不戴头盔。

狼人的一举一动**和危险学家正好相反。**

因此，我不是狼人。

谢谢！

坐姿检查！

确保你还直挺挺地坐着（我在第2页强调过）。并检查一下你看书的时候**椅子有没有起火。**

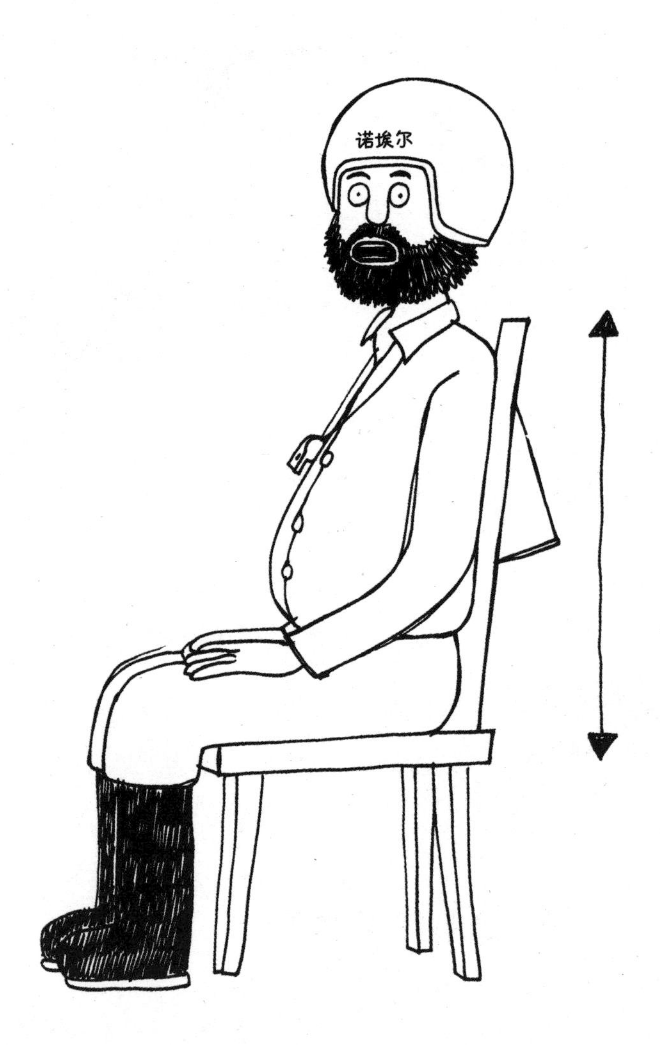

现在，请你换一双袜子，因为我们要着手解决一件

危险学家最最担心的事情。

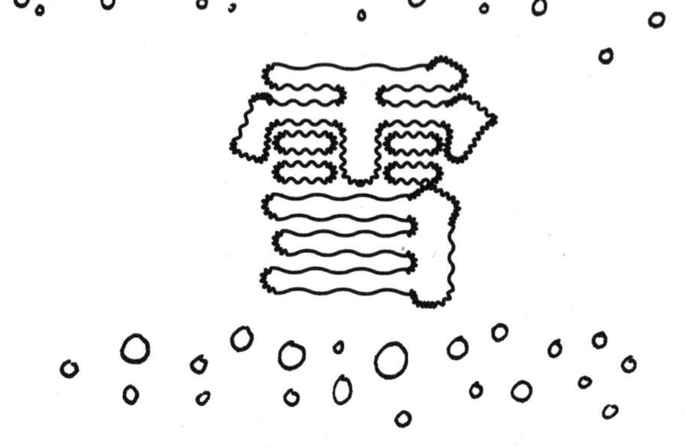

很难想象出比雪更危险的东西了……仔细想想还是有的，比如你穿了一件用三明治做成的衣服，蒙着眼睛走在撒满弹珠的地上。祸不单行，你还被一条好几天没吃东西的会飞的鲨鱼给盯上了。

但你至少可以用吸尘器把弹珠清理干净，还可以打电话向飞鲨捕手求救（着急的话给谁打电话都行）。可是如果下雪了，**你什么也做不了，给谁打电话都不管用。**是的，你可以用铲子除雪，可是**越铲越多。雪可是一团团被冷冻起来的纯粹的危险物品。**

生活避险十大诀窍

雪篇

1. 下雪之后，**待在床上**才是正道。老老实实躺着，挑一本厚实的书，再囤上一堆美味的卷心菜，等着雪融化。

2. 可是，会有人待在床上吗？并没有。

恰恰相反，**他们会出门，而且**

专挑极其危险的事做！

平底雪橇滑雪！

打雪仗！

滑冰！

出门不戴手套！这些事情都是

你绝对不应该做的。

3. 如果你坚持要出门，第一件需要做的事就是**除掉所有的雪。**在院子里点上10盆烧烤用的炭火就能轻松搞定。火上不要烤任何吃的东西！**可能会着火！**就像这样等着雪融化就好了。如果你想办法把雪清除干净了，那么祝贺你，你已经把危险等级从**极其危险**降到**不太危险**了。

注意：我仅仅赞同烧烤炭火的这一种用途，也是唯一的一种。

4. 别急！你还得先**穿上雪天专用服装。**普通的**安全连体服**不够暖和，你需要一件**完全防雪的保暖连体服。**

5. 如果你被积雪困住，**在头盔上插一面旗子**就可以让救援人员找到你。如果你在暴风雪中迷了路，**阿尔卑斯长号**也是必不可少的装备。

注意：不要用小号（参见第162页）。

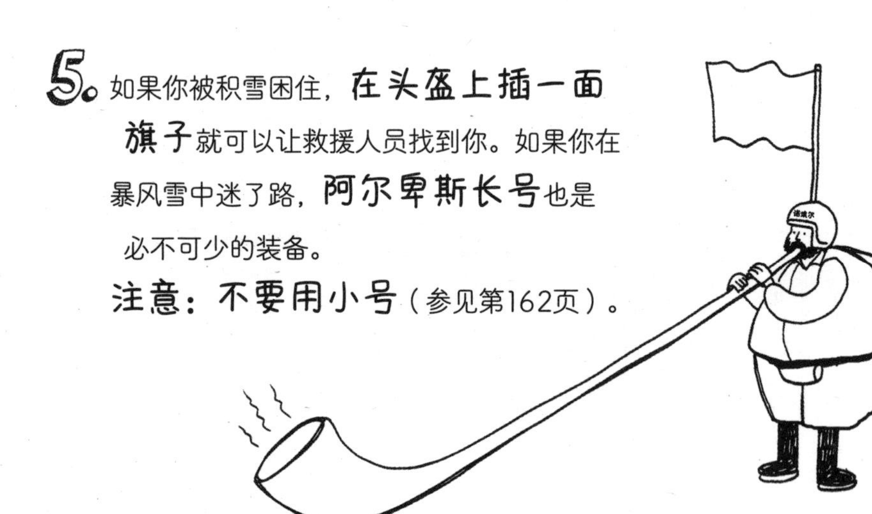

6. 雪天出门穿**床鞋**才对。

什么是床鞋？

就是用床当鞋喽。

它们那么大个儿，你穿上之后没办法走太快

（真是再好不过了），

而且也很难摔倒。

即使你成功摔倒了也不要紧，

软乎乎的床托着你呢。

7. 把花园里的雪清理干净之后，可以准备一些**白色的毛线球。毛线球大战**可比雪球大战安全多了，即使毛线球从你脖子后面钻进领子，也不会让你冷得大喊大叫。

8. 还可以把毛线球收集起来，堆一个**毛线人**。

用卷心菜芽做鼻子，再给它戴上一顶头盔。毛线人最棒的一点是它不会融化，如果你真的很喜欢它，还可以用它织一件能当睡衣穿的毛线连体服。

9. 来到花园外的雪地里**实在太危险了。**

如果你的**床鞋**被冻住了，你完全动弹不了该怎么办？

巷尾学校里的熊孩子们肯定帮不上忙。他们只会朝你扔雪球，

并喊你**诺埃尔大雪怪**——如果你的名字是诺埃尔的话

（这是基于真实事件的假设）。

10. 另一种**可怕的危险**是你可能会被大雪所覆盖着的东西绊倒。

三年前，我就被德尼斯绊倒，摔伤了胳膊。现在，每天晚上我带着德尼斯散步回来之后，都要再三确认他已经老老实实地待在家里了。

当心你在花园中找到的任何东西！

比如说，刷子、橡胶管或者**小矮人雕像**。

小矮人雕像和雪凑在一起真是极其危险。

提醒：别忘了随身带副扑克，

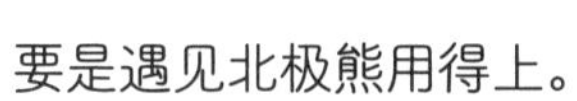

要是遇见北极熊用得上。

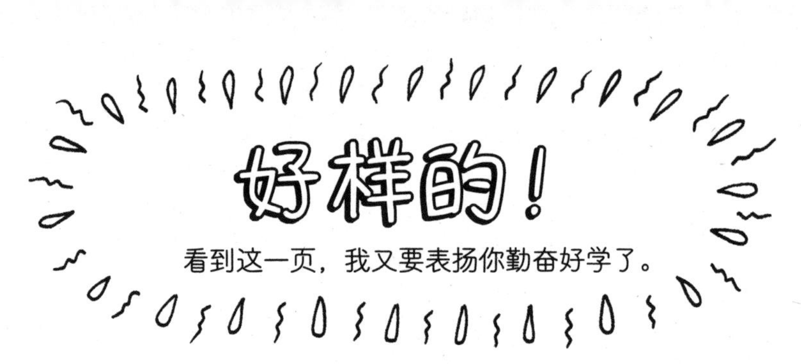

危险学测试不日将至，**保持警觉并时刻处于巅峰状态**至关重要。

不过，现在可以先吃点儿零食稍微放松一下，比如**烤面包片**，这是除卷心菜之外我最爱吃的东西。

生活避险十大诀窍

烤面包制作篇（侧重点在安全上）

1. 烤面包之前，应先**确险**（**确**认其他人都相当肯定没有危险的地方的确没有任何危**险**）。然后把花园清空（不需要耗费很长时间）。**所有东西**都需要清除。如果你有个小棚屋，狠狠心拆掉它吧，如果着起火来可就麻烦了。同样地，树呀，灌木丛呀也全都砍掉吧，一株也别留。清除干净之后，用锡箔纸把整个花园罩起来。这至少需要100卷锡箔纸才够。

2. 把多士炉放在花园正中央。

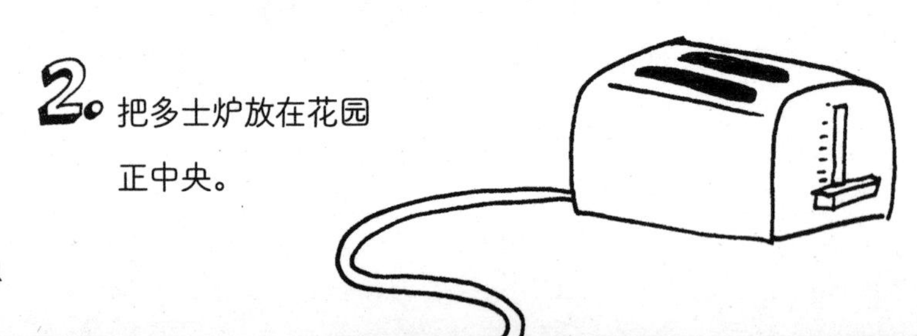

3. 穿上全套防火服，戴好面罩和手套。

如果你没有防火服，可以用宇航员的太空服代替。如果连太空服都没有，那就穿盔甲好了。

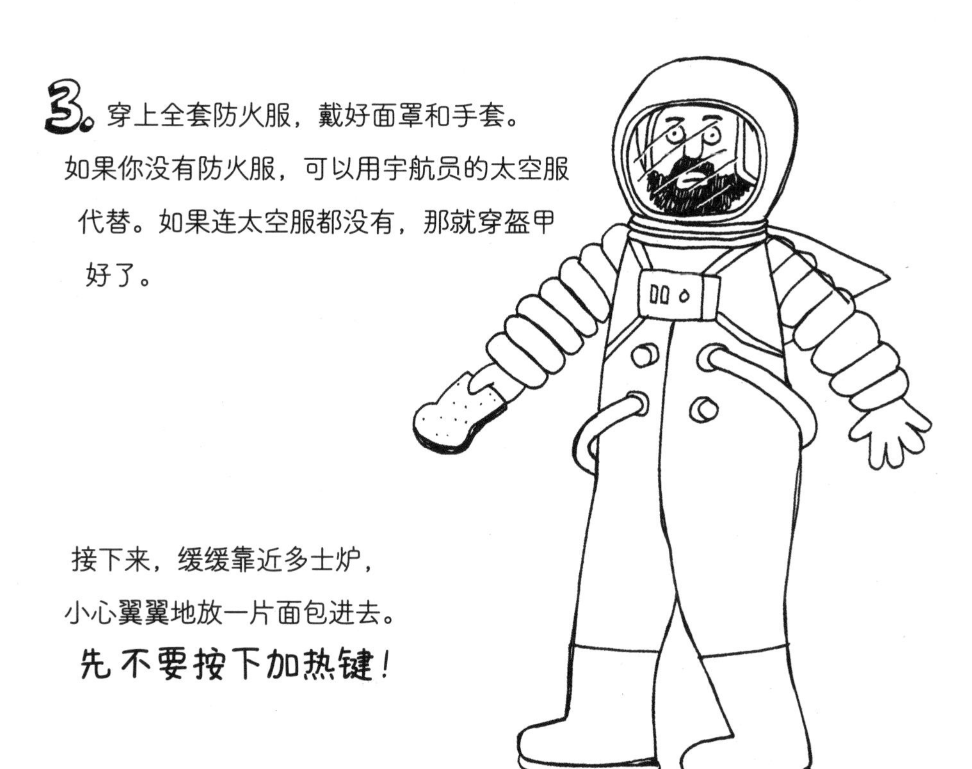

接下来，缓缓靠近多士炉，

小心翼翼地放一片面包进去。

先不要按下加热键！

4. 找来一个跷跷板，准备通过它来按下加热键。

这是我所赞同的跷跷板的唯一用途！

不过，**还是不要急着按下加热键！**

你先得倒计时。

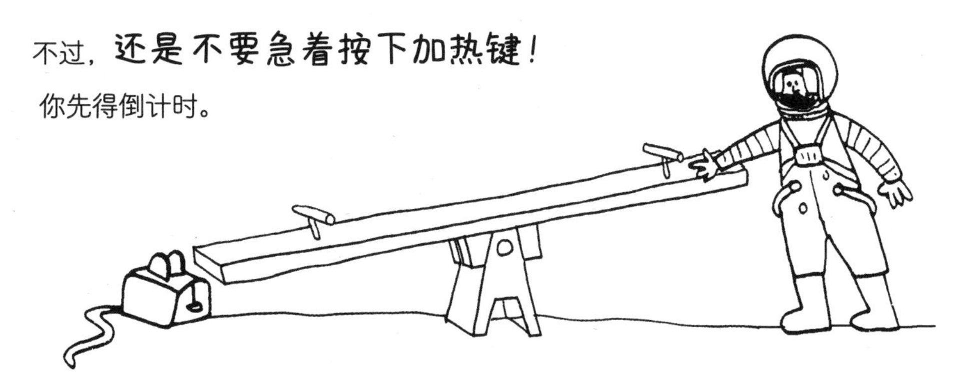

5. 倒计时开始：

五、四、三、二、一！

然后用跷跷板**按下加热键**。

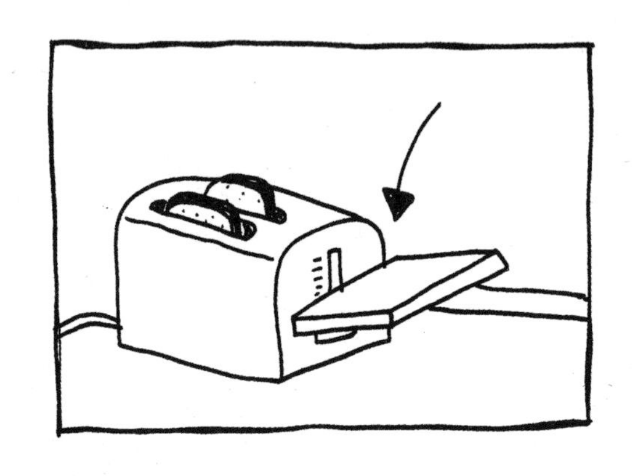

6. 赶紧跑回家里。

现在是整个过程中最危险的时刻。

多士炉随时可能爆炸

（非常危险）。

7. 如果烤面包片没有爆炸或者着火，会在三分钟后自动弹起来。

但现在不能接近多士炉！

要等上一个小时后再去拿面包片。

8. 一个小时之后，如果烤面包片还没有被鸟类或者长颈鹿偷吃，你就可以靠近多士炉，用长柄安全钳把面包片夹走了。

9. 再等一个小时，让烤面包片彻底凉下来再吃。现在，它**不太危险**了。

10. 记得把太空服或盔甲脱掉再吃。

避免被愤怒和强攻击性动物攻击的建议

发生在家中的鲨鱼攻击

幸运的是，远离海洋的鲨鱼攻击非常罕见。偶尔发一次洪水可能会导致鲨鱼进入地下室或院子，不过这样的情况不会经常发生，而且鲨鱼也很容易辨认。

鲨鱼在家中会造成的真正危险其实通常发生在卫生间，也就是

当你坐在马桶上并遭到它攻击的时候。

如何避免在卫生间被鲨鱼攻击

1. 不要在马桶上坐太久。鲨鱼非常优柔寡断，在下定决心做任何事之前，都要犹豫至少5分钟。所以，**完事了赶紧走。**

2. **绝不要**一边上厕所一边吃东西，尤其是**三明治。**尽管鲨鱼什么都吃，但它最喜欢的还是**三明治。**

3. **鲨鱼讨厌爵士乐。**

如果你真的很担心被鲨鱼攻击，就唱一曲爵士吧。鲨鱼会躲你远远的。

舒比，舒比，
嘟，哇，啵！

诺埃尔

4. 完事了一定要记得把马桶盖盖紧！

鲨鱼可能会从马桶中一跃而起，跳进澡盆或者盥洗盆。

如果你刚好在泡澡，那可真是糟糕透了。

你可以试着用牙刷捅捅它，

这是你唯一的机会了。

如果能用牙刷蛇戳戳它，

那就更好了。

对不起，我应该提醒你们先看看**速安页面**（第29页），

然后再来看这些可怕的大鲨鱼。

写完这些，我到现在还颤栗不止呢。

而且，我还要提醒你们：

吓人的事情恐怕并没有好转的迹象。

音乐的危险

演奏乐器

演奏音乐可以使人放松且乐趣盎然。

可是，有些乐器就像闹钟一样制造着恐慌和混乱，

“嘟嘟嘟嘟” “哔哔哔哔” “嘀嗒嘀嗒”

……没完没了。

最危险的乐器有这些：

1. 鼓

鼓如果敲得不好，听起来实在可怕：

就像打雷，像大猩猩拼了命要逃出大篷车，

像一堆鼓从楼梯上滚落下来，或者像

一大群大象正在狂奔。

最后一个**尤其危险。**如果你对大象已经有一些了解的话，

就应该知道**大象会在看到别的大象狂奔时也跟着狂奔。**

所以，**绝不可以在大象身边敲鼓。**

其实，所有动物听到鼓声之后都会狂奔起来。因此，不要在成群结队的动物附近敲鼓。有些动物狂奔起来可不是一般的危险。

热带鱼在狂奔（**不太危险**）

小猫在狂奔（**变得有点儿危险**）

大象在狂奔（**极其危险**）

2. 小号

没错，用演奏小号的方法驱赶牙刷蛇特别见效。可如果是一个蹩脚的乐手在山区演奏小号，那可不是闹着玩的：夏天会引起**落石**，冬天会引起**雪崩**。

如果他在海岸边演奏小号，那声音听起来就像是对船只发出的浓雾信号，很可能导致海上船只的恐慌。

最最危险的是，小号的声音听起来很**像吸血鬼的放屁声**，那么他在演奏小号的时候，就很可能把吸血鬼招引过来。

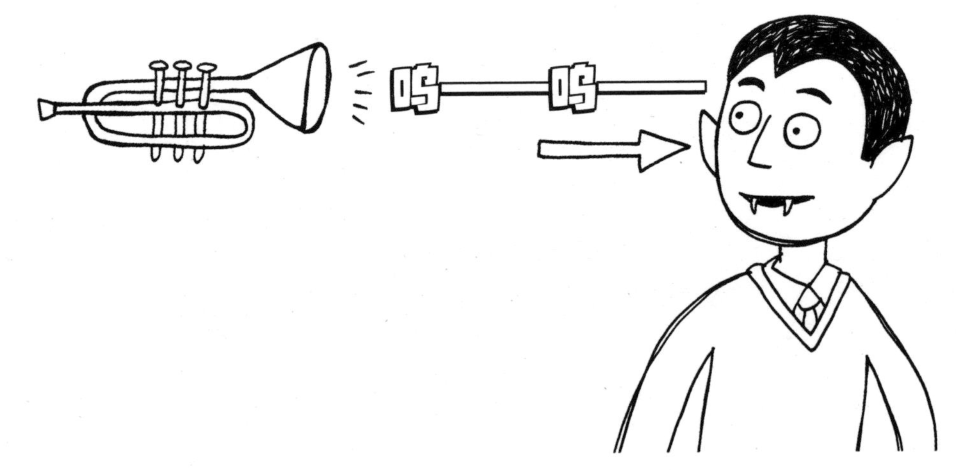

3. 手风琴

手风琴是唯一一种**会攻击人的乐器。**

当你正在演奏沉甸甸的手风琴，并发出恐龙哀鸣般的声音时，会产生一种自己成为了主宰者的错觉，以为一伸一缩尽在掌控之中。可是当手风琴决定反客为主，**夺回控制权**的时候，你会被它牢牢压住，动弹不得，直到有人来救你。

4. 竖笛、长笛、六孔小笛

这几种笛子的音量比其他乐器都小，但危险程度并没有降低。它们发出的高音听起来就像陷入险境的鸟儿发出的尖叫声，这可能会引其他鸟儿过来寻找失散的家人。如果引来的是绿油油的相思鹦鹉或者猫头鹰，还挺可爱的；**可如果是巨大的鸵鸟或者鸸鹋，就一点儿也不可爱了。**

5. 钢琴海象

与众不同的外形和黑白相间的牙齿使其获此芳名。被冲上海岸的钢琴海象很容易被人与三角钢琴搞混。

警告： 绝不要尝试演奏钢琴海象！

它不是钢琴，**而是海象。** 所以千万不要靠近它。它的脾气非常暴躁。如果有人胆敢碰它牙齿，把它从睡梦中惊醒，它会**极度不悦。**

所以，很多著名钢琴家都有在上衣口袋里装一条**臭烘烘的鱼干**的习惯。他们经常会把鱼干挂在没弹过的钢琴上方，确认它不是海象以后再开始演奏。

几种安全的乐器

1. 小提琴

小提琴的音色还是挺难听的，就像一只被雨浇透了的老猫发出的哀号。但如果你把小提琴上的四根弦都拆掉，它就没有动静了。这样一来，你就可以伴着“嗖嗖”的琴声，哼唱你最喜欢的歌曲了。

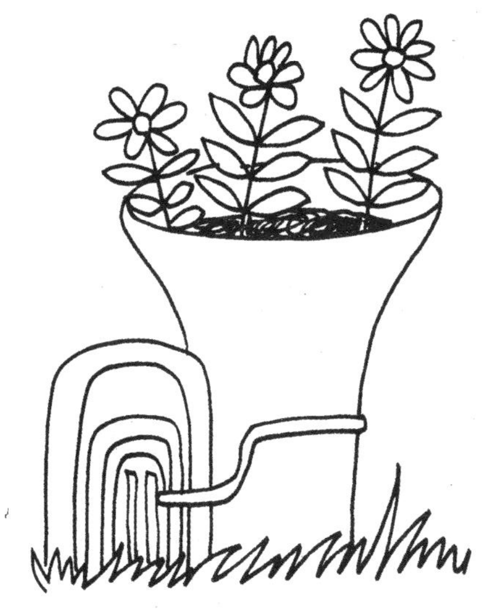

2. 大号

吹大号发出的声音和吹小号一样可怕。因此，为何不试着用它做花盆呢？把它放在花园里，在喇叭口里填满土，再种上花花草草。这样可比用耳朵欣赏它发出的声音轻松多了。

3. 卷心菜

有人可能会说卷心菜不是乐器。别理他们。

尽情欣赏用木勺敲击卷心菜时发出的天籁之音吧。

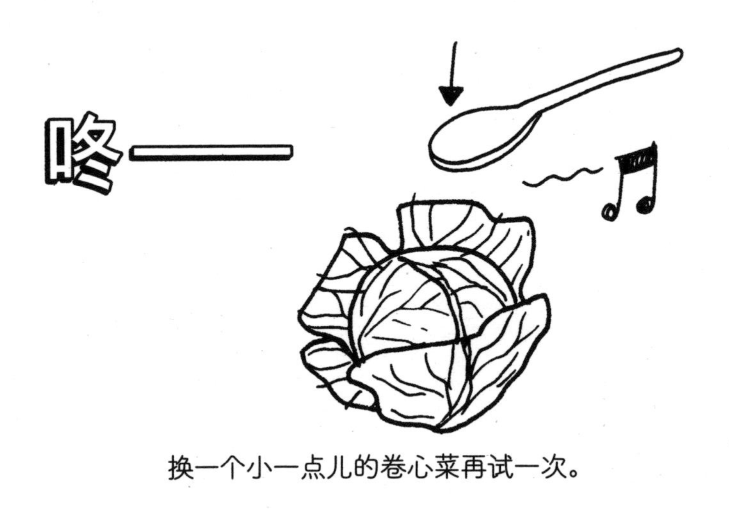

换一个小一点儿的卷心菜再试一次。

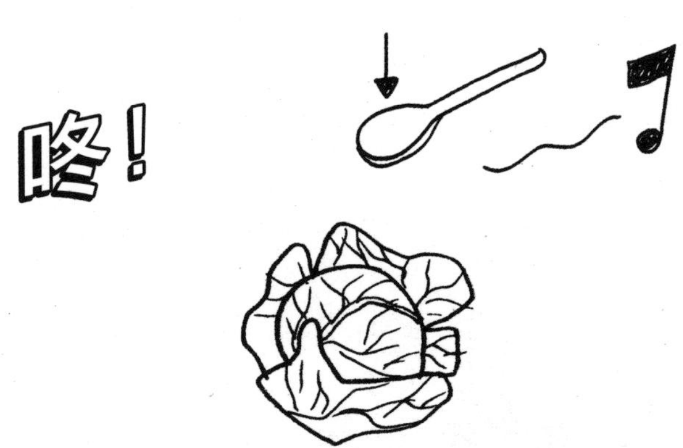

怎么样？你听出声音上的细微差别了吧。

找8棵卷心菜排成一排，自制一架**卷心菜琴**，

就可以演奏你最喜欢的卷心菜歌曲了，例如：

★《老麦克凯贝奇有棵卷心菜》

★《祝你卷心菜节快乐，新年多发芽》

★ 赛缪尔·巴伯的《卷心菜琴柔板》[1]

① 译注：以上曲目的灵感分别来自英文童谣 *Old MacDonald Had a Farm*、英文歌曲 *We Wish You a Merry Christmas And a Happy New Year*，以及美国现代作曲家赛缪尔·巴伯的《弦乐柔板》。

诺埃尔博士奉上愉悦身心的童话故事

（侧重点在安全上）

你真是好样的！已经看完这么多页了，却什么坏事也没发生。

作为对你的奖励，我再给你讲一则被我略微改写过的经典童话故事。

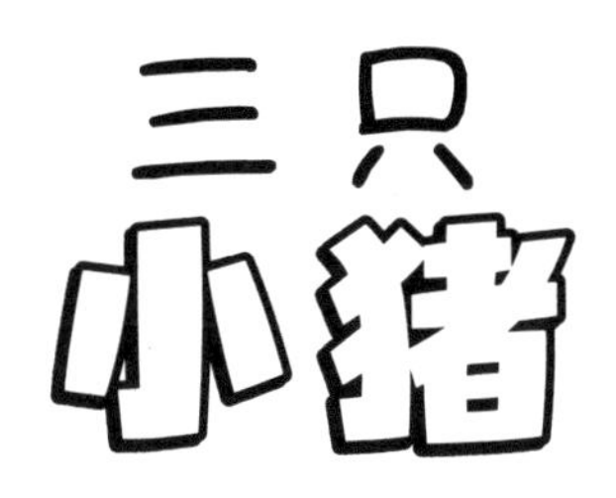

从前，森林里住着三只小猪。他们最早是住在农场里的。后来有一天，农场主想把他们剁碎灌进香肠，所以他们跟农场主大吵了一架。双方各执己见，互不相让。

最终，他们决定一起离开农场，并伪装成可回收垃圾，逃进了森林。

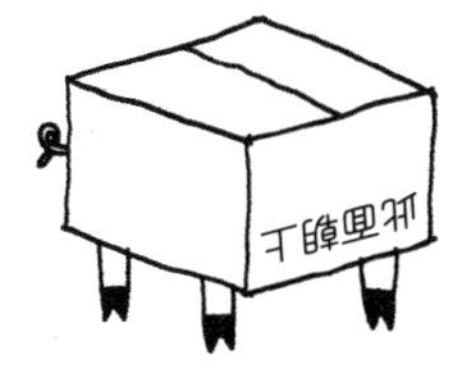

三只小猪一进入森林，就感到寒气逼人。他们还看见了可怕的长毛蜘蛛，还听小松鼠讲述了关于恶狼的可怕传闻。

他们有点儿怀念原先安稳舒适的农场，可是因为香肠的事，他们再也回不去了。三只小猪只好铁下心，决定在森林中建个栖身之所留下来。

值得庆幸的是，有一只小猪知道很多与建造房屋相关的知识（在农场生活的时候，时不时会有一些土建工程，于是这只小猪就特别喜欢追问各种问题）。

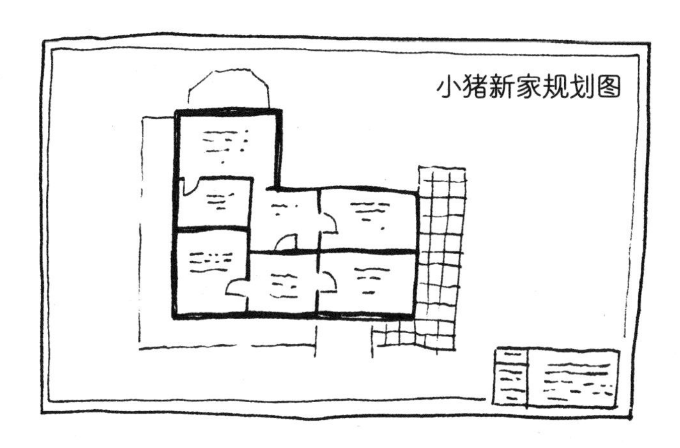

他决定用最新潮和最结实的材料盖房子，防盗报警器和闭路电视机一应俱全。

后来，他们又听到一些关于恶狼的传闻：他会在夜里来到房子跟前，冲着房子吹口气就能进去。真是一派胡言！还没听说过谁对着房子吹口气就能进屋的。

如果说有一头鲸鱼，靠喷出的水柱破门而入，我还可能相信。

不过，鲸鱼跑到森林里干吗啊？

总之，三只小猪在他们的房子里又快快乐乐地生活了整整10年，直到有一天，附近的一座火山爆发了。整片森林和周边的农场（包括他们之前待过的那个农场）都被岩浆吞噬。三只小猪没有被装进香肠，可最终还是被烤熟了。

这个童话的寓意是：不要在火山附近盖房子。

因为

危险

无处不在

诺埃尔博士的舞蹈指南

你可能想知道，每天都沉浸在**非常重要和严肃的危险学**当中，诺埃尔·佐内博士又是如何放松自己的呢？他在闲暇时间又会干些什么来换换脑子呢？

说出来可能会让你吃惊，但我的确喜欢跳舞。每个人都会有一项与生俱来的天赋，但在我身上应该有两种：

危险学和舞蹈。

1. 霹雳舞

如果你留意过这本书，应该会意识到，通常情况下的霹雳舞都**非常非常**危险。

又是跳又是转，胳膊和腿不停地伸啊伸啊，

这基本上就是不穿道服的空手道。

不过，我发明了一系列绝对安全的霹雳舞新动作。

多士炉动作

如果你在跳霹雳舞的时候，被机器人当成同类带回机器人星球怎么办？别担心，多士炉动作是一种安全性更强的机器人动作。在我焦急等待烤面包片（我最喜欢的食物第二名）出炉的时间里，多士炉动作能帮我把所有多余的兴奋劲儿都消耗掉。

如何跳多士炉动作

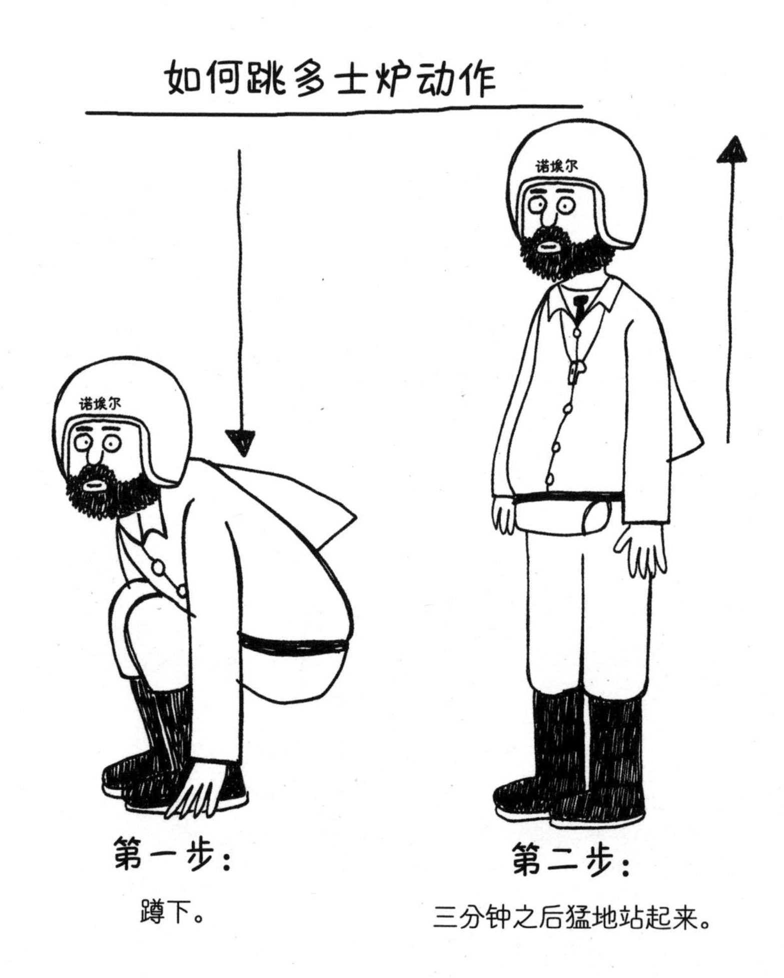

第一步：

蹲下。

第二步：

三分钟之后猛地站起来。

熟睡的小猫

你知道毛毛虫舞吧，就是那种趴在地上前后蠕动的霹雳舞动作。

现在我不得不警告你们，毛毛虫舞也**非常危险。**

因此，我从一种不那么危险的动物身上获取灵感，
创造出了一套全新的动作——**熟睡的小猫。**

如何跳“熟睡的小猫”

第一步：

躺在地上。

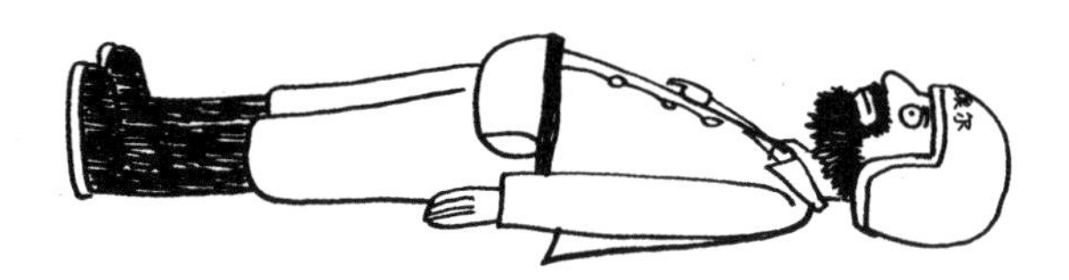

第二步：

躺着别动，偶尔“喵喵”叫两声，假装自己是一只睡梦中的小猫。

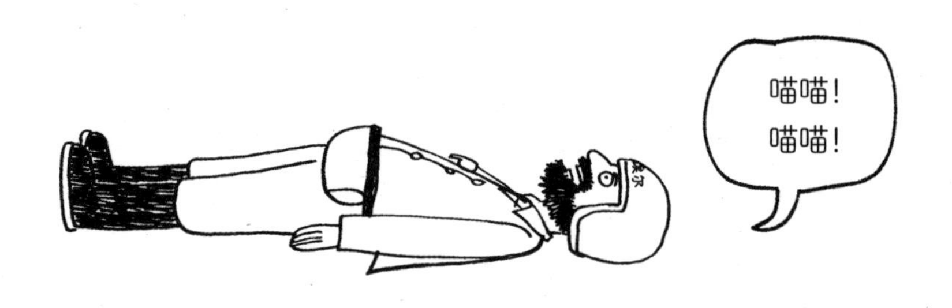

第三步：没有第三步了。

受德尼斯的启发，我还发明了一套和“熟睡的小猫”类似的舞蹈动作：

磐石

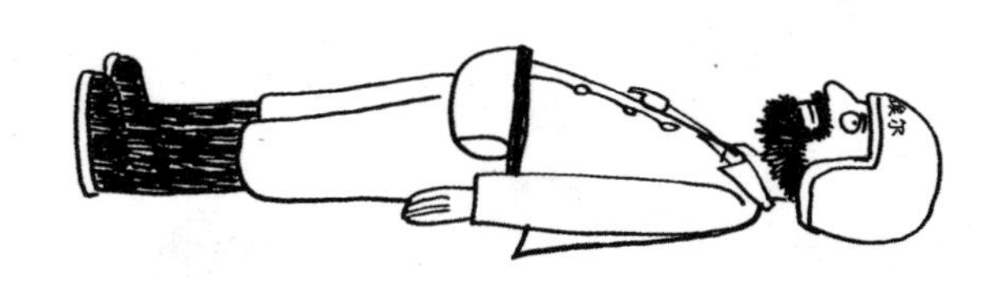

除了不用喵喵叫，动作要领和“熟睡的小猫”完全一样。

2. 芭蕾舞

我在看芭蕾舞演出的时候总是会哭，但不是被舞蹈美哭的，

而是因为提心吊胆。为什么台上每个人都踮着脚尖跑来跑去呢？

如果有人绊倒了，其他人就会像穿了百褶裙的多米诺骨牌一样倒成一片。

下面是一些你可以跳给自己看的，百分之百安全的芭蕾舞选段。

天鹅停车场

和著名的芭蕾舞剧《天鹅湖》有些类似，只是场景从湖畔换到了停车场。天鹅百无聊赖地四处溜达，偶尔吃点儿面包，偶尔朝鸭子和车辆“嘎嘎”叫两声。

胡桃夹子2.0版

胡桃夹子2.0版是经典芭蕾舞剧《胡桃夹子》的续集。不过在这里，坚果全都被敲开了。你可以穿着纱裙坐在桌边静静地吃掉它们。

3. 交谊舞

这种舞蹈的主要危险是你可能会失手把舞伴扔出去。等你反应过来，舞伴可能已经在窗户外面，或是在吊灯顶上了。

让交谊舞变得更安全的关键是：改用更加舒缓的伴奏音乐。摇滚乐或者爵士乐就不要考虑了，换成其他的吧。你还可以试试直接去掉音乐，改用天气预报或者讲述袜子历史的广播纪实剧作为伴奏。

而且，你连舞伴都不需要，抱着卷心菜就可以跳舞。

最妙的是，你可以把怀中的卷心菜想象成任何人。

哪怕是卖给你卷心菜的美丽姑娘（我才不会承认我说的是格蕾泰尔呢）。

避免被愤怒和强攻击性动物攻击的建议

幽灵篇

（好吧好吧，我承认幽灵并不是动物。所以，准确地说，这应该是**避免被愤怒和侵略性幽灵攻击的建议**才对。）

关于幽灵，我们首先应该知道的是**幽灵并不存在**，人们所以为的幽灵都不是幽灵。你听见的鬼叫声其实只是摇摇欲坠的管道或者风钻过缝隙发出的声音，要不就是有人披着床单、打着手电，拙劣地学鬼叫。

关于幽灵的另一个大多数人都不知道的真相是：

他们都**无聊透顶。**

我知道有些人（比如说凯瑟琳和米丽森）也会觉得我无聊透顶。好吧，那你现在来想象一下，究竟无聊到什么程度才会被我描述成“无聊透顶”。

还有一个关于幽灵的真相也相当重要：

幽灵其实都很胆小，什么都怕。

他们害怕很大的声响，怕受惊吓，怕大黄蜂……

然而，最让幽灵害怕，并且能让他们**目瞪口呆**的东西是：

泡泡

只需要朝着幽灵吹上一个泡泡，就足以让任何幽灵尖叫着转身逃跑，再也不敢回来。

所以，如果你撞见幽灵，赶紧从**个人急救腰包**中掏出泡泡水，"噗噗噗"吹出几个泡泡，然后就等着看幽灵**大呼小叫四下逃窜**的好戏吧。

德尼斯

虽然**危险学测试**离我们越来越近了，
但还有一些非常危险的章节你们还没有看到，
所以需要再加把劲儿。

让我们从每一位**危险学学生**都害怕的
夜晚开始讲……

万圣节

这就是一些人绞尽脑汁想出来、让我最最恼火的一个晚上。

人们要装神弄鬼，专挑黑灯瞎火的地方走来走去，
不吓着别人不罢休？
还要在家里堆满骷髅，搞来蝙蝠，再换上吓人的灯光，
营造鬼屋的氛围？

还用锋利的刀子做几个南瓜灯，再把蜡烛放进去？

不！不！非常危险！极其危险！

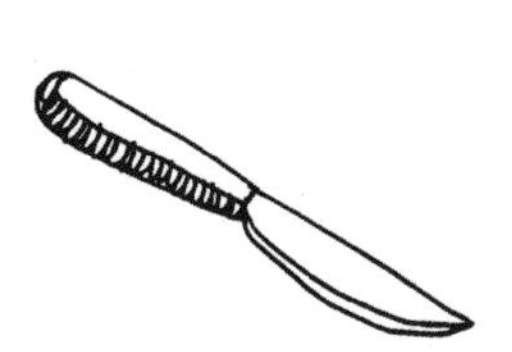

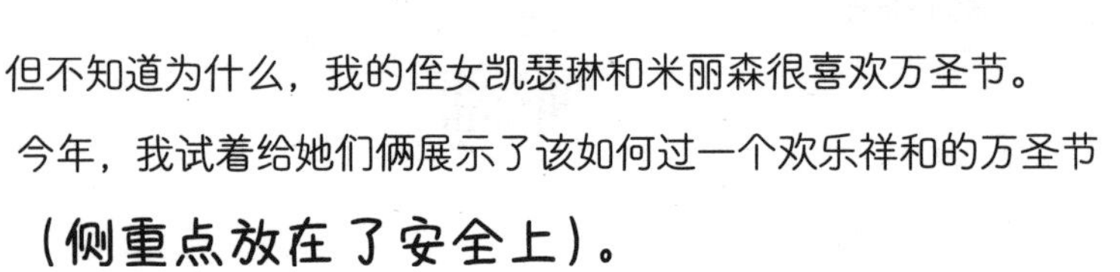

但不知道为什么，我的侄女凯瑟琳和米丽森很喜欢万圣节。
今年，我试着给她们俩展示了该如何过一个欢乐祥和的万圣节
（侧重点放在了安全上）。

1. 着装

我并不反对乔装打扮。只是很多服装

在紧急情况下真是太危险了。

想象一下，如果你一身海盗扮相，却正好

被一群真正的海盗看见，并且要和你比拼剑法怎么办？

非常危险！

再想象一下，如果你**扮成斑马**，

却被一头逃出动物园的狮子盯上了怎么办？

极其危险！

我实在搞不明白，万圣节服装为什么一套比一套吓人。

其实，只要稍微动动脑子，就能让万圣节着装既安全又充满乐趣。

2. 万圣节着装安全指南

诺埃尔·佐内博士迷你版套装：

请查阅本书第121页的时尚穿着建议，遵照我提出的“要”与“不要”来打扮自己。

然后给家里打个电话，给接电话的人朗读这本书的内容。

你昨天的样子：你还没看第121页，还没有模仿我的穿着。

你明天的样子，也可以说是**我未来的样子：**今天你终于看了第121页，知道怎么像我一样穿，明天就能穿得和我一样了。

今晚的你：穿上睡衣，早早地上床睡觉。这就是最安全的服装。

这是我为凯瑟琳和米丽森创造的服装。

米丽森把自己打扮成了一棵卷心菜。

我从**格蕾泰尔的卷心菜小屋**里买来了35棵卷心菜才制成了她的服装。我相信她一定会为浑身上下的菜叶子而感到快乐无比！

这套服装还有一点特别棒：等她玩够了，我可以用她身上的菜叶子煮一大锅卷心菜浓汤，来敲门玩“不给糖就捣蛋”的小孩都能喝上。

我在凯瑟琳身上粘了好多好多石头，把她打扮成最棒的宠物：**石头。**

但不幸的是，她的服装太沉了，以至于连路都走不动了，我只好用小推车推着她。

不给糖就捣蛋

晚上瞎闯乱逛，随便敲门实在**太危险**了。所以我一大清早就带着她俩出门了。那个时候所有人都在睡觉，没人会给她俩开门。这样，她俩就**闹不出什么乱子**了。

来敲**危险区**的门，玩“不给糖就捣蛋”的小孩除了可以喝到卷心菜汤，还能得到一本我写的专门介绍万圣节安全注意事项的小册子。可是从此之后，再也没人敲过我的门。

去敲格蕾泰尔家门的小孩比来我这里的多多了。她给孩子们准备的食物一定比卷心菜汤美味很多。

去年，当我在院子里等人来敲门时，看见有一个装扮成女警察的小孩缠着格蕾泰尔玩“不给糖就捣蛋”，但她看起来年龄可不小。

我听见格蕾泰尔在描述刚刚丢失的小矮人雕像（乔姆斯基先生）的模样。我这才意识到来敲她门的不是讨糖吃的小孩，而是个真警察。

但这个女警察告诉格蕾泰尔说警察很难帮上什么忙，小矮人很可能是被附近搞恶作剧的小孩拿走了，他们应该很快就能把它送回来。

格蕾泰尔听起来有点儿难过，我想翻过院墙陪她说说话。可是，站在格蕾泰尔对面的不就是那位在“池塘鳄鱼风波”中警告我“未经许可，不得私闯民宅”的女警察吗？

可怜的格蕾泰尔。

每个人都应当劳逸结合，干一会儿歇一会儿。不过，请牢记：

从来就没有绝对安全的假期。

生活避险十大诀窍

外出度假篇

1. 不要去太远的地方！请你牢记下面这两条充满韵律的黄金定律：

（好吧，读起来好像也不太押韵。）

2. 露营和房车旅行充满乐趣。但是为什么不把房车停在你的屋外呢？

为什么不在你的花园里搭帐篷呢？如果你没有花园，客厅里也可以呀。这样，你就不会走太远，也就不用吃太多三明治了。

3. 泛舟水上，度过一个游艇假期也是无比惬意的。不过江川河流都太危险了。所以为什么不把游艇放在拖车上，并停在家门口呢？

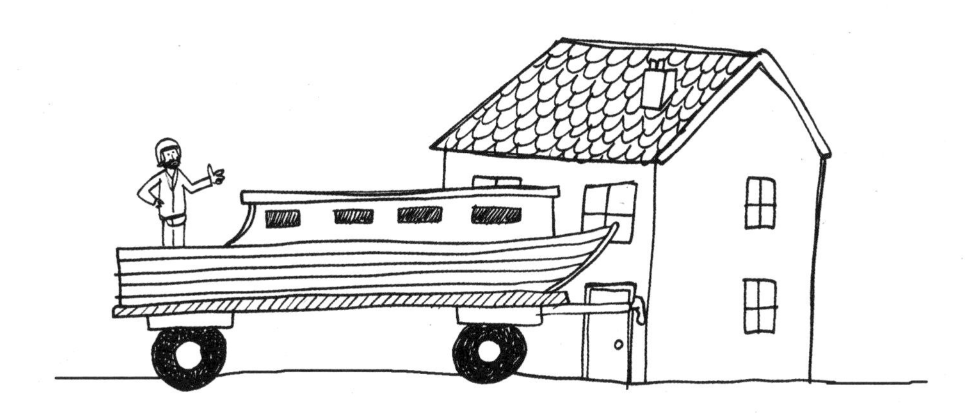

4. 乘坐游轮度假，也可能有可怕的事情发生。

如果遇上海盗，撞见鲨鱼怎么办？

如果船沉了，你游上荒岛捡回了一条命，但**岛上只有你最讨厌的椰子能吃**怎么办？所以无论如何也不要乘坐游轮。

5. 如果去海滩度假，记得带上防晒霜、遮阳帽、T恤衫这些基本装备，还要带上足量的饮用水。

6. 千万别忘了带上鲨鱼专用鱼叉、防水母雷达，以及海鸥攻击防御系统。

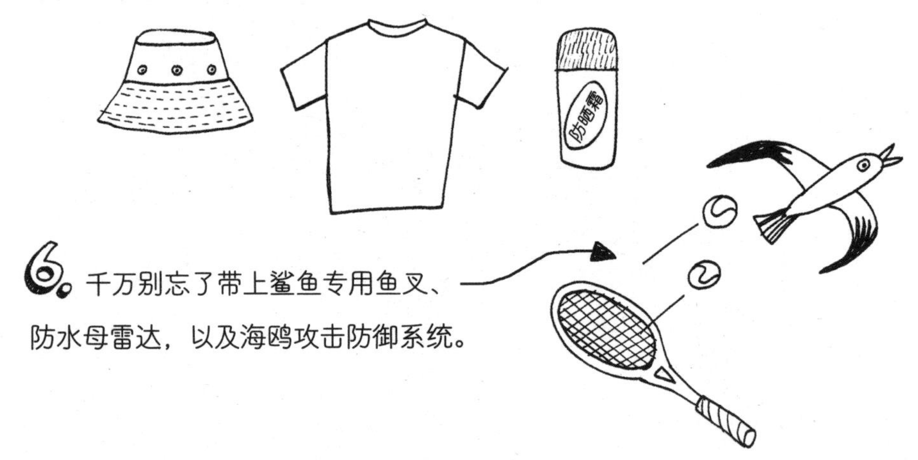

7. 垂钓假日可以让人身心放松。

可是，如果你钓上来的是鲨鱼、章鱼，或者八爪鲨鱼（一只抓住了八条鲨鱼的大章鱼）**就不会这么想了。**

所以，请使用不拴鱼钩的钓竿，确保你每次都能空手而归。还要当心海浪袭来。因此，坐在车里想象一下钓鱼的场景就好了。

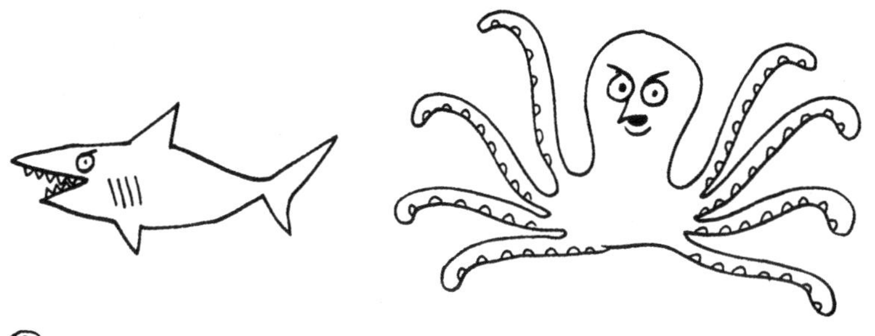

8. 户外徒步？**户外徒步！**你还嫌生活不够危险吗？你为什么不直接去大黄蜂窝里度假，或者和响尾蛇家族搬到一块儿住呢？

9. 极限运动假期？

漂流？风筝冲浪？**蹦极？**

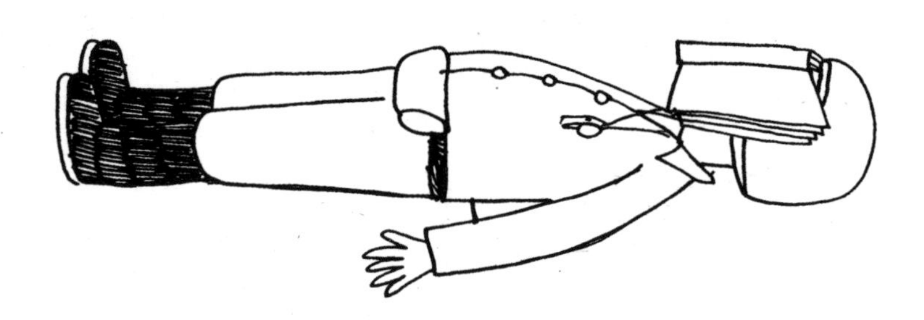

实在抱歉，写完这些东西，我不得不把**速安页面**（第29页）
扣在脸上躺一会儿，希望能快点儿镇定下来。

10. 与其出去度假，还不如老老实实地待在家里，

假装自己已经度假回来了。

如果想要营造出热带海岛的氛围，就在家里堆满香蕉，再把取暖器打开。

如果想模拟出一个滑雪假期，就穿上软乎乎的连体服，再把冰箱门敞开。

给格蕾泰尔寄张明信片。像往常那样写上一句“希望你也在这里！”。

不过，这一次要勇敢点儿，**署上你的名字，**

让她知道明信片是谁寄的。

危险学学生们，挺住哇！

请你们保持专注，继续熟记所学！

危险学测试已经迫在眉睫了。会不会觉得有点儿紧张呢？

想想看，在**危险学毕业证书**上写下你的名字的时候，该有多高兴呀！

可是，接下来的章节就不那么让人高兴了，因为

那些内容实在太吓人了！

避免被愤怒和强攻击性动物攻击的建议

邮筒章鱼

我们在收到信件或明信片的时候都会很高兴，可惜现在写信的人没有以前那么多了。有些人用上了电子邮件和手机短信，因此放弃了写信。

而我是因为

邮筒章鱼

才不得不放弃写信的。

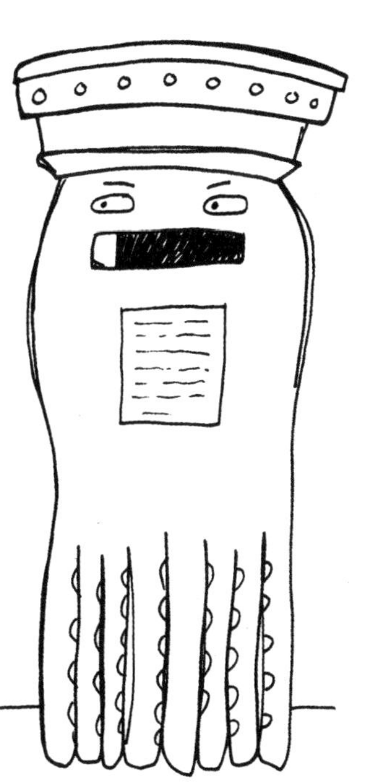

邮筒章鱼是一种罕见、神秘的章鱼品种，偶尔会出现在街角。没有人确切地知道它们是如何出现的，但有一种说法认为它们是

从下水管道里钻出来的。

一旦它们选好落脚点，就会**伪装成邮筒**（一些国家的邮筒是绿色的，还有一些国家的邮筒是红色或者蓝色的），然后张开长方形的大嘴等人上钩。

它会一直等着。

如果你过来寄信，邮筒章鱼就会在你伸手投信的那一刹那

抓住你。

等你回过神来，它已经用两条腿把你紧紧缠住，并用剩下的6条腿夺路而逃。等待你的将会是大海深处的章鱼洞。

被邮筒章鱼抓住之后的自救指南

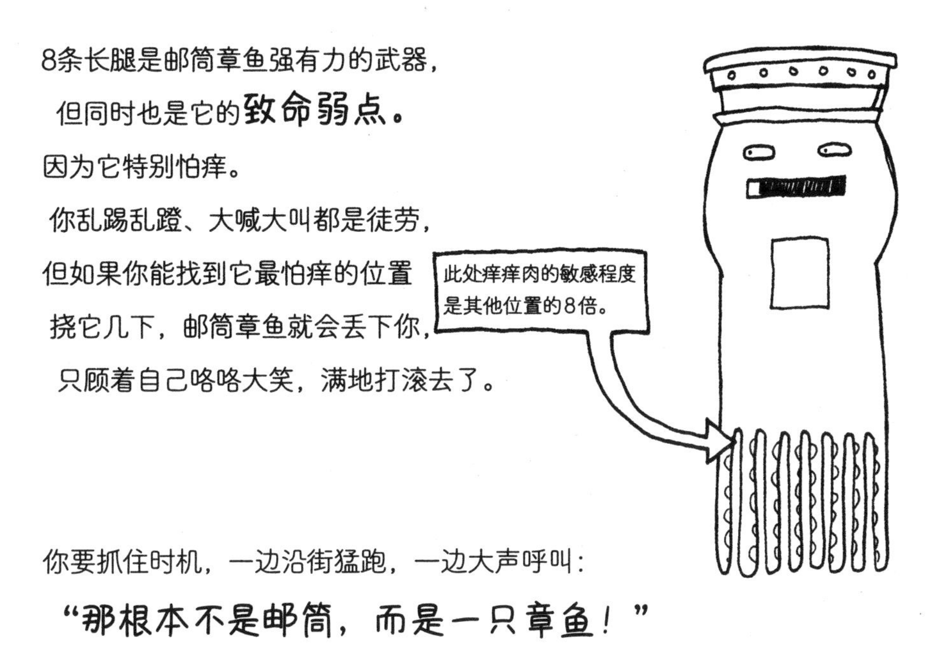

8条长腿是邮筒章鱼强有力的武器，

但同时也是它的**致命弱点。**

因为它特别怕痒。

你乱踢乱蹬、大喊大叫都是徒劳，

但如果你能找到它最怕痒的位置

挠它几下，邮筒章鱼就会丢下你，

只顾着自己咯咯大笑，满地打滚去了。

你要抓住时机，一边沿街猛跑，一边大声呼叫：

“那根本不是邮筒，而是一只章鱼！”

很快，附近邮局就会有人赶来把邮筒章鱼塞进大麻袋，去大海深处找一个远离城镇的地方把它扔掉。这样邮筒章鱼就不会再回来兴风作浪了。不过，章鱼肚子里的那封信肯定是找不回来了，你得再写一遍了。

现在千万不要半途而废！

你马上就要成功了！

你很快就会成为具备完全资质的**危险学家**（初级）了，身披自己专有的**危险学小披风**，享受它在你身后随风飘扬的快乐！

你只需要把后面这些内容看完，

梦想就能实现了！

日常危险的预防之道

公园里的游乐园

公园是个险象环生的地方。你高高兴兴地去了公园：

1. 正准备喂鸭子，却被跃出水面的虎鲸吃掉了。

2. 正准备喂鸭子，却被一群天鹅劫持了。

3. 莫名其妙地就被一只飞盘腰斩了。

不过，公园里最最危险的地方其实是

游乐园。

我甚至觉得应该给游乐园换个名字，叫**事故吸铁石**才更准确。

下面，我会为那些**没系统学习过危险学的人**

指出哪里可能会有危险。

跷跷板让你一会儿飞起来一会儿掉下去，很好玩对不对？

可是，如果一个大胖子坐在你对面会怎么样？

我来告诉你，这样做**极其危险，后果非常严重：**

跷跷板会变成一台**人体弹射器。**

荡秋千还不错吧？是不是觉得又好玩又安全？可如果有人使了好大的劲儿来推你，结果会怎么样？

秋千也会变成一台人体弹射器！

大转盘总该可以了吧？

但它们要是转得太快会怎么样？

它会变成……算了，你肯定猜到了，我就不啰唆了。

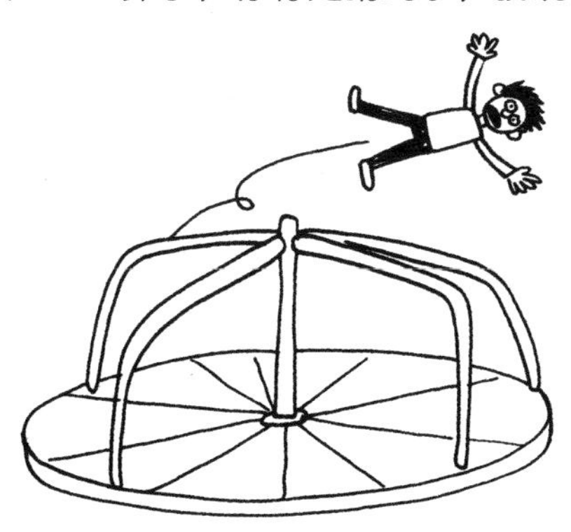

其实，只要你发挥一点儿想象力，游乐园也能变成一个安全的活动场所。

大转盘

坐大转盘会让你头晕目眩，恶心想吐。不过，用它来甩干湿漉漉的小狗再理想不过了。

滑梯

滑梯也有一个绝佳的新用途，那就是：

让滚烫的液体迅速降温。

不要再为热汤或者烫嘴的茶和咖啡发愁了。把它们倒在滑梯上，等液体顺着滑梯流到底之后就变凉了。残留的汤汁刚好可以避免小孩以后再来玩滑梯。

没有人愿意沾一腿黏糊糊的浓汤。

秋千可以华丽变身为栽培植物的吊篮，还可以当**晾衣杆**来用。

你还可以在跷跷板的两端垫些砖头，把它变成稳稳当当的**长条凳。**

这样一来，到游乐园喝汤、晾衣服、甩干小狗的人们也都有地方坐了。

或者仔细想想格蕾泰尔贴在路灯杆和树上的寻物启事，

问问有没有人见过她的小矮人乔姆斯基先生。

哦，格蕾泰尔！

诺埃尔博士奉上愉悦身心的童话故事

(侧重点在安全上)

这是我在这本书里讲述的最后一个童话故事。虽然这几个故事都不危险，但我还是要提醒你，**你将要看到的这个故事是它们当中最吓人的。**

和

三只熊

有一天，金发姑娘的足球飞进了马路尽头一户人家的花园里。她赶紧跑去捡球，刚想敲门，却看见了门牌上写着**“三只熊”**。她想了想，觉得不要紧。熊要么躲在树林里，要么藏在山洞中，要么住在电视机里或者蜂蜜罐子附近，但绝不可能住在一栋大房子里。这肯定又是一个罕见的姓氏，就像她的全名“金发·五只羊”一样。

金发姑娘注意到草坪和小路上有一些巨大的动物爪印。她心想：这户人家里可能养了一条大狗。她还听见屋里传出了声音，听起来特别像熊的吼叫声。

“嗷吼吼吼吼吼——”

“没错，应该就是一条大狗了。”金发姑娘自言自语。这时，一辆送外卖的摩托车开了过来，送餐小哥跳下了车问：“您是三只熊之一吧？您点了加蜂蜜的比萨对吗？”

金发姑娘身后的房门应声而开，传来了一声任何狗都发不出的吼叫。

她迅速绕过送餐小哥，只用了10秒钟，就冲回家里躲起来了。

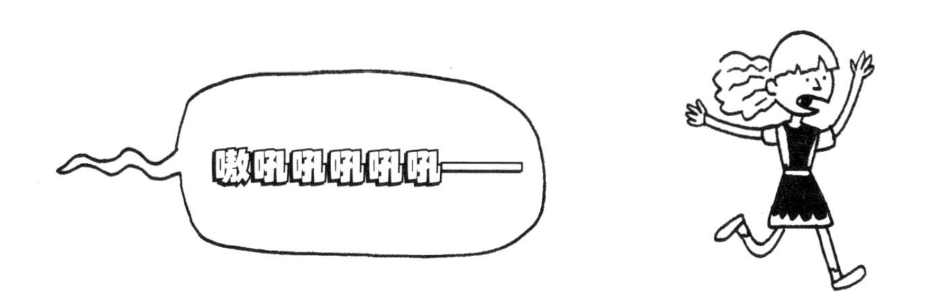

金发姑娘躲过了一劫。那天晚上，三只熊享用了一顿美味大餐：

送餐小哥搭配蜂蜜比萨。

这个童话的寓意是：熊！啊啊啊啊啊！熊警报！

欢迎

来到

马上就到了！

现在，咱们相互之间都已经非常熟悉了，所以应该趁着你还没有参加**危险学测试**，好好招待你一番——德尼斯和我邀请你

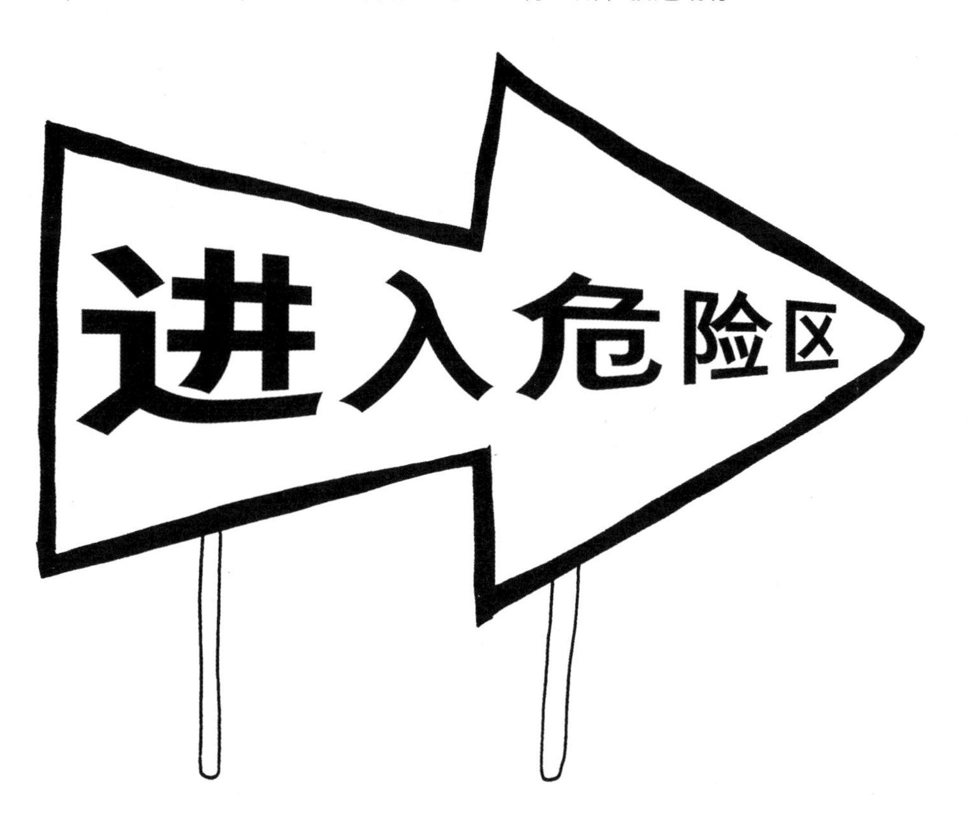

为了保证不被绊倒，我把家里的灯全都打开了，

从早到晚都是明晃晃的。

结果呢，我和德尼斯在室内得戴墨镜，要不然光线真是太刺眼了。你可能觉得这样的灯光会让室内的气氛大打折扣，但我觉得我们俩这副模样还是**挺酷的。**

我还喜欢在墙上画画，但不会画得**过于写实**，要不然有人就会以为那是**一扇敞开的窗户**，想把脑袋伸出去。

非常危险！非常危险！

为了避免这种情况发生，我在每一幅画中都加了**一只独角兽**，因为**我十分确定在我的花园里没有这玩意儿。**

我还在每一幅画上注明了**“这不是一扇窗户”**，算是又加了一重保险。

让我们从一楼逛起吧。其实，也只有一楼可以逛，因为**不久以前我把楼梯给拆掉了。**虽然你没法上楼去逛了，**但是你也绝对不会从楼上摔下来。**

我有点儿信不过书架、置物架之类的东西（它们也有可能倒塌），
所以我把所有东西都堆在地板上了。

它们看起来确实有些杂乱呀。

我的卧室

很多人都会犯的一个错误是认为只要上床睡觉了，危险就会离你而去了。你辛苦忙了那么长时间，现在终于可以躺下来放松一下了。

根据现在的安全状况推测，不会再出什么问题了。

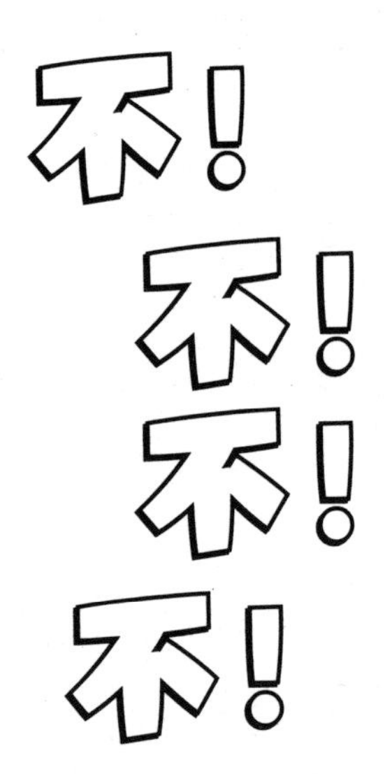

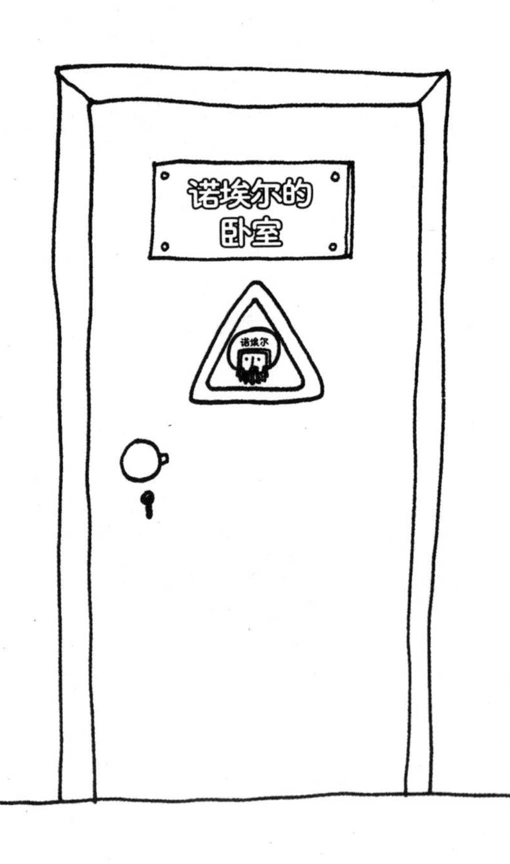

你马上就要成为一名不折不扣的**危险学家**（初级）！所以你不能再这样思考问题了。

危险总是藏在你认为最不可能出现的地方。

躺在床上并不意味着不会摔倒。**你的床很可能会散架，**

更糟糕的是，你还有可能从床上滚下来，并且刚好摔在你的宠物石上。

（你俩都会疼得嗷嗷直叫。）

最理想的床并不是我们通常见到的样子。它应该紧贴地面，四周还应该有可以防止滚落的硬质挡板。最好还能防水，并做成船的样子——发洪水或者火山喷发时可以让你浮起来。

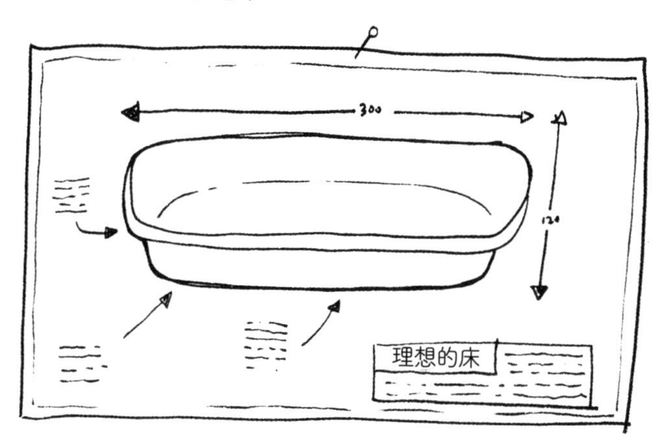

没错！最理想的床是浴缸。

我已经在浴缸里睡了十几年。

你只需要花上五年左右的时间，就可以适应这张坚硬无比的床。

而且这样一来，你早上刷牙也不用走太远了。

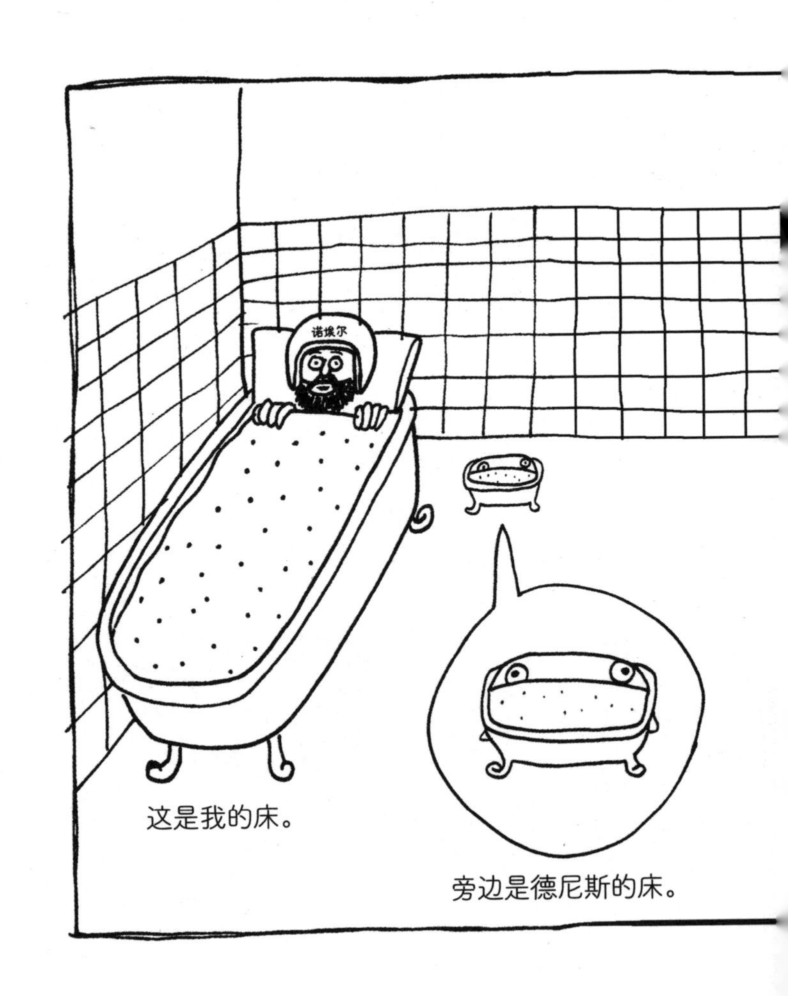

这是我的床。

旁边是德尼斯的床。

哦!
德尼斯旁边就是马桶。

好吧，

我承认！

格蕾泰尔的小矮人是被我拿走的！

不过，我把他拿走是因为天气预报说就要下雪了！

她有可能会被小矮人绊倒，甚至摔断胳膊，

这分明是在重蹈我的覆辙！

我原本打算春天来了就把小矮人给还回去，可是那位女警察警告我说，

不可以再去邻居家的花园了。

哦，格蕾泰尔，我不知道该如何是好了！

不过请放心，我一直在无微不至地照顾小矮人。

乔姆斯基先生，生日快乐！
诺埃尔

格蕾泰尔，如果你也看到了这里，请给我打电话，我会把小矮人还给你的。

等我们联系上了，是不是可以出来喝上一杯？咖啡和茶都行。
不过这些饮料对我来说都太烫了，我们可以去公园把热饮倒在滑梯上降降温，
然后坐在跷跷板长条凳上边喝边聊。

我从来都没有这样做过，但是我还给你写过一首诗呢。

哦，格蕾泰尔，我未曾向你问好。
但那个住在你隔壁，
天天灵卷心菜的呆瓜，
已在心中为你奉上无限美好。

多么希望我能再勇敢些，
不再惧怕拨通你的电话。
我要亲口告诉你：
你之美，与我心有戚戚焉。
小矮人，令我心生愧疚感。

谢谢！
（对不起，格蕾泰尔。）

你成功了！

现在，穿好你的裤椅，戴上宽檐文具草帽，

期待已久的**危险学测试**就要开始了。

危险学学生们，祝你们好运！

诺埃尔·佐内博士

～亲自命题～

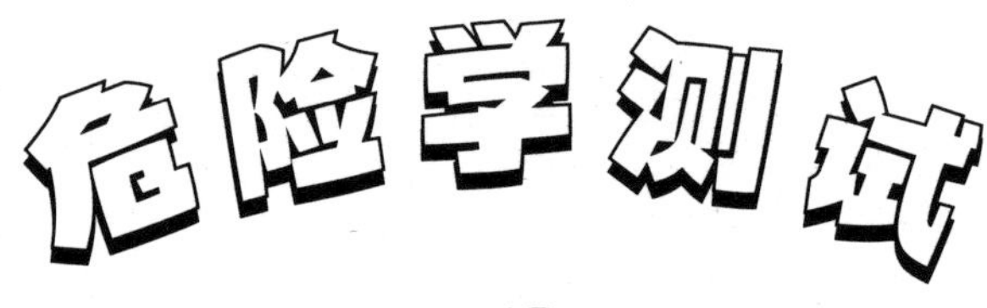

一级

- 本测试共有10道题。
- 请在问题下方工整地写出答案，或者勾选出正确的选项。
- 正确答案附在试题之后，但切记**不要作弊**。
- **注意：**别忘了把笔尖上的安全芽摘掉。

1. 你走在放学回家的路上，突然窜出来一只**黑豹**把路给挡住了。你应该如何处理？

(a) 试着逃跑。 ☐

(b) 从**个人急救腰包**中掏出泡泡水，开始吹泡泡。 ☐

(c) 呼喊 **“黑豹警报”**，并开始跳舞。 ☐

2. 在海滩上，你看见一架大钢琴被巨浪冲到岸上。你应该如何处理？

(a) 冲上去弹一首你最喜欢的曲子。 ☐

(b) 不靠近它。 ☐

(c) 试着举办一场海滩篝火晚会。 ☐

3. 为什么绝对不能穿棕色连体服，戴绿色头盔?

4. 演奏下列哪一首歌对于驱赶**牙刷蛇**最为见效?

(a)《爱无处不在》 ☐

(b)《我会永远爱你》 ☐

(c)《咩咩小黑羊》 ☐

5. 用**安全**的方法烤出一片面包预计需要多长时间?

(a) 3分钟 ☐

(b) 10分钟 ☐

(c) 至少3小时 ☐

6. 将下列物品按照**危险程度，从最危险到完全不危险**排序。

(a) 卷心菜 ☐

(b) 公园里的秋千 ☐

(c) 自行车 ☐

7. 如何对海盗说“你好，我的名字是诺埃尔 · 佐内博士”？

(a) 呀哈，啊哈啊哈啊哈诺埃尔 · 佐内博士。 ☐

(b) 啊哈，啊哈呀哈啊哈诺埃尔 · 佐内博士。 ☐

(c) 呀哈，呀哈呀哈呀哈诺埃尔 · 佐内博士。 ☐

8. 为什么不用给你的**DAD**买生日礼物？

___

___

___

9. 在下列**危险学特殊用语**中，哪一个用来描述卷心菜最为合适？

(a) 不好吃 ☐

(b) 无危宠物、无危物品、好吃 ☐

(c) 极其危险 ☐

10. 生日聚会邀请多少人来参加最合适？

(a) 50人 ☐

(b) 17人 ☐

(c) 1人（那个人是格雷泰尔） ☐

现在你可以翻到下一页，对照参考答案看看自己能否成为一名

博士。

危险学测试答案（一级）

1. (c) 是正确答案。你应该呼喊“黑豹警报”并开始跳舞。
而且这个时候表演《天鹅停车场》再合适不过了。

2. (b) 不要靠近它。它很可能是一只钢琴海象，
并且正想拿没学过危险学的人当晚餐呢。

3. 因为小鸟和松鼠可能会误把你当作一棵树。

4. (c) 牙刷蛇讨厌爱情歌曲。

5. (c) 至少需要3个小时。

6. 最危险：自行车

有些危险：秋千

完全不危险，而且是一种理想的宠物：卷心菜

7. (a) 这样说能挽救你们的郊游活动。

8. 因为你的DAD并不是指你的爸爸，而是指挂在脖子上的危险警报装置。

9. (b) 卷心菜非常好吃，而且一点儿也不危险，没有比它更适合当宠物的了。

10. (c) 这将成为史上最棒的生日聚会。

你如果没能全部答对上面的10道题，恐怕需要从第一页**再看一遍了。**如果你全都答对了，那就请翻到下一页。

热烈祝贺你顺利毕业！
诺埃尔

危险学毕业证书（初级）

______________博士

（填写你的姓名）

认真阅读和学习了**避免被愤怒和强攻击性动物攻击的建议**、**生活避险十大诀窍**，以及**危险学领域的基础知识**，经过测试，成绩达到优秀标准，已由**没学过危险学的菜鸟**或者**危险学学生**，进阶成为一名不折不扣的**危险学家**（初级）。

现在，你有资格穿上个人专属的**危险学小披风**。

祝你在**寻险**、**指险**和**确险**的工作中一切顺利，并始终牢记

危险
无处不在

诺埃尔
专用
卷心菜章

Docter Noel Zone

诺埃尔·佐内博士（五级危险学家）

谢谢！

危险 1 无处不在

这本手册是在我的两位邻居的

帮助下完成的。

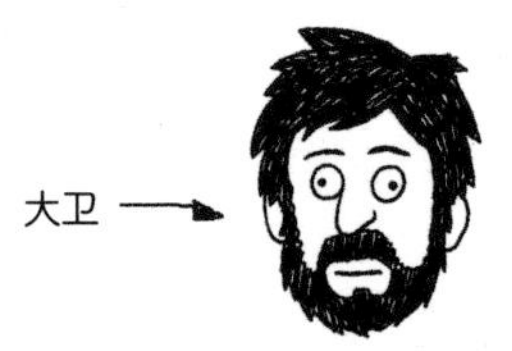

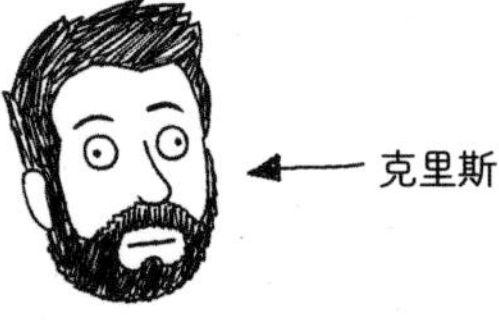

大卫·奥多尔蒂（著）

克里斯·贾齐（绘）

大卫·奥多尔蒂是喜剧演员、作家，经常在电视节目中担任嘉宾，如《非常有趣》《新闻问答》《我会骗你吗》。他写过两部儿童剧，在其中一部中他就把自行车搬上了舞台。

克里斯·贾齐是知名童书作家、插画家，他为孩子们创作了许多图画书。他的代表作有获奖作品《一只孤独的野兽》。他近期的工作是为罗迪·道伊尔的小说《闪耀》绘制插画，以及在咖啡馆里度过一个星期——在切面包板上画一些可能并不存在的动物。

克里斯曾经是一名乐队成员，而大卫经常去看他们的演出，他们俩就这样认识了。

他们俩都住在爱尔兰的都柏林。

浪花朵朵

危险无处不在 2

[爱尔兰] 大卫·奥多尔蒂 著
（化名：诺埃尔·佐内博士）
[爱尔兰] 克里斯·贾齐 绘　韦萌 译

北京联合出版公司
Beijing United Publishing Co.,Ltd.

危险区书库 出品

危险无处不在 2

世界范围内、人类历史上最伟大的危险学家

诺埃尔·佐内博士 作品

一本全新的可以帮你避开**更大危险**的实用手册

谨以此书献给我的邻居格蕾泰尔。

我曾为她写过一首诗：

噢，格蕾泰尔，你是如此可爱，

恰似一棵绽放的卷心菜。

谁要是没体验过荨麻泳装，

便不会明白你有多么安全。

——诺埃尔·佐内博士

关于
作者
诺埃尔
安全头盔
危险学小披风
个人急救腰包
危险警报装置
安全连体服
安全靴

哪些词汇最适合描述这个不可思议的人？

他华丽的胡须在阳光下闪耀，他的**危险学小披风**在微风中飘扬，诺埃尔·佐内博士是世界范围内、人类历史上最伟大的**危险学家**。

注意：这一点千真万确，

因为**危险学家**这个词是我发明的。

危险学家是什么？他们是一类特殊的**英雄**，

可以发现其他人看不见的危险。

那么，在我眼里**特别危险**

的东西有哪些呢？请看：

诺埃尔·佐内博士住在被他命名为**危险区**的房子里，

过着丰富多彩的生活。

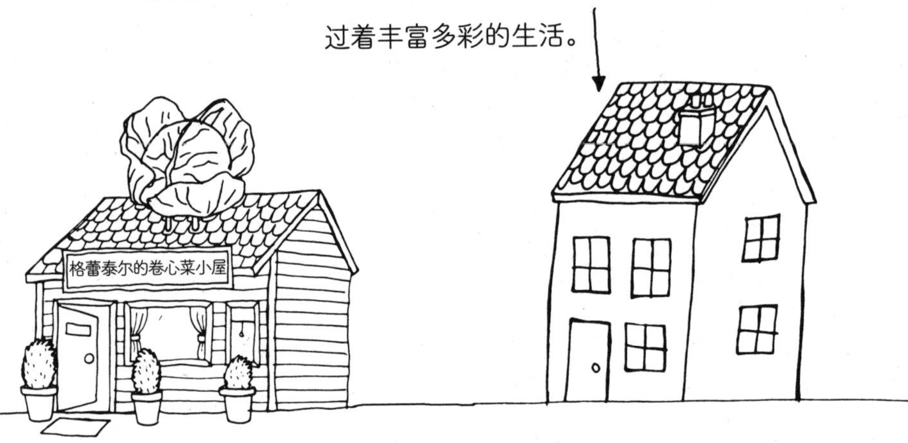

危险区的隔壁住着格蕾泰尔。她是有史以来最美丽、最聪明的人。

她才华横溢，种出了**世界上最美味的卷心菜**（我最喜爱的食物）。

诺埃尔希望能把内心感受告诉她。

可是他一见到格蕾泰尔就害怕，不是张口结舌就是躲起来，

默默地看着她走远……

哎，格蕾泰尔，我一见到你就心慌意乱！

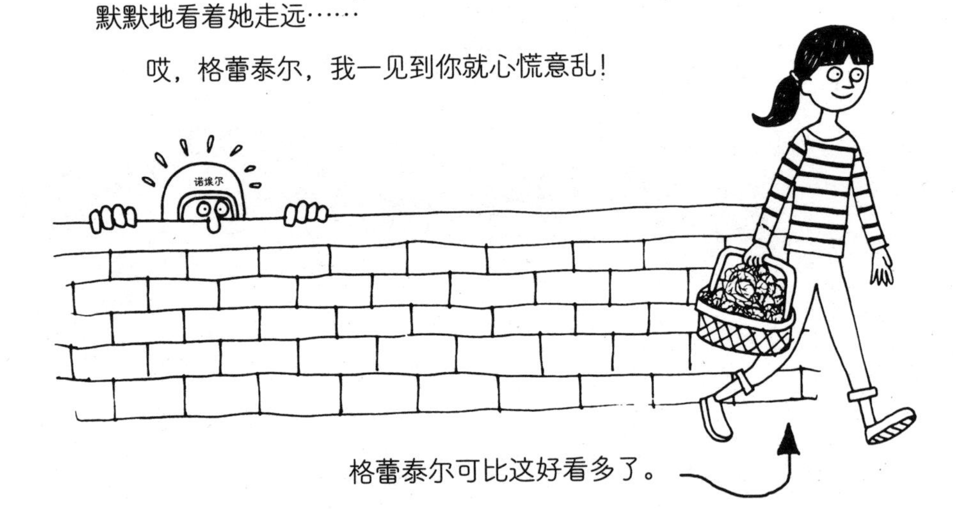

格蕾泰尔可比这好看多了。

不让我再写这样的内心感受了？那我可控制不住。

格蕾泰尔，如果你读到这些，请给危险区打个电话。

我相信咱俩能相处得非常融洽。

谢谢你。

注意1：我是危险学博士，而不是医学博士。

这两者之间差异巨大。在你脚踝上缠绷带我帮不上忙，但查出你家地底下有没有火山，我可是行家里手。

注意2：我一会儿就告诉你如何辨别你家地底下有没有火山。

现在，请保持平静，继续往后看。

引言

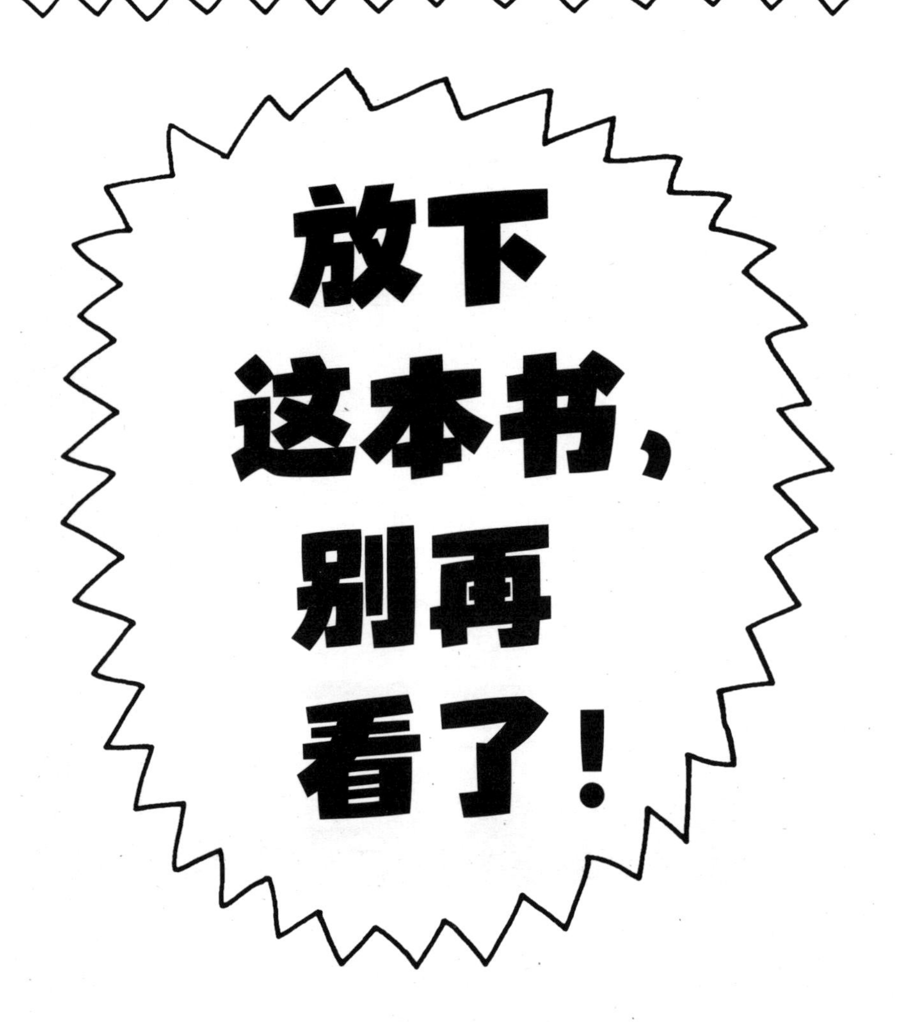

书太危险了。

不，请等一下。你还是接着读下去吧，

要不然我没办法向你解释书为什么就变成了特别危险的东西。

不过，读书的时候请一定多加小心。

注意：如果你还不知道书是很危险的东西，

那么你可要认真学习一下危险学知识了。

（真是碰巧，你找对了地方。

你马上就能从这本书中了解很多危险状况，

学到很多危险学知识。）

阅读前的安全检查

在开始阅读之前，你应该确认一下所有

是不是已经准备好了。

读安设备是什么东西？

问得好！**读安设备**是“读书安全设备”的简称。

注意：恐怕你将在书中看到**很多**像**读安设备**一样的简称。

世界上有太多危险等着我们这些**危险学家**指出来，因此经常

（**没**时间**写**出**完**整词句，因此会保留关键字词，缩写或概括出一个简称）。

一些基本的读安设备

1. 阅读护目镜

医院每年都要接收数百位被书籍戳伤眼睛的病人，

他们都是**在完全不知情的情况下，**

被立体书弹出来的东西击中的。

想象一下，是不是**很可怕？**

你被一本书吸引住了……

“太喜欢这本书了。”你边看边想，“真是轻松有趣，令人愉悦……

根本就停不下来……”

突然，你被立体书中弹出来的东西打了脸！

这种书就不该叫作立体书，

叫**恐怖炸裂机**才对。

这本书会提到一些**极其危险（极危）**的状况，

不过别担心，我会按响**极危喇叭**

提醒你特别**当心**的。

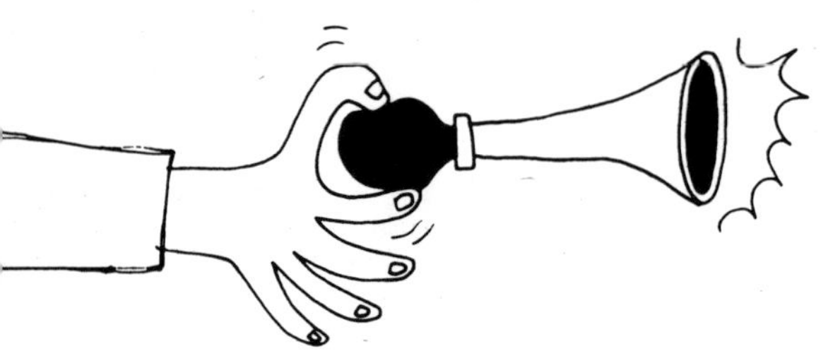

嘟！嘟！嘟！

在你阅读这本书，或任何一本书之前，

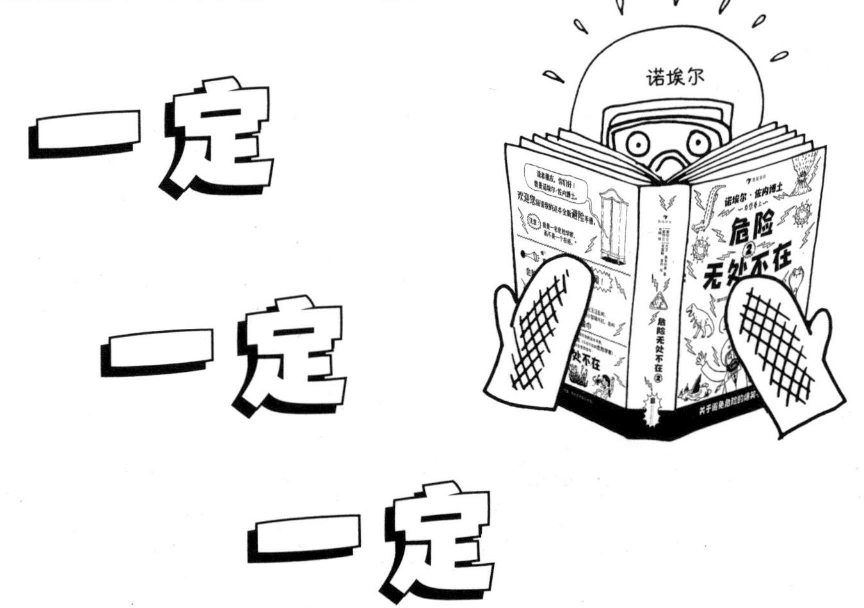

检查一下你手里的书是不是立体书。

如何检查一本书是不是立体书

1. 戴上**阅读护目镜**。

2. 拿出一本书，让书页**背对**着你，冲着靠垫或枕头翻开每一页。这样一来，即使有什么东西弹出来也不要紧了，**无非是靠垫或枕头挨了一击**。

3. 如果没有东西弹出来，你就可以放心阅读，或者把它放在书架上的**绝对没有立体书**区域了。

发现立体书之后如何处理？

1. 挖一个深不见底的洞。
2. 把书丢进去。
3. 把土重新填上。

4. 在挖过洞的位置种一株带刺的灌木。
5. 将一群身形巨大的愤怒老鹰放进灌木中，这样就再也没人敢靠近它了。

注意1： 如果你因为一本特别伤感的书而落泪，那么**阅读护目镜**也可以对书起到保护作用。

注意2： 这本书并不是一本伤感的书，**但是**你很可能会被书中一些可怕的内容**吓哭。**

比如，有一章关于公交车站的内容就特别吓人。我不想再说了，你看到那儿就会知道究竟有多**可怕**了。你该不会现在就不想读下去了吧？唉，我就不该提这件事。

请把我刚才说的这些乱七八糟的东西都忘了吧。

简明新闻！

这本书里还藏着一样**特别**危险的东西：

第9页上的蝎子。

它可是我的宿敌！

这是一种令人讨厌的爬虫，出没于书店和图书馆，

喜欢钻书，并埋伏在第9页。除此之外，它们什么也不愿意做。

当你把书翻到第9页，它会趁你不注意跳出来，在你的鼻子上趴一整年，

还会冲着它不喜欢的人喷射毒液。

这只是示意图，不是真正的

第9页上的蝎子。

注意：第9页上的蝎子不喜欢任何人。

值得庆幸的是，我想出一个智胜毒蝎的**巧妙计划**，可以保住你的鼻子。

我把第9页藏在这本书的其他位置了，但愿**第9页上的蝎子**找不着。

让我们继续吧，翻过第8页，就是第10页！

第9页上的

蝎子，

算你

倒霉！

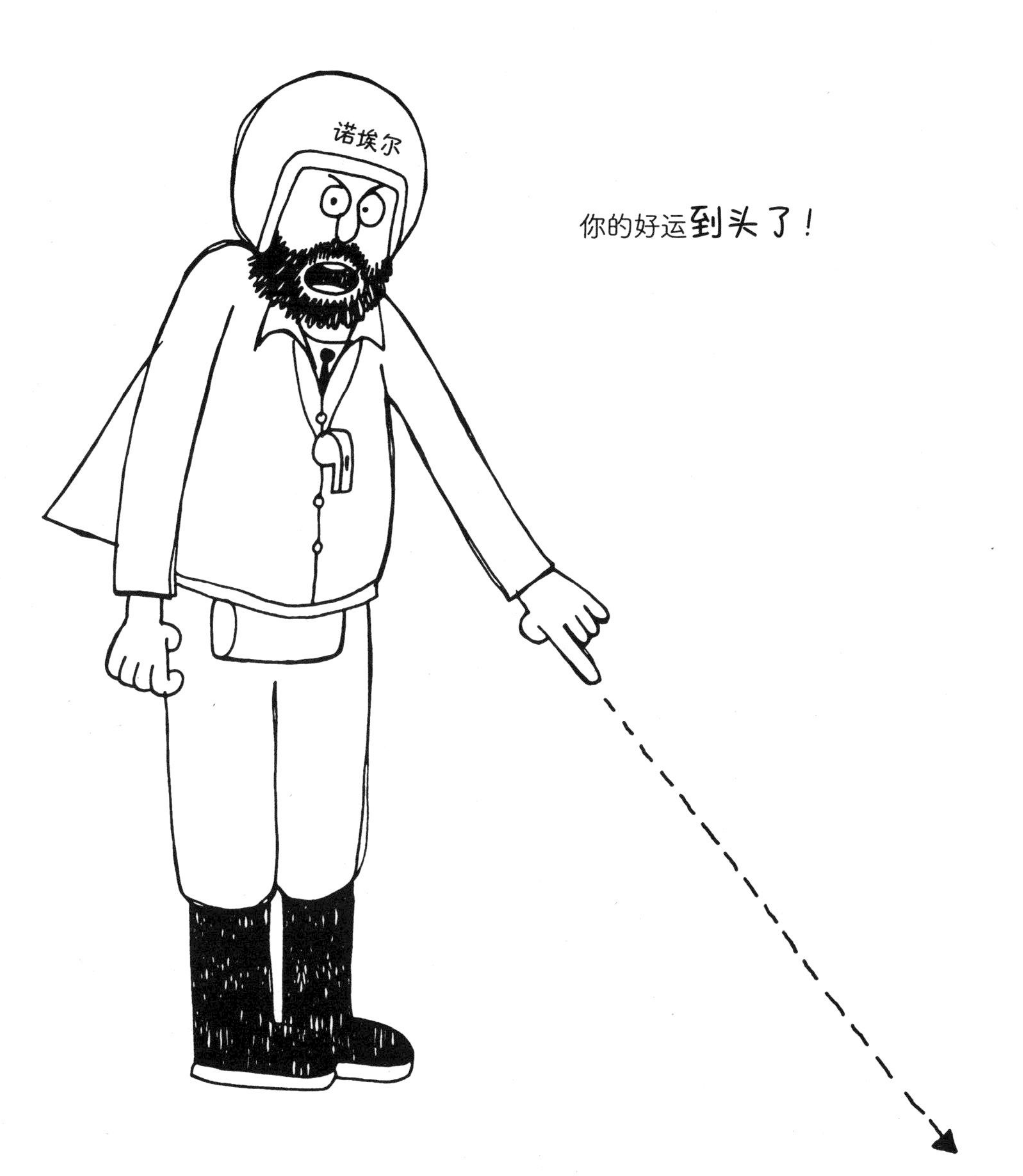
诺埃尔
你的好运到头了！

希望刚才提到的“立体书伤人事件”没有吓到你。

接下来，如果再有可怕的内容出现，我会用这个**危险区专用骷髅标志**（被我改良过）提醒你当心的。

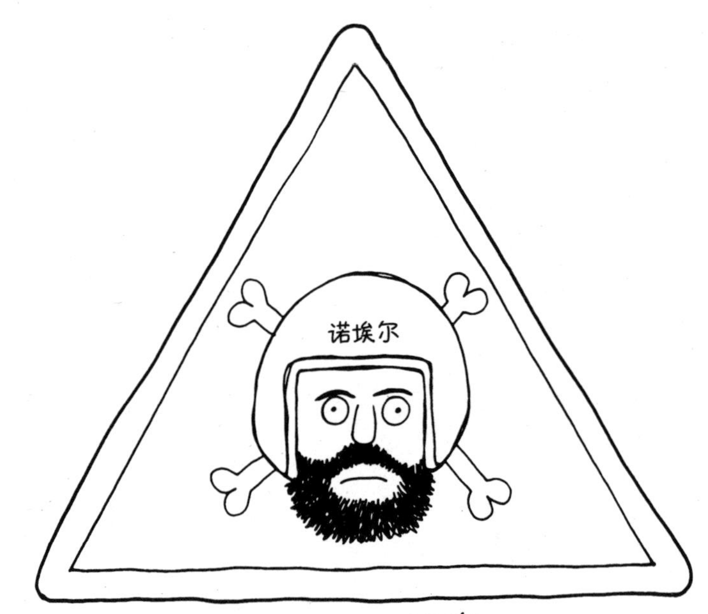

当你看到这个标志，**还有**这件物品，

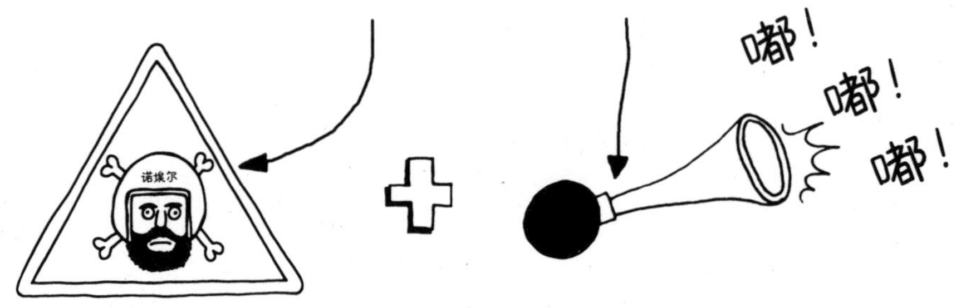

就应该意识到下一个章节将会

非常可怕，而且真的特别危险。

谢谢。

我们不是在讨论**阅读护目镜**吗？怎么说到这儿来了！

你可能想知道：

诺埃尔博士，我去哪里可以弄到阅读护目镜？

泳镜和雪镜都**很合适**。不过，我使用的是潜水面罩和水下呼吸管。

如果突发洪水，或是我被手中的书深深吸引，只顾闷头走路而**掉进河里**，

这两样东西都能用上。

注意1：最好不要边走路边看书。

注意2：如果你刚好戴眼镜，就不必担心立体书的问题了，

这部分内容可以跳过。抱歉，我应该一开始就告诉你的。

2. 阅读手套

你将会意识到，书籍又大又尖锐，每一页纸的边缘都很锋利。

从很多方面看来，读书就像跟一只带刺的袋鼠摔跤。

注意1：带刺的袋鼠并不存在，是我硬造出来的，你应该能想象出这样的场景。

读书的时候，**请戴上厚实的阅读手套。**

我喜欢戴着这双时髦的烤箱手套看书。

其他创意十足的方案还包括：

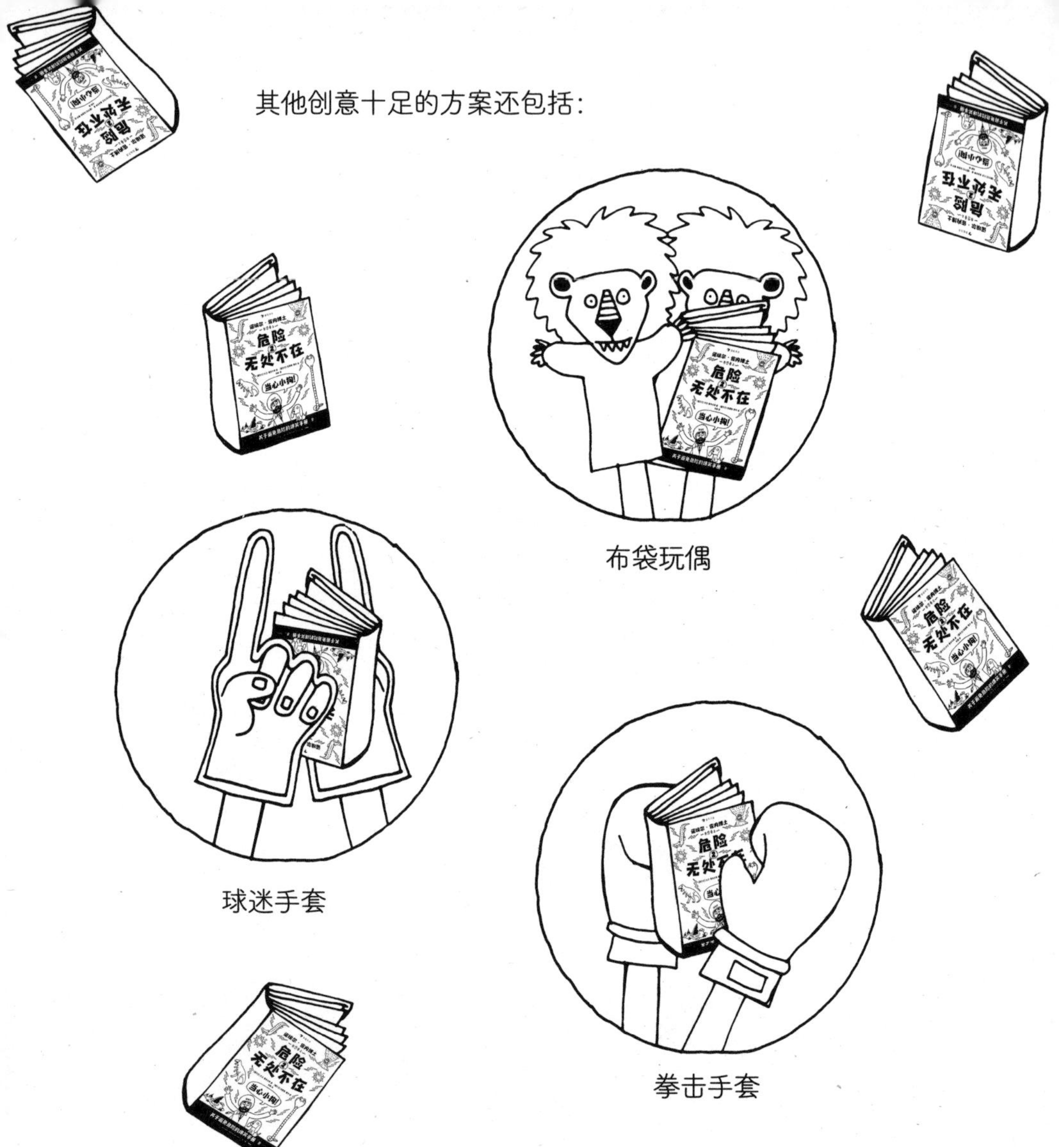

注意2： 千万不要戴着**过于真实**的布袋玩偶看书。不仔细看会让别人以为是**狮子在啃书**。

3. 安全靴

相信你会感受到这本书沉甸甸的分量。

要是书中一些可怕的内容（比如后面将要提到的关于公交车站的内容）吓得你连书都拿不稳了，

掉下来砸到脚，

那该有多疼啊。

阅读时请穿上可以护住双脚的鞋，**切记！**

安全靴将会让你免受大多数常见的**阅读损伤**

（**阅读**和浏览书籍时对身体造成的**损伤**），包括：

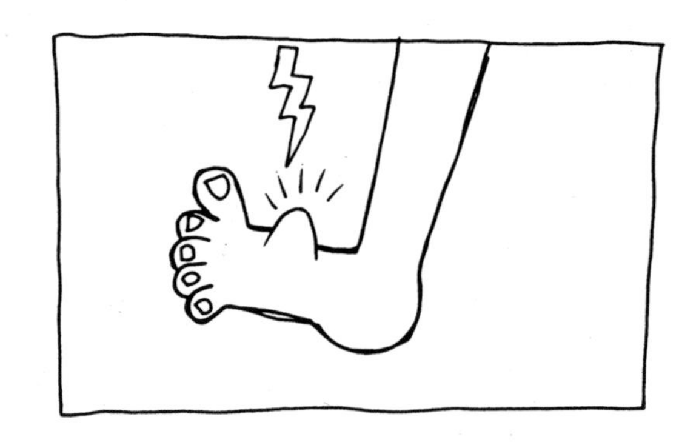

烹饪书掉落脚背

非常疼痛，因为烹饪书一般都很沉。

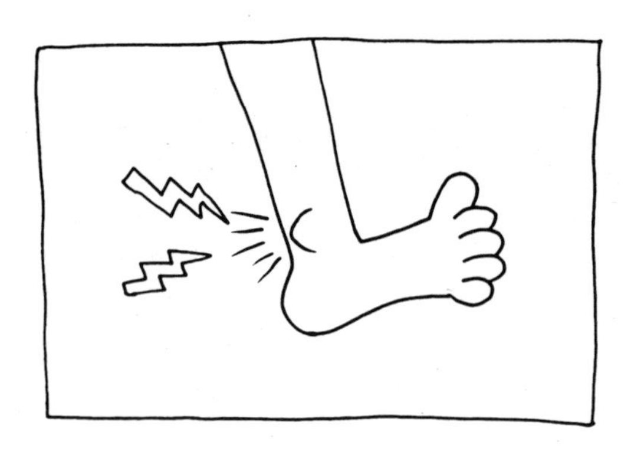

地图集扭伤脚踝

更加疼痛，因为地图集**更沉。**

大百科全书损伤膝盖

嗷！ 这些书大得

简直像巨兽。

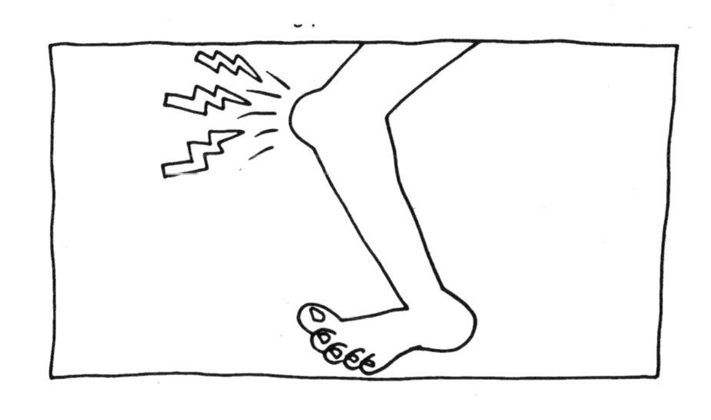

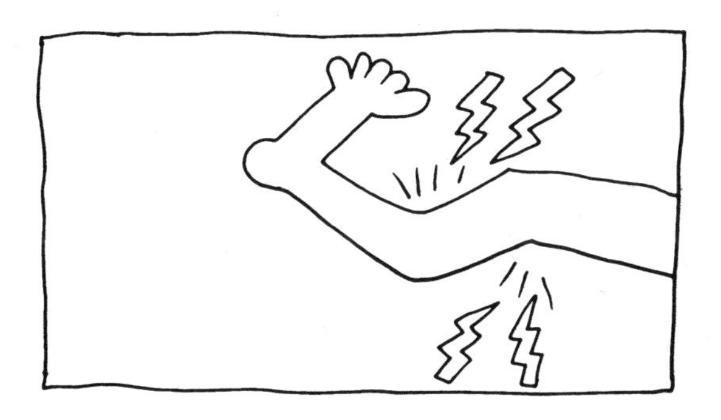

电话号码本砸伤腿部

如果你被电话号码本砸伤，

就得进医院治疗了，

但你至少需要记住

附近医生的电话。

注意： 在这样紧要的关头，你需要的是**医生**（Doct**o**r），而不是**博士**（Doct**E**r）。

大词典砸到脚趾

这是最糟糕的一种**阅读损伤。**

而且我敢肯定，你被词典砸到

脚指头时，发出的惨叫声并不会

被词典收录。

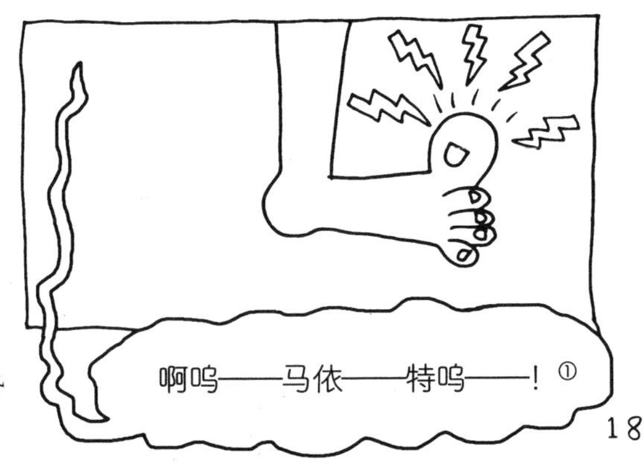

①译注：英文“Oh my toe！”的歇斯底里式呐喊。

4. 安全的小窝

我敢肯定你会被这本书迷住，甚至注意不到周围会有危险发生。

所以，你应该找一处**与危险绝缘**的场所来阅读它，

这一点**至关重要**！

下面，我给大家推荐一些合适的场所：

A. 桌子底下

注意：请检查一下你的桌子，确认**你不是坐在一只河马下面。**

B. 钢琴里

注意1：远离闹鬼的钢琴。

注意2： 如果你弹的每一个音符听起来都很**吓人**，

便可以称它为“闹鬼的钢琴”。

C. 你自己搭建的**无忧**靠垫城堡、枕头宫殿、卷心菜围栏里面。

《危险无处不在②》的

（紧急情况下为避免危险而产生的巧妙用途）

这是我们开始学习之前需要了解的又一项**重要内容**。

虽然这本书是用来阅读的，但你还是应该了解一下它的**避险妙用**。

这些用途都非常棒。

1. 迷你生存岛

设想一下，你突然发现自己被洪水困住了，还忘了穿**安全靴**。

更糟糕的是，你一低头，发现**水里挤满了南美食人鱼**。

那么这本书就可以派上用场了，它可以变成一座应急的迷你生存岛。

注意：这样做会泡坏你的书，但是能挽救你的脚。

2. 微型梯

想看看树篱笆的另一边有没有危险的动物、邻居或是火山？可是树篱笆恰好比你高出了一点点，怎么办？

提醒：最多叠放两本，

否则摞起来的书梯很容易让你摔倒。

《危险无处不在②》

这本书又可以派上用场了。

3. 应急安全头盔

设想一下，你没戴**安全头盔**就出门了。

不料天降冰雹，无处可躲，但比这更倒霉的是**劈头盖脸的鸟粪。**

你可以把这本书撑在头顶，作为临时头盔或鸟粪防护罩使用。

注意：虽然**《危险无处不在②》**是我写的，

用书挡鸟粪的主意也是我出的，但是诺埃尔·佐内博士并**没有**义务把你书上的鸟粪擦干净。

4. 面具

发现自己身处险境，想假扮成别人？请翻到下一页，把书立起来，把脸挡住。

所有人都会以为见到我了——就这么简单。

注意1： 如果你真的做了特别不像话的坏事，就不要用我的面具假扮成我了。那样**我会替你背黑锅的。**

注意2： 也不要在我身边使用，那样会把我**搞糊涂。**

注意3：千万不能让格蕾泰尔看见画着我的脸的面具。

诺埃尔

5. 安全夹

东西掉地上了想捡起来，可是又觉得有危险怎么办？

比如一根特别尖的胡萝卜、一串钥匙，或是一双臭死人的袜子。

在这样的情况下，你可以用这本书救个急。

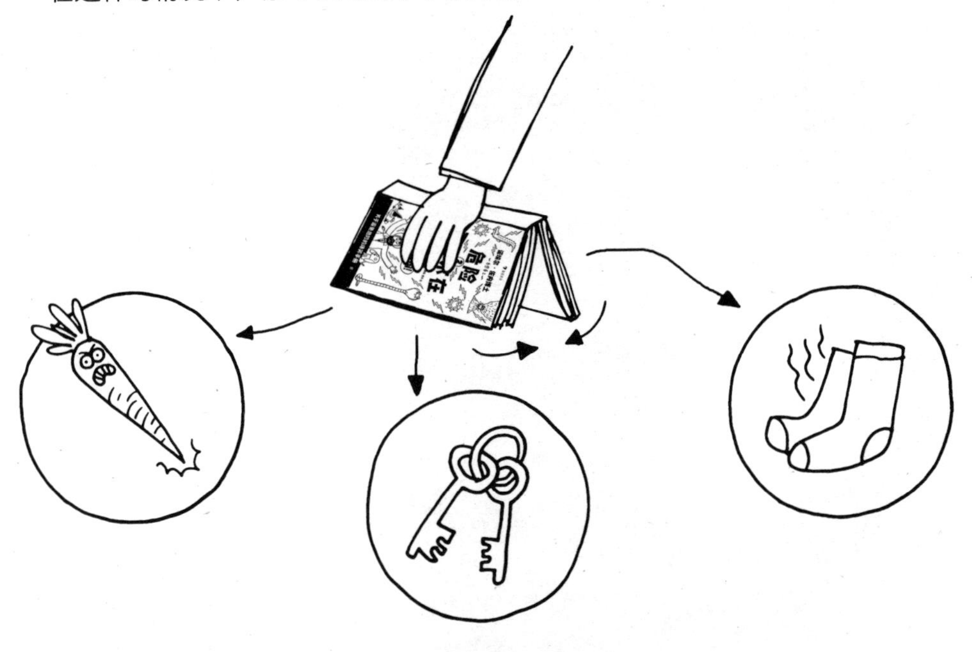

注意：捡完臭袜子，你可能需要把这本书放在窗外晾上好半天才能恢复原状。

6. 在不太危险的状况下，这本书也有不少用途，比如：

放烤面包片的架子

让小个头的宠物石（最佳宠物）栖身的窝棚

干发风扇——前提是你不着急，想让头发缓慢地干燥。

那么，这本书的主要目的是什么呢？

你要是真想知道，那我就告诉你：它是为了让你准备

（成为一名不折不扣的危险学家所必须通过的危险学测试）。

看到这里，你已经是一名二级危险学学生了。

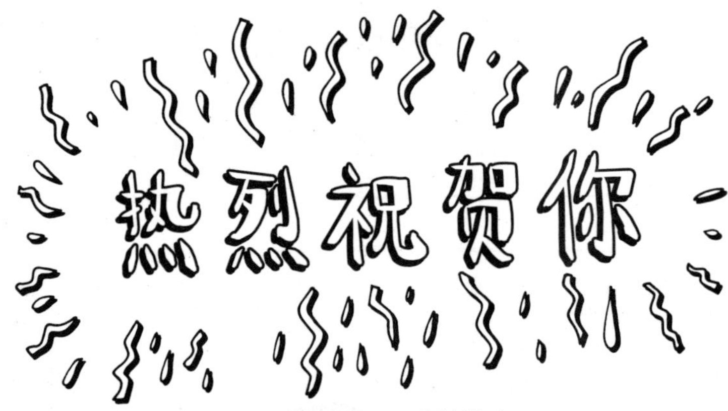

成为二级危险学学生。

如果你坚持看完了这本书，并正确回答了书后的全部问题，

你就会成为一名

二级 

（一名不折不扣的危险学家）。

不过，一旦你有一道题答错了，那你就要

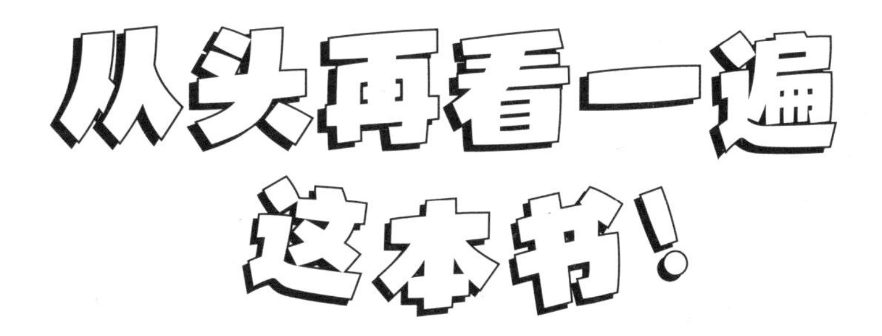

如果你总是答错，**就只能在一遍又一遍的翻看过程中度过余生了**

（这本书确实足够精彩，多读几遍不会有任何问题。但我也得承认，再精彩的书要是看上五六百遍，也会令人厌倦）。

对此我表示十分抱歉，但是**立了规矩就应当遵守。**

祝各位二级**危险学学生**能够顺利通过书后的测试。当心，我们要开启

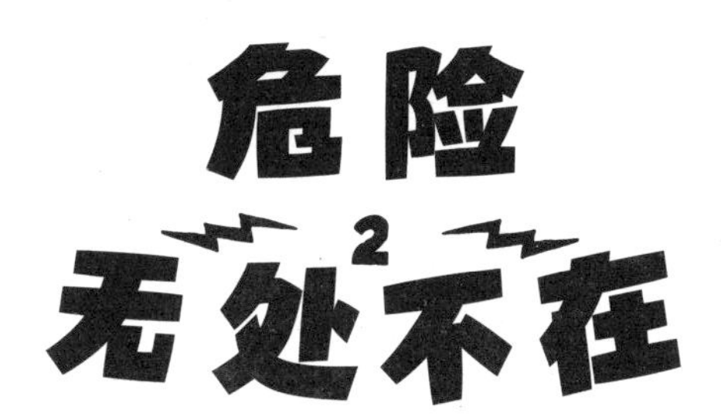

之旅了。

欢迎阅读 **《危险无处不在②》**

这是继《危险无处不在①》之后，我撰写的又一本可以帮你避免危险和可怕情况的全新指导手册。我是**诺埃尔·佐内博士**。

需要声明的是，我才**不是**衣柜呢。

我跟你们一样，是一个有血有肉的人。

注意：我喜欢为我的每一件家具起名字。

这个衣柜名叫戈登。

再重复一遍，**我不是衣柜。**我是诺埃尔·佐内博士，

正躲在浴室中的衣柜（他叫戈登）里向你挥手呢。

趁我的手还没缩回去，你可以跟我击个**羞羞掌。**

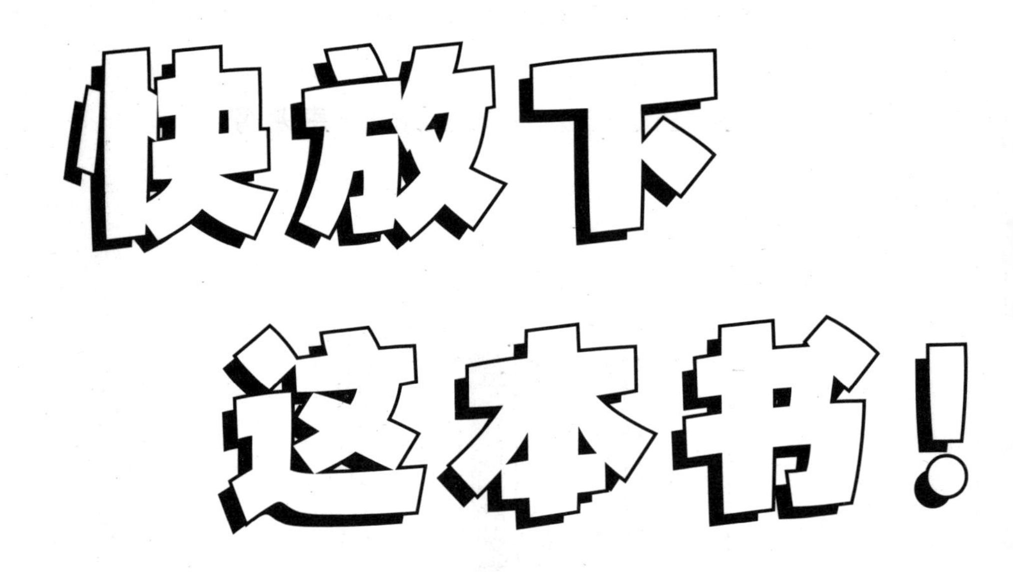
快放下
这本书！

我现在才意识到，这本书的开头太令人困惑了。

虽然才翻开没几页，但我觉得你们已经被至少三个问题搞糊涂了。我猜这些问题应该是：

问题一：诺埃尔博士，你的浴室里怎么会有衣柜呢？

问题二：诺埃尔博士，你为什么会待在衣柜里？

问题三：羞羞掌究竟是个什么东西？

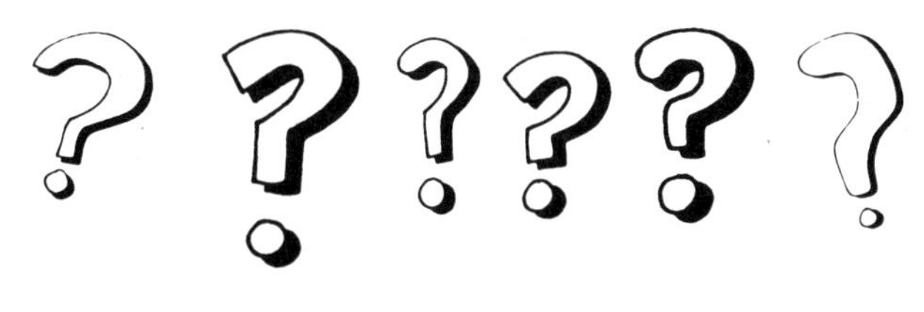

问得好！

能提出这么高水平的问题，你将会成为杰出的二级**危险学家**——当然，你需要坚持把这本书看完，别被“公交车站”（抱歉，我不应该一再提它）这样的陈词滥调吓得半途而废才行。

回到你们的疑问，我先回答第三个问题：

问题三：羞羞掌究竟是个什么东西？

羞羞掌是二级**危险学学生**和**危险学家**之间打招呼的方式，亲密且没有任何危险。它和**击掌致意**类似，但是更安全。

大家都喜欢**击掌致意**，可是没人停下来琢磨**击掌致意时可能会发生什么糟心事。**

击掌致意引发的糟心事集锦

1. 你没对准朋友的手掌，
一巴掌拍到他的脸上。

2. 你没对准朋友的手掌，
一巴掌打到椰子树上。被你惊醒的椰猴、椰子，还有海盗排山倒海般地向你扑过来。

3. 你没击中朋友的手掌，却打在他身边一位和他一起等公交车的摔跤运动员脸上，他本来就有气没处撒呢！

4. 总算能对准一次，可是你的朋友正捧着他的宠物蛙，并不想和你**击掌致意**。一巴掌下去，“啪”“呱”“扑嚓”三声同时响起。这听起来像是

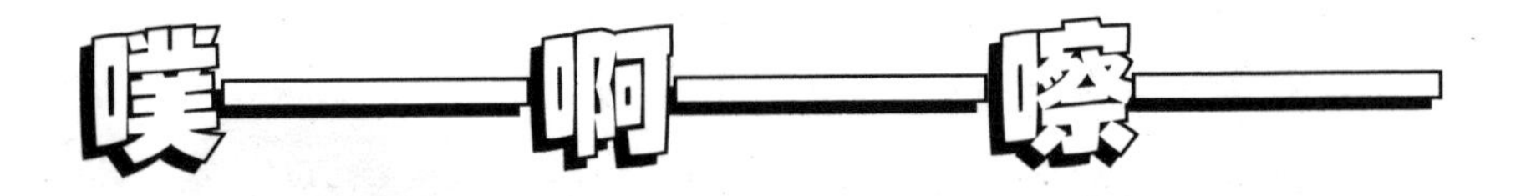

这是青蛙耳中最刺耳的声音——不过，经受了如此沉重的打击，青蛙也许再也听不见了。

5. 你完美地完成了**击掌致意**，但**响亮的掌声**吓坏了附近的捕蛛人，一大罐子蜘蛛从他手中滑落。罐子摔得粉碎，刚捉住的长毛蜘蛛四散逃跑。你要是凑巧穿了一身苍蝇套装，可就完蛋了——巨型长毛蜘蛛最喜欢吃鲜嫩多汁的苍蝇了。

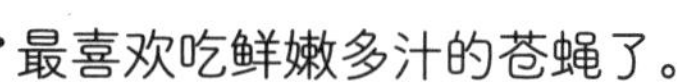

羞羞掌速成指南

1. 两位危险学家各举起一只手，对准后相互靠近——这和**击掌致意**的做法完全相同。

2. 在你们的手掌**快要碰上**时停下来。

3. 两人一起说“**危险**”，以此来代替击掌发出的“**啪**”的一声，并互相提醒“**危险无处不在**”。

谢谢！

羞羞掌练习区

你可以对着我的手掌（就是下面这个）来练习**羞羞掌**，练熟之后就可以去和其他危险学家一起练习了。

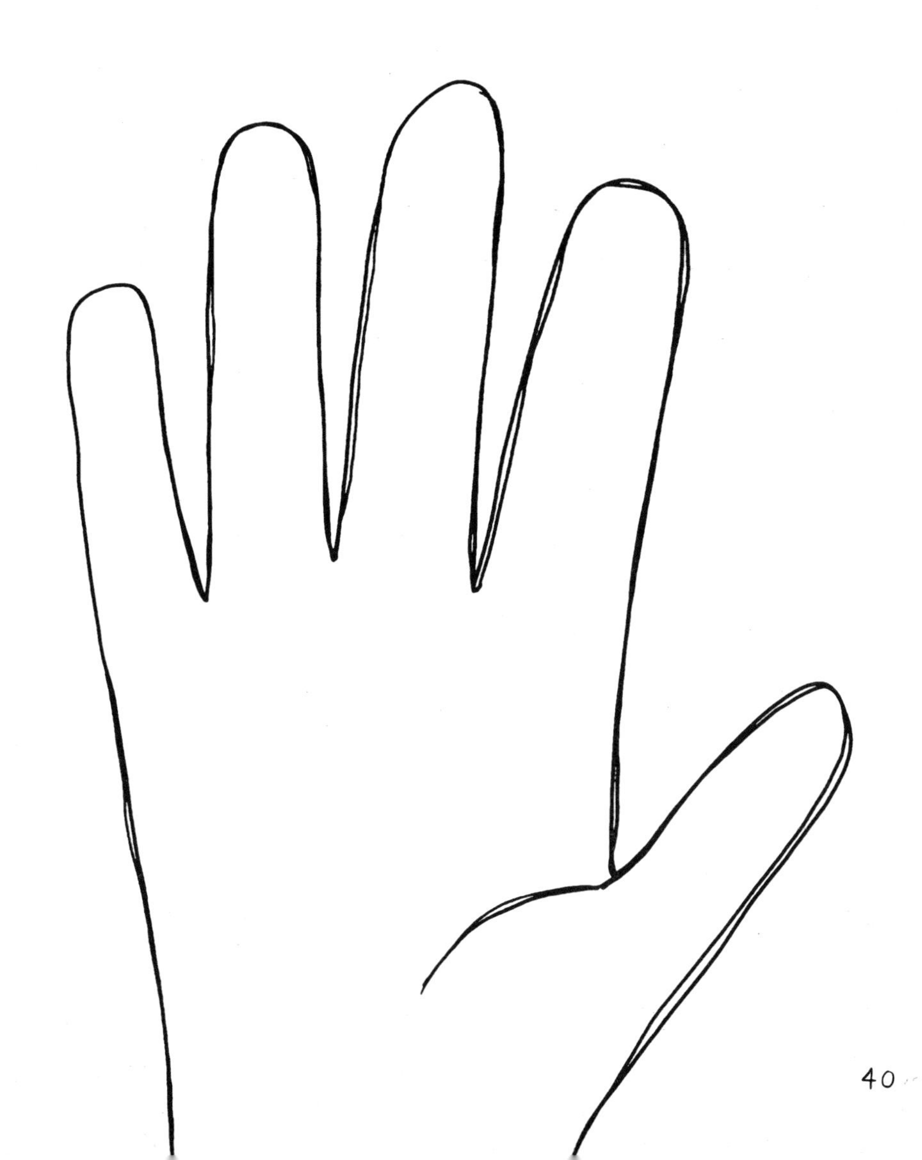

下面我来回答**问题一**：

你的浴室里怎么会有衣柜呢？

因为我睡在浴缸里，浴室就是我的卧室，大多数明智的人士也会这么做。

那么你为什么睡在浴缸里？

又是个好问题！睡浴缸的好处实在**太多了**。

下面是5个最重要的理由：

1. 你不会从浴缸里掉出来。

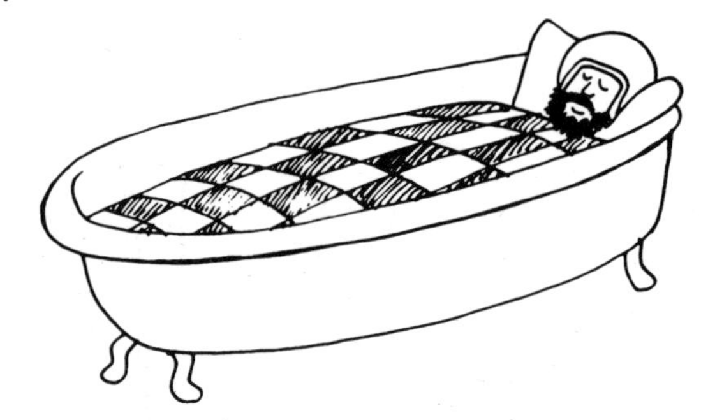

2. 你的床不再需要床垫，你也就不会被**弹簧弹起并穿过窗户，最后落在隔壁动物园的长颈鹿围栏里。**

注意：我住在动物园的长颈鹿围栏后面。

3. 上厕所或者刷牙就不用跑太远了。

4. 想泡澡也不用跑太远了——其实你哪儿也不用去。

5. 睡觉时如果突发洪水，浴缸就会像小船一样漂起来，我也就可以划到安全的地方。

请牢记，桨和浴缸床（船）永不分离。

注意：我的浴缸床名叫**乔治。**

最后，来回答**问题二：**

你为什么会待在衣柜里？

为了回答这个问题，我们需要回到过去。

而且，我说的“过去”可比昨天早（昨天，我在衣柜里待了很长时间）。

甚至比这个衣柜早（戈登可有些年头了）。

甚至比这栋房子、这条街，或者比**任何**一条街都要更早。

甚至比地球上出现人类，或者动物在地球上四处溜达的时间还要早。

我们要回到数亿年前，地球上只有海绵的时代。

海水中全是海绵。它们四处游荡，碰来碰去。

不过，它们不会真的碰到一起，

只会轻柔地擦肩而过。

为什么我会一下子回到这个时代？

因为这是我最向往的时代，

一个**没有危险**的时代。

在只有海绵的时代，最糟糕的事情是什么?

正确答案：没有糟糕的事情发生。只是别的海绵可能偶尔会替你洗一把脸。

快进数亿年，问题出现了。

危险随着恐龙的出现而产生。

他们又大又笨，吵吵闹闹，牙尖爪利。

最要命的是，他们**很**容易发怒。

西蒙和巴克斯（两只恐龙）本想在餐厅享用一顿浪漫的晚餐，不料，**扑通**——服务生罗瑞（一只霸王龙）被自己的大尾巴绊倒了。结果，西蒙和巴克斯点的一大份肉冻劈头盖脸地扣了下来。

这一幕刚好被一只名叫特里的翼龙看见了，他想俯冲下来叼走几块肉冻。

可是，笨手笨脚的特里并没有抢到肉冻，却冲向了一只正在晒太阳的三角龙萨拉，戳爆了她的气垫床。

三角龙萨拉恼羞成怒，一场食物大战一触即发，在场的所有恐龙和小推车上的甜点悉数卷入战争。

然后……

危险诞生了。

自从危险被恐龙发明出来，这个世界就变得越来越危险。

没过多久，

鲨鱼

熊

大黄蜂

维京人

游乐场

自行车

立体书

以及更多不可思议的危险源纷纷涌现

①译注：出自 smash 和 rune 两个英文单词，意思分别是“粉碎”和“卢恩字母”，都与海盗文化相关。

快进到**昨天**，由霸王龙罗瑞开启的危险时代终于迎来了巅峰，

史上最危险的事件出现了。

让我来告诉你究竟发生了什么……

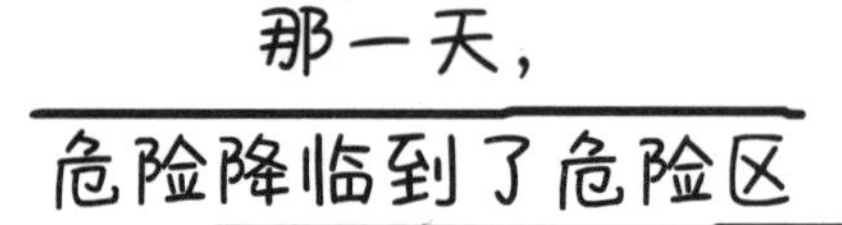

那一天，危险降临到了危险区

那是一个美好但有点冷的周日清晨。我享用完美味的卷心菜，带着我的宠物石德尼斯（**最安全的宠物**）去床垫市场散步（**一种非常安全的休闲活动**）。

在回家的路上，我看见格蕾泰尔在垃圾回收站扔空瓶子。和往常一样，我羞于和她打招呼，慌乱中我急忙躲到树后，看着她扔完最后一个瓶子并转身回家。

真希望我以后别再总是这样了。

格蕾泰尔可比这

漂亮多了。

在公园里，一块告示牌让我们停下了脚步，
那上面的内容**愚蠢到令人难以置信。**

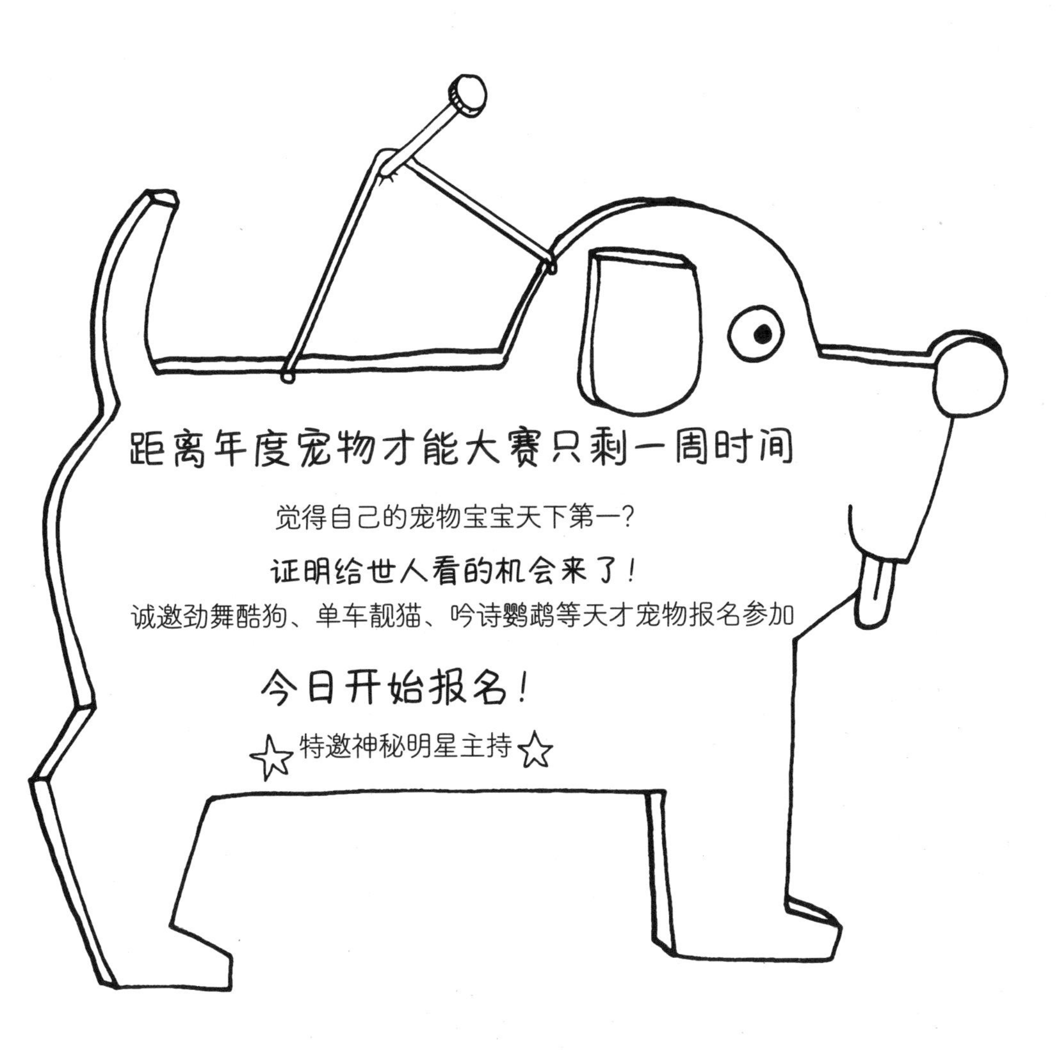

啊，多么可怕的活动！

就好像有人觉得宠物不够危险，还要教它们干点别的，

甚至是更危险的事情才肯罢休一样。

哦，那好啊，这里有一只可怕的宠物蜥蜴。

要不教它开飞机，怎么样？

这只宠物鼠一点儿也不吓人，我们不如把它

装扮成吸血鬼。

显然，他们并不知道**石头才是最佳**

（且最安全）的宠物。

石头被誉为最佳（且最安全）的宠物的5个理由

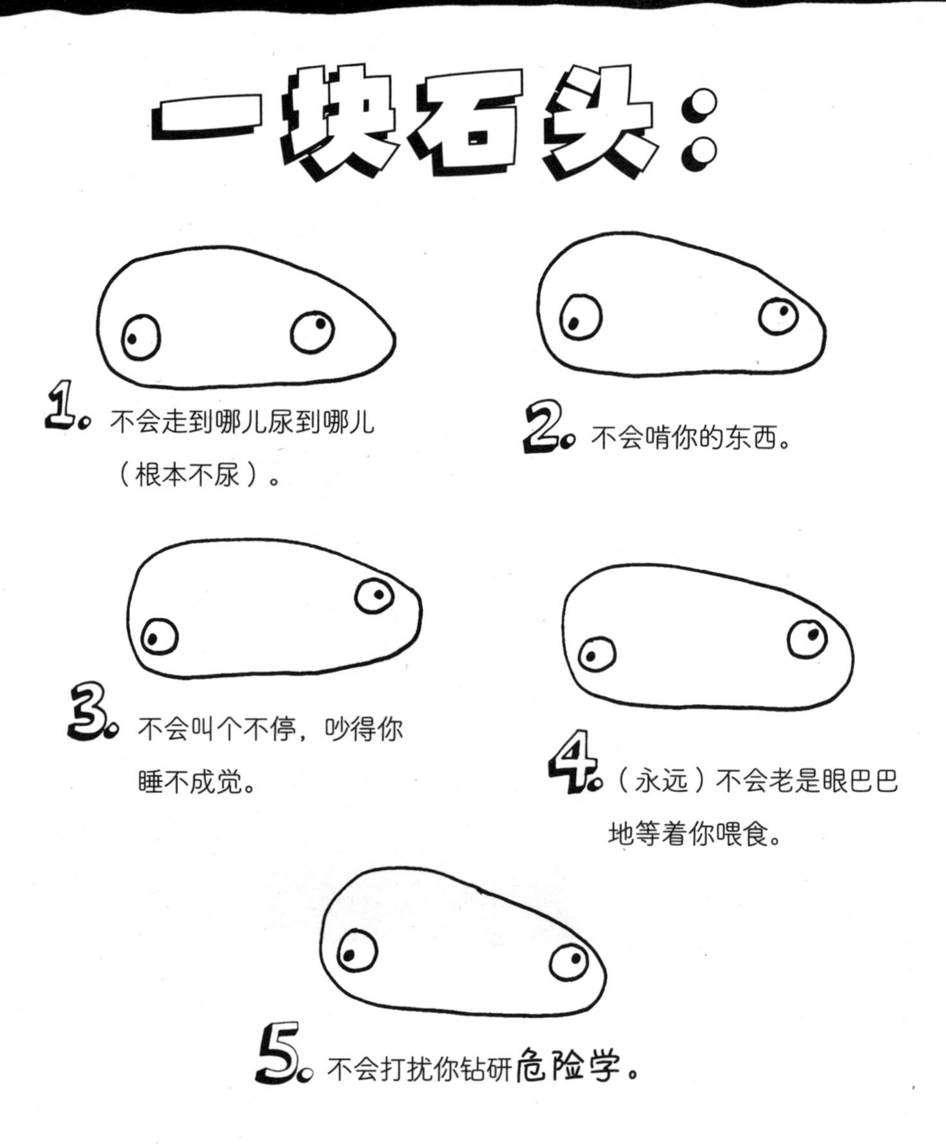

一块石头：

1. 不会走到哪儿尿到哪儿（根本不尿）。
2. 不会啃你的东西。
3. 不会叫个不停，吵得你睡不成觉。
4. （永远）不会老是眼巴巴地等着你喂食。
5. 不会打扰你钻研危险学。

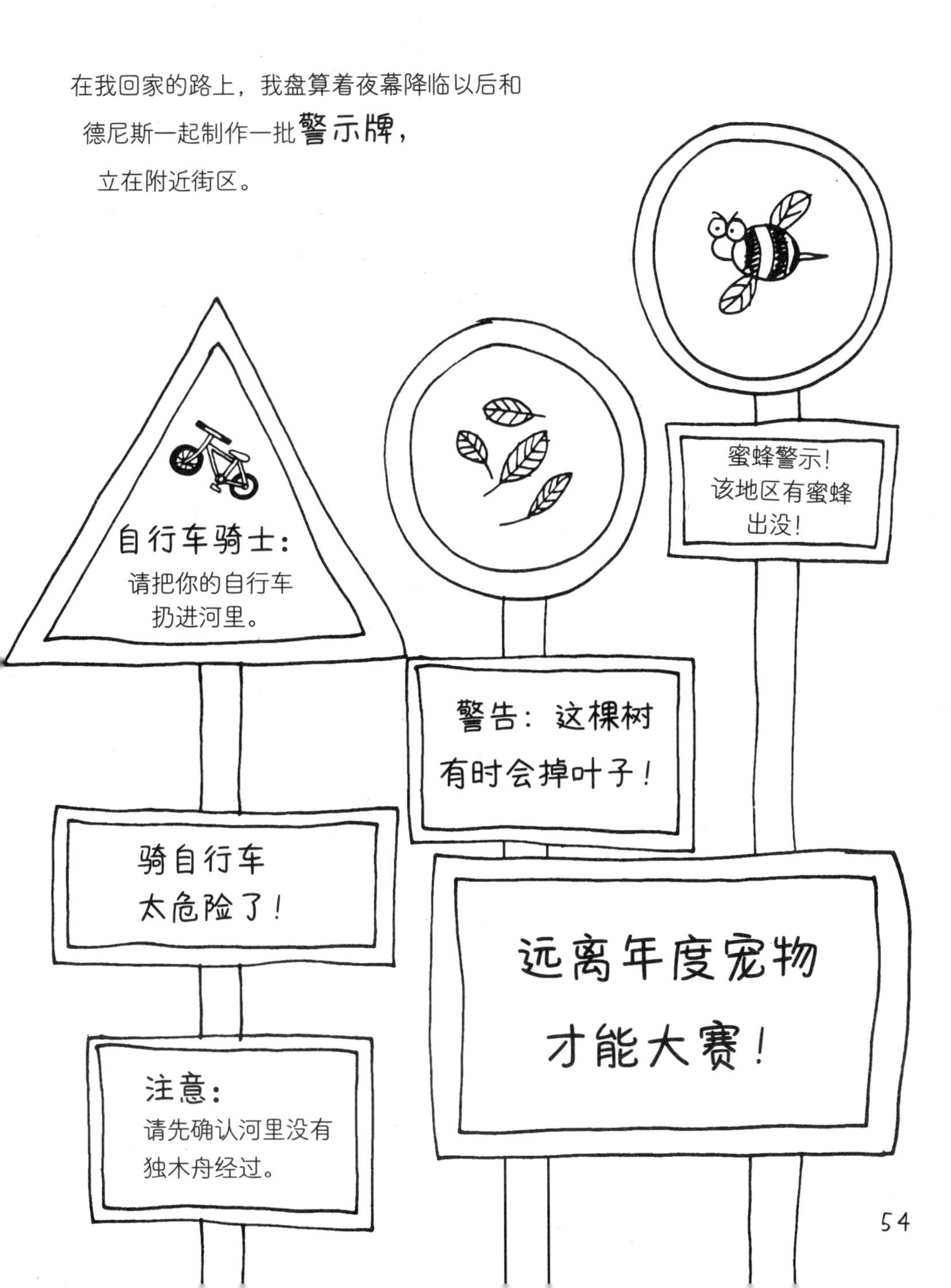
在我回家的路上，我盘算着夜幕降临以后和
德尼斯一起制作一批警示牌，
立在附近街区。
自行车骑士：
请把你的自行车
扔进河里。
蜜蜂警示！
该地区有蜜蜂
出没！
警告：这棵树
有时会掉叶子！
骑自行车
太危险了！
远离年度宠物
才能大赛！
注意：
请先确认河里没有
独木舟经过。

可就在我到家的那一刻，**一切都变了。**

门前的台阶上放着一个大箱子。

“可能是新订购的**安全头盔**送到了，”我寻思着，

“或者是快递过来的卷心菜。

也可能是谁给我留下的礼物！想想就激动！”

问题：我还能错得更离谱一些吗？

答案 = 不能 ×1,000,000（次）

箱子顶上粘了个信封，看一眼上面的名字，我立刻就知道这是谁寄来的了。

只有一个人敢这么称呼我：**琼**。

我觉得，诺埃尔·佐内和他的双胞胎妹妹琼·佐内之间的差异之大，不会有第二对双胞胎能够超越了。她是一名电影特技演员，总是向我讲述从山上跳伞或是骑摩托车穿过火堆的巨大乐趣。

琼一直都是**危险学家**的反面教材。

我紧张地打开了信封。

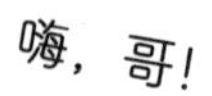

嗨，哥！

你猜发生了什么事？还没猜出来？你真是慢得像只蜗牛！今天早上我在广播节目中赢得了一个假期！

哇哈哈！听到箱子里发出的声音了吧？你肯定得打电话问我这个奇怪的声音是怎么回事，而我心里清楚，这是卷心菜被网球拍击中的声音！

而且幸运的是，在我很小的时候，我就能用网球拍把你的一大堆卷心菜都打到墙外面去！哈哈哈！

不管怎么样，我7天之后就回来了。

哦，我差点儿忘了。有一样东西需要你帮忙照顾。我知道你们一直相处得不怎么融洽，但是我相信，你俩会在一周之内成为好朋友的！

爱你的

妹妹

琼·佐内

我被吓出一身冷汗。

“哦不不不不不不不不不！”

我大喊着“不不不不不不不！”，

同时听到箱子里发出了可怕的声音。

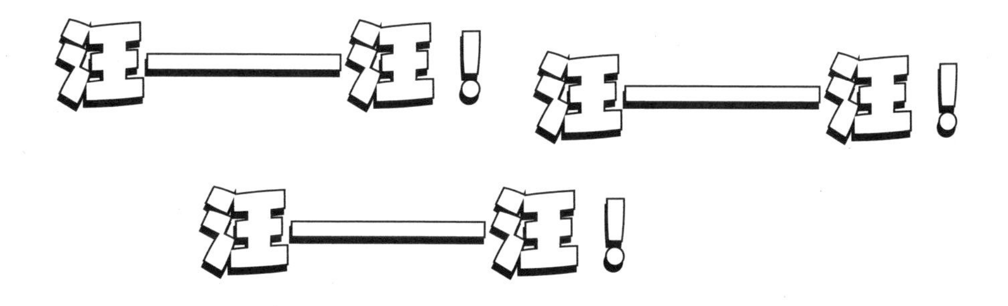

箱子里有个宠物包，里面装了一台

24小时

嚎叫不止，

从来不打盹，

喜欢啃鞋，

又拉又尿的

小型毁灭机，

名叫……

餐巾！

如果说琼和我是两个世界的人，那么餐巾和德尼斯就是两个世界的宠物。

我刚一打开宠物包，德尼斯就意识到这一点了。餐巾从包里冲了出来，
狺叫了几声后，就开始啃我的**安全靴**。

她一看见德尼斯，就冲着他纵情地尿了一泡长长的尿，然后坐在德尼斯上，
又是一通乱叫。

不管德尼斯喜不喜欢，
餐巾都算是找到了一个新朋友。

不管我喜不喜欢，

危险已经降临到了危险区。

我总算把**问题二“你为什么会待在衣柜里？”**

回答完毕了。答案是不是太长了？

下面是这个问题的简要回答：

我得在戈登里准备你们的二级

危险学测试题，

这样可以避免各种

致命的危险。

更简短的答案是：

诺埃尔

啊啊啊！
我的家被恶魔
接管了，我的生活
变成了噩梦。

可是，二级**危险学学生们，**我们**不能就此止步！**

还有**很多非常重要的危险学知识**在后面等着我们呢。

祝你们好运！

（也请祝我行大运。）

谢谢！

三个问题都回答完了，现在让我们正式开始学习二级**危险学知识**。

在遇到如此麻烦的情况下，只能将

狗的危险

作为首先介绍的内容了。

在允许任何狗登堂入室之前，你需要回答一个

重要问题：

如果你的狗不是真狗，

那么，**可怕的事情**就要发生了。

1. 狗形机器人

问题： 通常，狗形机器人的表现与普通的狗并无二致。

不过，它会趁你睡觉的时候，溜进卧室或浴室，用**异常强劲**的机械颌骨叼住你身上的睡衣、内衣或是**安全连体服。** 然后，在喷气火箭爪的推动下，它会将你带回**狗形机器人星球。** 在那里，你将被强迫**整日整夜**地为它们扔棍子，那是一种特殊的棍形机器人，直到

你的胳膊累到脱臼。

如何检查你的狗是不是机器人

用一个简单的小测试就可以做到：拿一块磁铁举到狗狗面前。

餐巾！ 站着别动。我要看看你是不是……

别乱咬，磁铁不是给你吃的！

显然，餐巾**不是**狗形机器人。

2. 狼或狼人

问题：虽然它们看起来和普通的狗差不多，但**绝对不要**让狼或狼人进入家门。用不了多久，它们就会招来同伴，并拉你下水，带着你在附近瞎转悠，干些偷鸡摸狗的勾当——不但吃鸡，甚至连慢跑者都不放过。

如何检查你的狗是不是狼或狼人

等到夜幕降临，让你的狗面月而立。如果它只是**“嗷嗷”**或**“汪汪”**叫几声，或只是默不作声地待着，它一定是在为你为什么要让它面朝月亮而感到不解，那就**不用担心**了。

它肯定是一只狗。

可是，如果它冲着月亮**持续嚎叫**，那它恐怕就不是一只狗了。**请联系当地动物园或提供抓捕狼人服务的专门机构。**

3. 僵尸狗

问题：这是最可怕的一种情况。
无论**僵尸狗**表现得多么友好，真正目的只有一个——吃掉你的大脑，**把你也变成僵尸。**

如何检查你的狗是不是僵尸狗

下面这两个特征很容易让你识别出僵尸狗：

A. 像僵尸一样走路：用两条后腿着地，前爪向前伸着。

B. 成天发出“呜呜呜呜，呜呜呜呜”的声音。

注意：如果你有一只僵尸狗，请带它去看兽医，只要注射一针“僵尸克星”，就可将其治愈。

餐巾肯定不是机器人、狼或僵尸，
但她**还是极其危险！**

餐巾恶行录

餐巾已经在**危险区**引起了很多麻烦。

到目前为止，她已经啃坏了一只

安全靴

（幸好我有好几双备用的）、

三棵卷心菜，还趁着我打盹的工夫，咬坏了

安全头盔。哦，除此之外，她还会不停地

去咬乔姆斯基先生头顶上的卫生纸，衔着纸

满屋子乱跑，就像长了一条大尾巴。

注意1：宠物石绝对不会这么干。

注意2：乔姆斯基先生是卫生纸的底座。

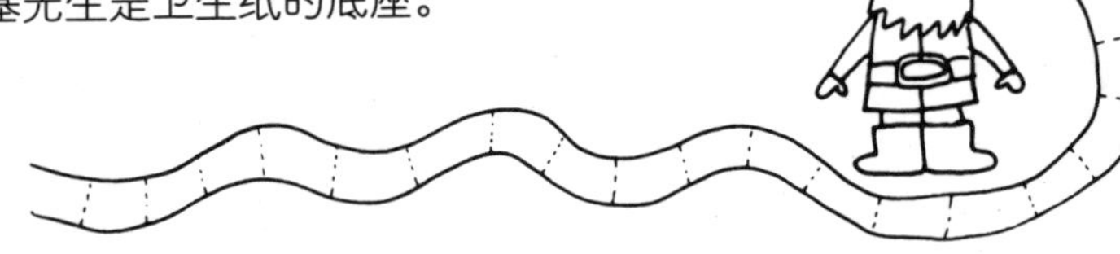

现在，德尼斯也被她带到了户外的

（我就是这么称呼我的花园的）

被迫听着她在外面汪汪乱叫。我现在得趁着这样难得的喘息之机，

给你们讲讲二级**危险学**中的一些**至关重要**的内容，

你们每天都应该对照着**检查一遍。**

我家地底下的火山是不是马上就要喷发了？

嘟！嘟！嘟！

火山就像是藏在地下的巨型屁股，将沸腾的岩石和土壤，以及任何碰巧埋藏在地下的东西喷向空中。在从小猫到狮子的危险分级表中，火山比狮子还要危险，其危险程度与最危险的狮形机器人相当。

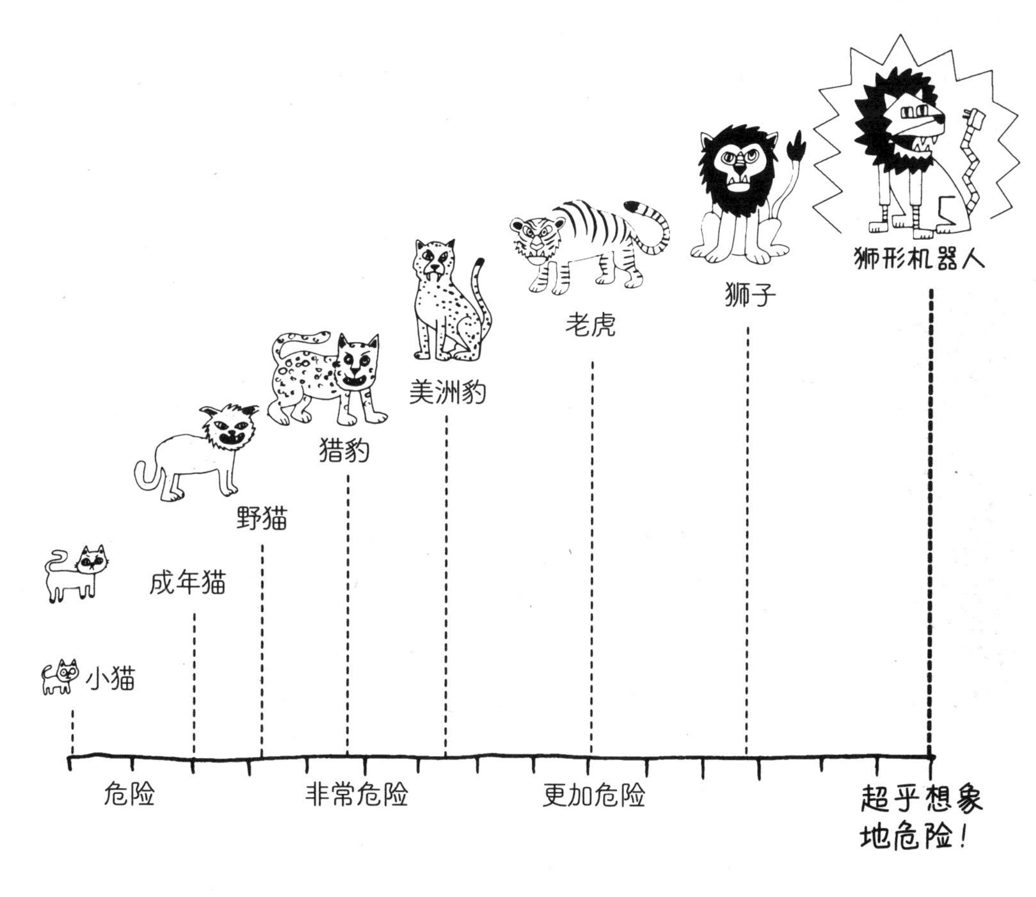

你真的、真的、真的不要希望火山在你家地底下喷发。

我说再多遍**“真的”**都无法形容它的危险程度。火山一旦喷发，你会被点着，还会跟着家里的所有东西一起，被冲到天上去。等你掉下来，会被滚烫的岩浆熔化，就像冰激凌掉进热汤里一样。这样的场景，想想都让人毛骨悚然。

注意：如果你被喷发的火山困住，最好坐在浴缸里，并想办法像划船那样划走它。

（这是睡在浴缸里的又一个绝佳的理由。）

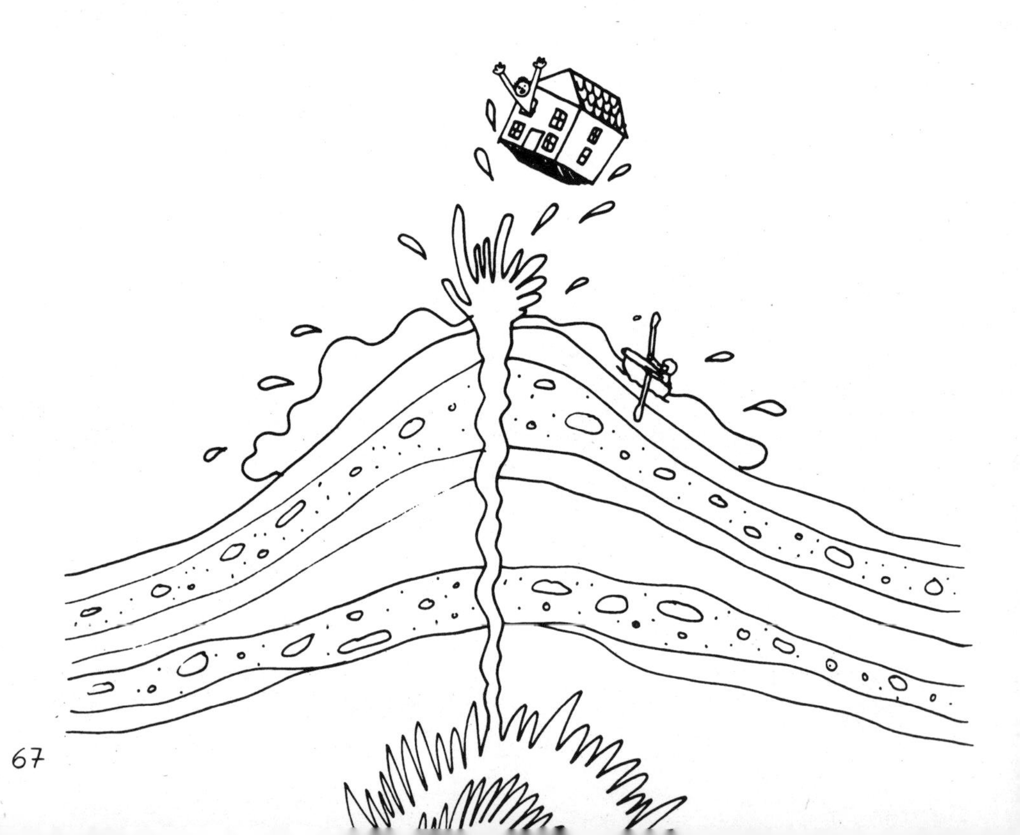

如何判断你家地底下的火山是不是马上就要喷发了？

你可以根据下面这些现象来判断：

1。花园中冒烟

不过，请先确认一下是不是邻居家在烤肉。别忘了，**火山闻起来可不是烤肉的味道。**建议你直接询问院墙另一侧的邻居：

“抱歉打扰了，请问这是在烤肉，还是火山喷发了？”

注意1：如果你个头不够高，看不见邻居的院子，

别忘了用**《危险无处不在②》**这本书垫一下脚。

注意2：不要试图站在书上拿着桨划离火山喷发现场，

这个想法糟透了。

2. 家里特别热

我说的这种热不是指房间里开着取暖设备的那种暖暖和和，而是指**香肠掉在地上会烤熟**的那种**热浪袭人**。

3. 巨大的隆隆声

火山通常会在隆隆声中憋很久，才会来一次**大爆发**。

所以，你**必须**学会识别这种声音。

注意1：不要把火山喷发前的隆隆声与火车驶过（如果你住在铁路沿线）、洗衣机转动，或是长颈鹿在动物园中奔跑（如果你住在动物园旁边）发出的声音搞混了。

注意2：长颈鹿这条注意事项很可能只适用于我。

如何检查火山发出的隆隆声？

找到家里地势最低的地方，像我这样趴下来。把耳朵贴在地板上仔细听……

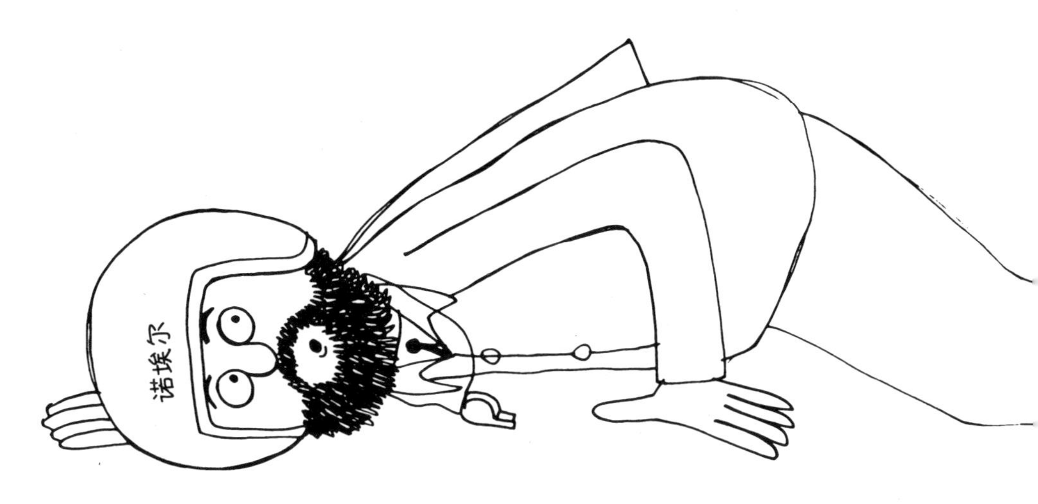

啊，完蛋了！餐巾跑进来了。除了她“汪汪”的叫声，我什么也听不见了。

喂，餐巾，你能不能消停一小会儿？我正在努力完成**一项非常重要的危险学探索**……那真是棒极了。

天哪，现在她开始啃我的安全靴了。

走开，餐……她又开始咬我的安全头盔了！哦，她转过身了，这样就对了……可是……等等……**喂！你别往我身上尿尿呀！**

事实证明，在**危险区**带着餐巾一起写这本书比我预想的困难得多。她见啥咬啥，把家里搞得一团糟，最让人头疼的是她发出的噪声。

她的叫声非常尖锐，听起来像汽车的防盗警报。

最容易引起餐巾汪汪乱叫的三样东西：

1. 长颈鹿

在这一点上，我完全理解餐巾对长颈鹿的厌恶之情。**它们实在是太讨厌了，**就知道伸着大长脖子，瞪着乒乓球一样的大眼珠子**盯着我的危险区，**还**一刻不停地大声嚼树叶，**发出恼人的“嘶嘶”声。

不管餐巾怎么叫都赶不走它们。我也试过装扮成狮子吓唬它们，可是它们啥也不怕。只能不搭理它们了。

2. 埃塞尔

格蕾泰尔的猫名叫埃塞尔，整天戴着小牛仔帽坐在墙头上，

危险区中任何一点儿风吹草动都会让她“嘶嘶嘶”地哼唧个没完。

你们也知道，和格蕾泰尔相关的所有东西在我眼中都**很棒**，

但不包括埃塞尔。她太烦人了。

3. 我

餐巾一靠近我，就叫个不停。

难道是我的头盔、胡子、**连体服**，

或者是**安全靴**让她觉得不顺眼了？

我写这段话的时候，她就坐在戈登外面，

一边叫一边挠门。

注意：宠物石就绝对

不会这样。

我很担心这本危险学手册会变成怎样与餐巾和谐相处的指南。我打算想点儿更可怕的东西来分散我对餐巾的过度关注。

每一位二级危险学学生都该做好准备了。

避免被愤怒和强攻击性动物攻击的建议

水坑鲨

你正溜达着去上学，去见朋友，或是去遛狗（它刚啃坏了你的另一只安全靴）。

就在这时候，一个不大不小的水坑挡住了你的去路——既没有大到需要绕行，也没有小到踮着脚尖就能踩过去。

“我知道该怎么办，”你自言自语地嘀咕了一句，

“跳过去就行了。”

如果你觉得这是个好主意，那你肯定不知道**水坑鲨**——

一种异常狡猾的猛兽，**永远吃不饱**，喜欢潜伏在黑乎乎的水坑里，可恶极了。

你刚一跳起来，

它就会扑上来袭击你。

我所说的“袭击”，**其实就是“吃掉”。**

别忘了看看水里有没有

水坑鲨

活动的迹象。

1. 水面上有亮晶晶的小眼珠在滴溜溜乱转。

2. 有尖尖的鳍露出水面。

3. 水面上漂着衣服、书包和狗绳。

这都是那些运气不佳的

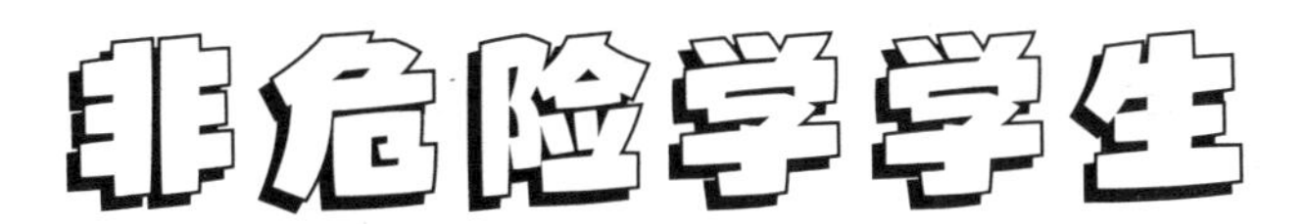

留下的东西。

他们连水坑鲨都没听说过。

虽然你们快看到第100页了，但我觉得有必要提醒一下你们，

第145页可能会有些意外发生。

你瞧，有些人又嫌我多管闲事了。

不过，持有这种想法的并不都是人，**还有一些是幽灵。**

它们不但试图阻止我研究危险学，还阻挠你们学习它。这些幽灵一直在四处搜寻我的书，一旦找到，就会在第145页

乱涂一气。

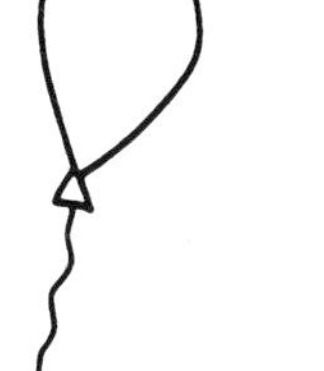

注意：幽灵们挑中了第145页，是因为它们喜欢阴阳怪气地说出这个数字：

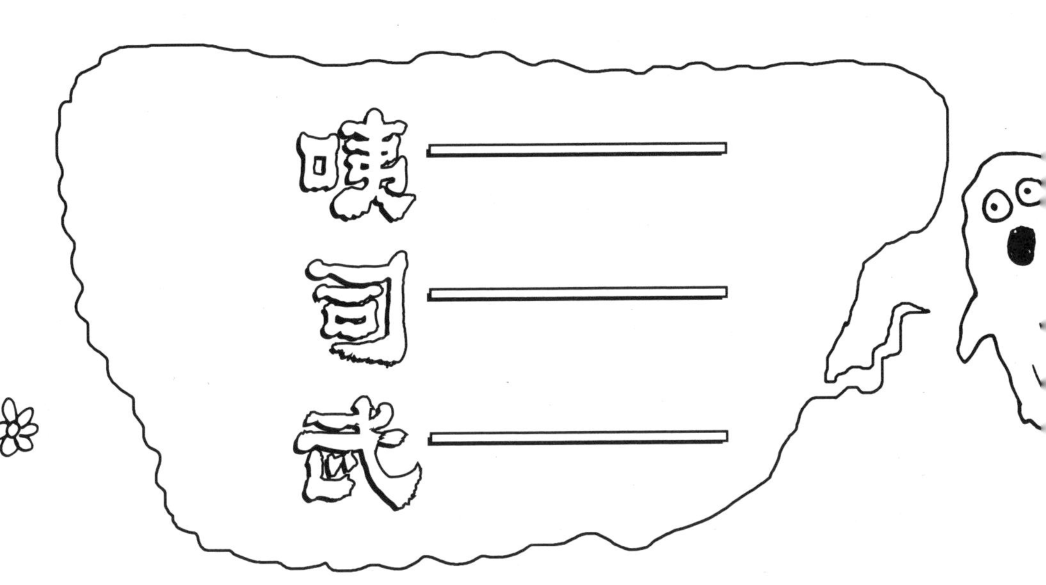

我现在就提这件事，是想让你提前一点儿做好心理准备。

不过，如果过一会儿你发现你的书没有被幽灵画得一塌糊涂，那就可以把我刚才说的这些统统忘掉了。

谢谢！

餐巾不叫了！

真是个奇迹！我找到让餐巾不再乱叫的办法了。

不过，这个办法**可能比她乱叫更加让人心烦。**

事情发生在今天下午。我的外甥女**凯瑟琳**和**米丽森**放学后来到我这里，领着餐巾去镇子上散步了。

她差一点儿就尿在一个交通管理员身上，还想对一座雕像下嘴。不过她们成功地带着餐巾准时回到了**危险区**，赶上了她们最喜欢的电视节目。

“快看，他就是马克斯·大香肠！”米丽森嚷嚷道，“诺埃尔舅舅，你一定得知道他。他是世界上最勇敢的人。”可是，这个人我听都没听说过。

“他都做过什么勇敢的事？是指出哪里有危险了吗？”

“不是，他才不做这些事情呢。”米丽森说。

节目开始的同时，餐巾正努力地把德尼斯塞进厨房的洗衣机里。

大香肠身处一片危险的丛林中，正沿着一条高空吊索滑下来。他光着膀子，脖子上还有什么东西在晃来晃去。这样的开场可不怎么好。

“他脖子上挂着什么东西？这样很容易被钩住——**是一条蛇吗？**”

“**没错！**它名叫面条，是大香肠的超级搭档。”凯瑟琳告诉我，“他们俩一直形影不离。”

不，不，不！虽然才看了个开头，但我一点儿也**不喜欢**这个节目。**更糟糕**的是就在这个时候，主题歌突然响起来了。

“他一看见危险，就跃跃欲试。
他就是马克斯-马克斯-马克斯-马克斯，
马克斯-马克斯-马克斯-马克斯 · 大香肠。”

我捂住了耳朵。餐巾从厨房冲了过来，疯狂地冲着我大叫。

可是她一看见马克斯·大香肠，顿时就呆住了，变得一声不吭。

她安静地坐下来，歪着脑袋，盯着电视一动不动。

餐巾被电视里的这个**愚蠢的家伙**给催眠了。

他刚从吊索上下来，就把蛇脑袋塞进嘴里**使劲地吹**。

是的，你没看错，**他吹蛇！**

“嗨，各位冒险爱好者！

我是世界上最勇敢的人，危险已经被我推向了极致。”

危险被他推向了极致？

他的确是这么说的。

在餐巾满怀敬意的注视中，马克斯·大香肠继续讲述他耸人听闻的经历。

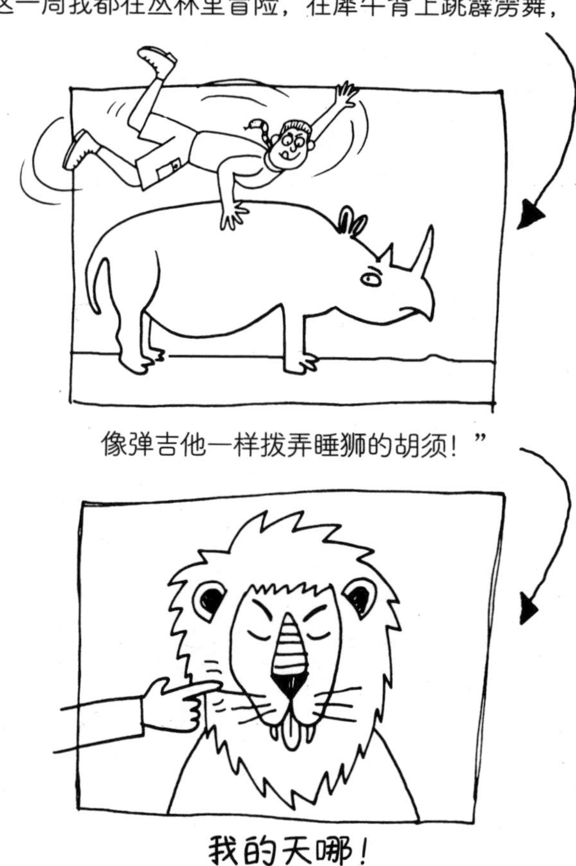

“让我们一起去冒险吧！” 他一边说，一边又吹响了蛇。

凯瑟琳和米丽森兴奋得欢呼雀跃，餐巾也朝着电视越凑越近。

当节目结束时，我被吓得几乎晕了过去。

以前想都没有想过的各种危险让我大开眼界。

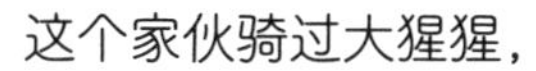

这个家伙骑过大猩猩，

扯过美洲豹的尾巴，

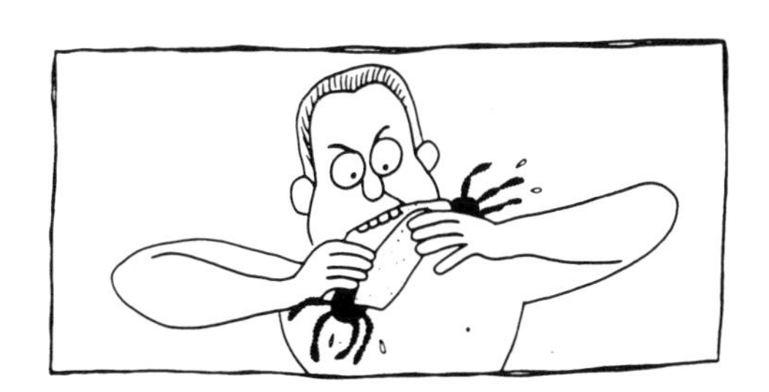

还吃过狼蛛卷饼。

“天哪，这个人太可怕了，我要离他远点儿。”我说。

“真不凑巧，”凯瑟琳激动地说，“他周六会到公园来！”

米丽森也很高兴：“他是本年度宠物才能大赛的主持人！”

我的这两个外甥女**击掌**相庆。而我被这突如其来的爆炸性新闻惊得瞠目结舌，既没顾得上**指出这究竟有多危险**，也没想起来给她俩讲解**羞羞掌**的击法。

我的舌头就像打了个结：“那、那、那棵大头菜要来**我们这条街**？”

“是不是很酷？”凯瑟琳问我。

“不！凯瑟琳，一点儿也不酷。他完全就不了解宠物。他**什么都不了解**！”

“诺埃尔舅舅，其实你应该带着德尼斯去。你总跟我们说石头才是最好的宠物，”米丽森说道，“这正好是一个向所有人展示他的好机会。”

我回答：“马克斯 · 大香肠在我的浴缸乔治里洗澡的可能性有多大，我带德尼斯参加比赛的可能性就有多大。”

我们的对话被餐巾打断了。节目一结束，她就又开始叫个不停。

不过，她被废纸篓卡住了，

叫声听起来有点儿闷。

凯瑟琳和米丽森回去写作业了，

我又钻进了戈登。

把**特别重要的危险学**知识写进书中，

为你们的二级

做好准备。

你们都知道，我喜欢观察这个世界，并乐于指出怎样做才能让这个世界变得**不那么危险。**我也喜欢回顾历史，并指出怎样做才能让历史上的危险时刻变得**更加安全。**

所以，请跟我一起**搭乘危险学时光机**（戈登），去探究历史上的危险时刻——这部分内容被我称为：

穿越时空旅行的第一站，

让我们回到**中世纪**。

诺埃尔

这是一个骑士策马征战、公主戴着尖顶帽子、怪兽嘴里喷出火焰的时代。

危险学家应该从哪里下手进行改造呢？

1. **城堡**都太大太冷了，而且边边角角太多，容易碰伤膝盖。

我要把城堡变得更小、更柔软。**没错。**

我把它们全部换成**充气城堡**了。

这样，战斗起来会更安全，也**更有趣。**

2. 为了不把充气城堡扎破，所有尖锐物品都被禁止使用。

盔甲只能用**柔软的针织材料**做成，武器也全部用**蔬菜**代替。

剑术格斗可以使用**黄瓜**。

3. 城堡周围的**护城河**全都换成**海洋球池**。

等待入侵者的也不再是滚烫热油的洗礼，而是清凉的**卷心菜汤淋浴**。

嗯，多么美味、热情的待客之道呀！

4. 骑着马，拿着长矛进行格斗？不，不，不！

要换一种格斗法：把橙子挑在长棍末端，把飞驰的骏马换成慢吞吞的乌龟，把**格斗**变成**榨汁**。

两名骑士身穿羊毛盔甲，估计需要很久才能靠近对方。不过等他们靠近了，刚好可以享用清爽可口的**鲜橙格斗汁**！

注意：长矛格斗 + 果汁 = **格斗汁**

5. 你应该不会等着**危险学家**来给你指出**独角兽**哪里有危险了吧?

不过，这点儿危险很容易被大块头的蔬菜化解。

来，向**头顶玉米的独角兽**

问声好吧!

6. 最后，不要招惹**恶龙**，得由着它们想干啥就干啥。

如果有公主被恶龙绑架走了，你的救援很难见效，

结果无非是你和公主都变成了**烤肉**。

因此，要是你见到绑架了公主的恶龙，除了**“祝你好胃口”**之外，

不要再多说一句话。赶紧逃命吧！

你瞧，历史上的危险时代被我用这六个简单的步骤变得

一点儿也不危险了。

谢谢！

是什么样的人，对危险学一无所知，还能让那么多人都以为他们很了不起？

我真是不敢相信，像大香肠这样大脑空空的家伙，竟然能让凯瑟琳和米丽森兴奋成这样。

这也是我从来不去电影院的原因。

因为每部影片中都有很多**无比危险的人！**

这些人身上都带有一些在蝙蝠、蜘蛛或是狼等动物身上才会出现的危险可怕的特征

非常不感谢！

所以，我动用了五级**危险学技能**

（**注意：**我是世界上唯一一位五级危险学家，谢谢）虚构出了一些很安全，**但依然令人兴奋异常的超级英雄。**我希望他们会变得比那些可怕的、危险的、过气的超级英雄更受欢迎。

欢迎来到

每一位超级英雄都需要一段讲述他如何成为超级英雄的传奇故事。

还处于哺乳期的气泡膜少女有一天从婴儿车中滚下来，

掉在一堆气泡包装膜上。

现在，她到处用气泡膜包裹危险的东西。

你永远不知道接下来她会把什么包起来！

餐厅里

摇滚音乐会上

网球决赛场上

他曾经被夹在沙发床里，熬过了一个可怕的夜晚。

现在，**沙发床先生**只要一见到有人站着，就会从胳膊和腿上弹出靠垫，变成一个舒服的座位。

注意：排队对**沙发床先生**来说很困难。他不得不一再要求别人从他身上起来。

他是最勇敢、最安全的超级英雄，总是穿着一身酷炫的超级英雄套装。

这位幕后英雄让大家的生活远离了危险，可惜没人能意识到这一点。

他和忠实的助手雷尼斯共同期盼着有朝一日可以打败愚蠢的

死对头香肠人。

到那时，美丽的格蕾泰尔就该打电话来祝贺他了。

德尼斯的一项重要工作

今天早上我躺在浴缸床上，回忆着昨晚做的噩梦。

在梦里，硕大无朋的餐巾将**危险区**一掀而起，

还像吹口哨一样往里面吹气。

过了好一会儿，我才意识到这声音是从客厅传来的。

餐巾正起劲地咬着电视遥控器不停换台，直到出现她最喜欢的节目才停嘴。

注意：这种情形绝不会发生在宠物石身上。

在这一集里，大香肠和那条黏糊糊的蛇登上了雪山。他马上就要**蒙着眼睛**，踩着滑雪板冲下去了，

鞋上居然还绑着“火箭助推器”。

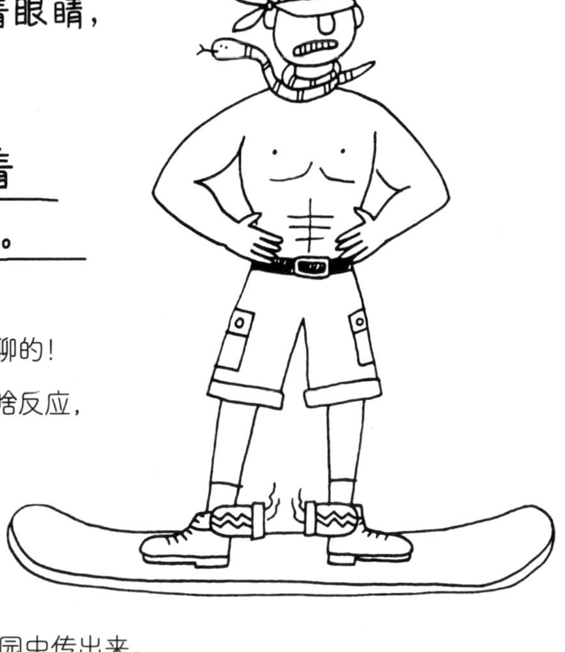

“我和面条在滑雪板上不会无聊的！你说是不是，面条？”面条没啥反应，只是歪歪扭扭地在大香肠的脖子上晃荡着。

就在这时，有声音从花园中传出来。

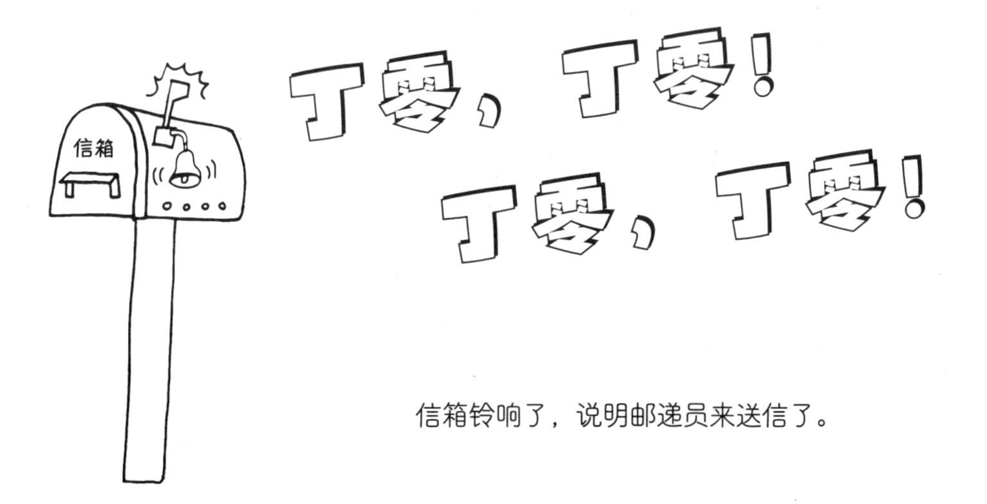

信箱铃响了，说明邮递员来送信了。

我相信你有个问题想问我：

世界上最伟大的危险学家
为什么不在前门
装一个信箱？

问得好！

所有二级**危险学家**都应该清楚**信箱究竟有多么危险。**

信箱的危险

信箱就像一扇终日敞开的小门，上面还挂着一块亮闪闪的小牌子，

上面写着：

很多危险的东西都会通过信箱的投信口钻进来，比如：

1. 鬼鬼祟祟的火烈鸟

这是一种罕见的长嘴热带鸟类。它会飞到家门口，把嘴伸进信箱，叼出它能找到的任何东西——经常是钥匙、手套和雨伞，然后把它们挂在嘴上，花枝招展地飞走。

2. 伪装成包裹并吃掉靠垫的癞蛤蟆

这种绝顶聪明的狡猾生物会用漆黑的舌头在自己背上随便写一个地址，然后膨胀起来，将自己伪装成一个包裹，并跳进距离最近的邮筒。邮递员将它投递出去后，收到假包裹的倒霉蛋家里的所有靠垫都会被它吃掉。然后，它会逃出来，又一次钻进邮筒，将自己寄出。

3. 胖黄蜂

这是最**令人讨厌**的一种黄蜂。

你瞧，这四只黄蜂正用滚圆的肚子顶住投信口，

另外还有十只会一拥而入，将你的饼干和零食一扫而光。

4. 臭屁驴

它是所有信箱入侵者中最可怕的。**臭屁驴**没有破门而入的打算。

深夜，它会在街上一边转悠，一边寻找合适的信箱。

一旦找到高度刚好的，它就会转过身去，用尾巴撑开投信口，

朝里面放一个**体积惊人的屁。**

它的屁声并不是特别响亮，很容易让人误以为是地板在吱吱作响。

但是它的屁

特别臭。

你将不得不从臭气熏天的家中搬出去至少一星期，直到臭味消散。

你还要把整间屋子重新粉刷一遍。**它们真是坏透了。**

世界上最糟糕的5种屁

人类父亲：最最狡猾的臭屁精。他们不光放屁，还常常嫁祸于人，比如狗或者是你。

尾喷企鹅：通过向水面放屁来获得推动力，冲向附近惹怒了它们的鱼和鲸。

臭河马：能一边
颤抖一边放出长达
3分钟的屁，
太可怕了。
吸血鬼：他们放屁的
声响比得上飞机起飞。
臭屁驴

我戴好了**安全手套**和**护目镜**去查看我的信箱，

却只发现了那个愚蠢的宠物才能大赛的传单，太让我失望了。

可是，就在我把传单扔进垃圾桶的工夫，我听见了世界上最美妙的声音正从隔壁院墙传来。这样的声音即使告诉了你一个最糟糕的消息，你也完全听不见，还乐呵呵地想着“这声音真是太美妙了”。

格蕾泰尔在打电话。

“请我做颁奖嘉宾，那我真是太荣幸了！
我要亲自送100棵卷心菜到获奖者的家里。”

颁奖？格蕾泰尔亲自送卷心菜上门？

这听起来像是**有史以来**最伟大的比赛。

“埃塞尔去年赢了。现在她还舍不得摘掉那顶西部乡村舞蹈帽子。
不过今年该轮到别的宠物获胜了。我相信马克斯·大香肠会是一位
很棒的主持人。”

格蕾泰尔在谈论年度宠物大赛！

如果她上台颁奖，我就不能躲起来……

我必须和她搭上话！

突然，参加比赛好像不再是一个可怕的计划了。

这似乎是世界上最棒的主意了！

我冲进家里，冲着德尼斯喊道：

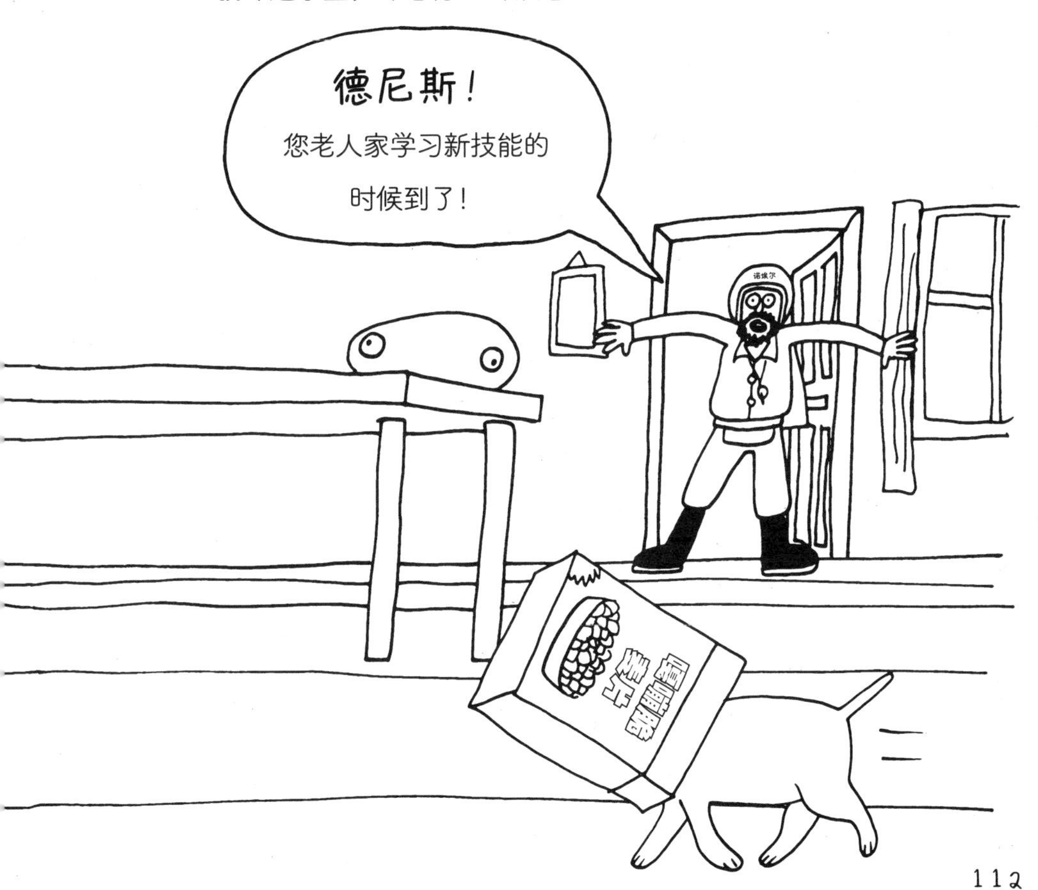

这本书你已经看完一多半了，你成为

二级

危险学家

的学业也已完成过半。

当你玩得很开心的时候，会感觉时间过得飞快。

当你在**学到大量非常重要的危险学知识**的时候，也会有同样的感受。

而且，这两件事你一定是同时进行的，一边学一边玩。

为了庆祝学业过半，给你玩一个**非常有趣**的游戏。

你学到了那么多可怕的内容，一会儿**还会有更吓人的东西出现**（比如：公交车站），所以，做个游戏能将你的注意力从**令人恐惧的危险学**上移开。

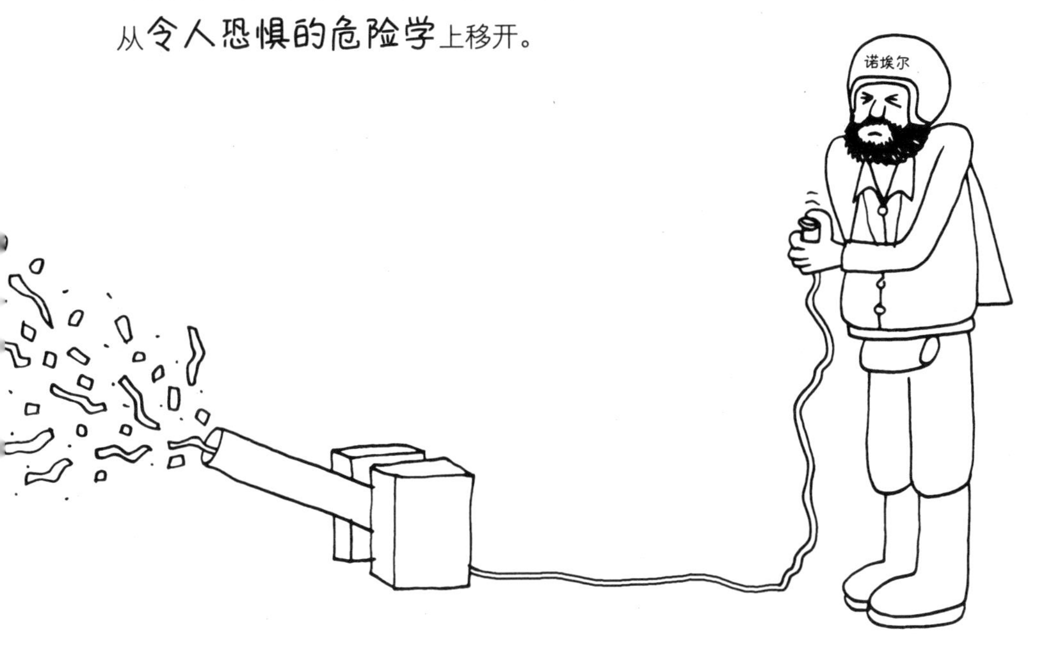

这个游戏与蛇梯棋类似，但**没那么危险。**

注意：蛇梯棋中，蛇太湿滑了，梯子也不稳当。

我把这个游戏称为：

现在你可以继续阅读《危险无处不在②》了。

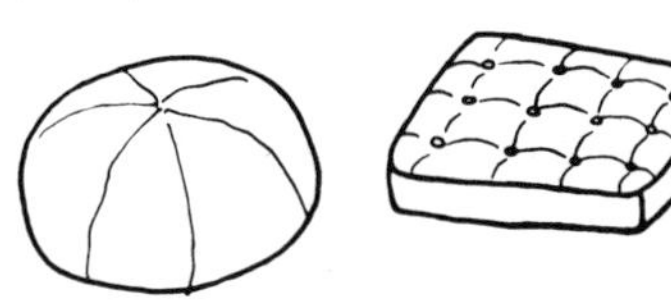

24. **戈登**头朝下落地，你被困在地底下。**游戏结束。**

23. 你家地底下的火山喷发了。幸好你躲在衣柜**戈登**里并被喷射到了安全地带。前进一格。

22. 从梯子上掉下来。但落在了豆子口袋上！前进一格。

21

12. 你去旅行并及时回来了，但是你没有去绝对安全的海绵时代，而是穿成角斗士的模样走进了斗兽场。轮空一次。

11. 你的金鱼长成了一头**大白鲨**，连你都敢咬。重新开始。

10

9. 你忘记了第9**格上的蝎子**。后退一格。

8. 发现老师倒挂着。啊哦，**吸血鬼老师！**跑回起点。

7

6. 发现一个舒适的豆子口袋。钻进去睡一觉，轮空一次。

5. 在卷心菜粥里发现了死蜜蜂。呃，从头开始。

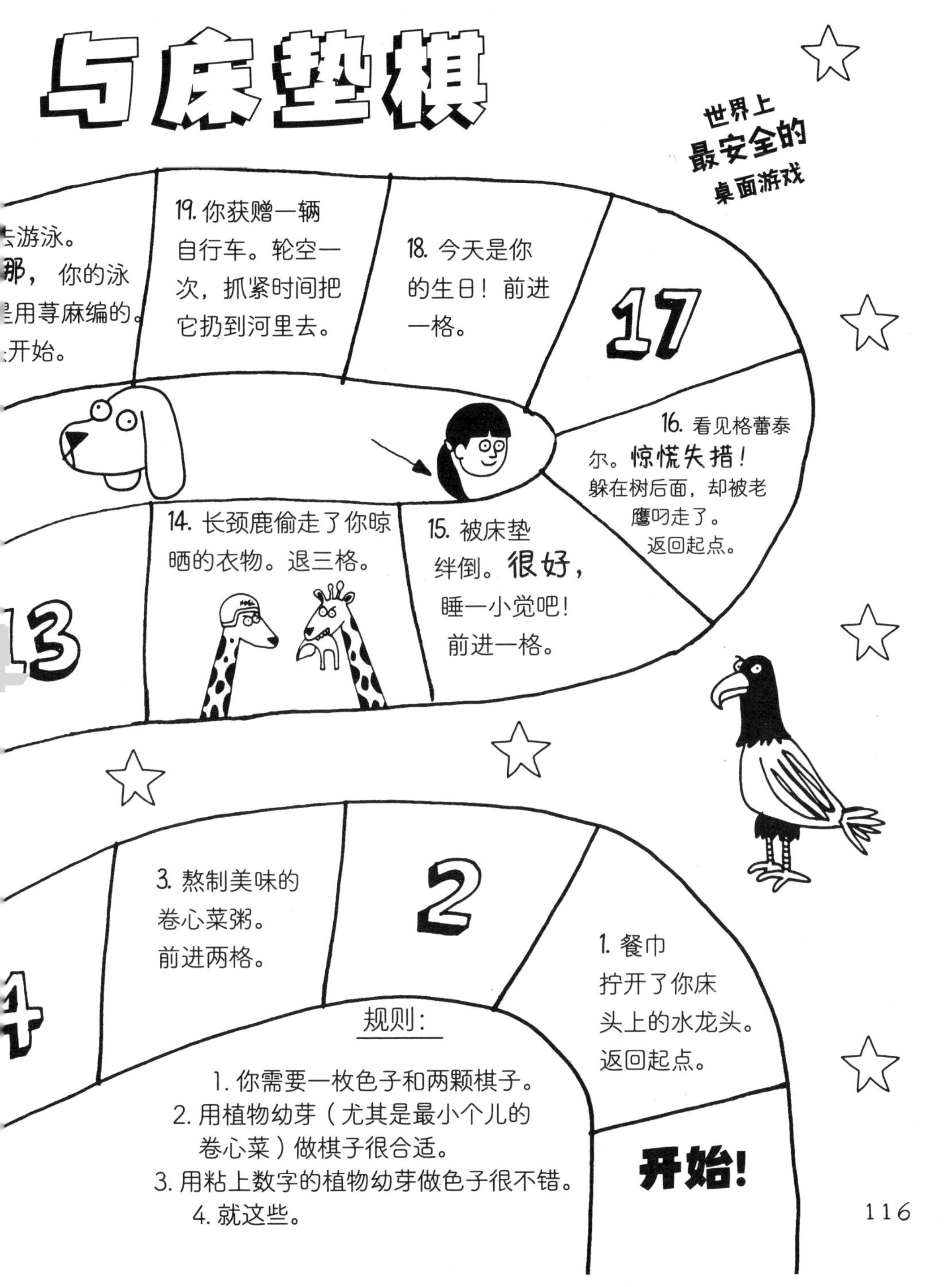
与床垫棋
世界上
最安全的
桌面游戏
去游泳。
那，你的泳
是用荨麻编的。
开始。
19. 你获赠一辆
自行车。轮空一
次，抓紧时间把
它扔到河里去。
18. 今天是你
的生日！前进
一格。
17
16. 看见格蕾泰
尔。惊慌失措！
躲在树后面，却被老
鹰叼走了。
返回起点。
14. 长颈鹿偷走了你晾
晒的衣物。退三格。
15. 被床垫
绊倒。很好，
睡一小觉吧！
前进一格。
13
3. 熬制美味的
卷心菜粥。
前进两格。
2
1. 餐巾
拧开了你床
头上的水龙头。
返回起点。
4
规则：
1. 你需要一枚色子和两颗棋子。
2. 用植物幼芽（尤其是最小个儿的
卷心菜）做棋子很合适。
3. 用粘上数字的植物幼芽做色子很不错。
4. 就这些。
开始！

训练开始

听说我要带着德尼斯去参加**年度宠物大赛**的时候，凯瑟琳问我：“你是被巨型卷心菜砸到脑袋了吗？”

我在厨房里支起一块小黑板，写上了德尼斯的全部才能。我的两个外甥女全都跑过来，帮我从黑板上挑出一条最好的。

德尼斯才能一览表

1. 能压住东西不被风吹跑，比如垃圾桶盖或者风筝。

2. 能撑住门。

3. 被扔进水中后，能溅起一大片水花。

4. 特别擅长一动不动，以及不眨眼地盯着你看。

5. 能完美地冒充别的石头。

“诺埃尔舅舅，这些才能都特别棒，但都不是足以赢得年度宠物大赛的才能。”米丽森解释道。

凯瑟琳接着说：“自助洗衣店的奥莱利太太将带着她的宠物蜜蜂布博莱参加比赛。布博莱可以落在世界地图上的任何一个国家，并嗡嗡地唱出那里的国歌。即使特别冷门的地方也都难不倒他，比如冰岛、巴拉圭等等。”

哇！这样的才能**还真是**令人印象深刻。看来，德尼斯和我还有很多事情要做。

“不过，有件事我没搞明白。”

米丽森说，“我以为你会躲开马克斯·大香肠，离他越远越好。”

“啊，对呀，嗯……”我实在不好意思告诉她们我这么做是为了见到格蕾泰尔，但我绝不能放弃。

我告诉她俩：“我觉得这是一个向大香肠和其他人证明石头是最佳宠物的绝好机会。”

注意： 这一点千真万确。**石头是最佳宠物。**

我们把注意力都转移到餐巾的新朋友身上，这一点让她很不满意。

电视上《期待大香肠》节目结束后，再也没有什么东西能吸引她了。

于是她就在**危险花园**中跑进跑出，冲着埃塞尔和长颈鹿汪汪狂叫，还在泥水坑里打滚。

危险区被她搞得一团糟，

从来没有这么脏乱差过。

“来吧，姑娘们！让我们一起把这里打扫干净！”

生活避险十大诀窍

（日常生活中避免危险的十大诀窍）

安全清扫篇

1. 清扫房间的一个**重要**部分是拖地，尤其是脏狗留下的印记。

但是要格外当心：

拖过的地面很容易让人滑倒。

可以穿上**连体拖布**来避免这一危险：

连体拖地套装可以让你变身为人肉拖布，

在房间里滚来滚去就可以把地板擦干净。

餐巾，拜托！离米丽森远一点儿。

她又不是狗！

不，等等，**别在那儿尿！**

哦，餐巾……

2. 餐巾喜欢舔剩菜盘子。可是，刷盘子**太危险**了（锋利的刀具、易碎的杯碟、滑溜溜的洗洁精，没有一样东西不危险）。现在有一个更安全的方案，就是把所有油腻腻的刀叉杯碟都粘在潜水服上，去最近的洗车房冲洗。而且，在你走回家的路上，餐具也都晾干了。

3. 掸灰也很危险，会遇到不少可怕的事情，比如：

A. 梯子或椅子

B. 某些粉尘

C. 打喷嚏

D. 你从梯子或椅子上摔倒

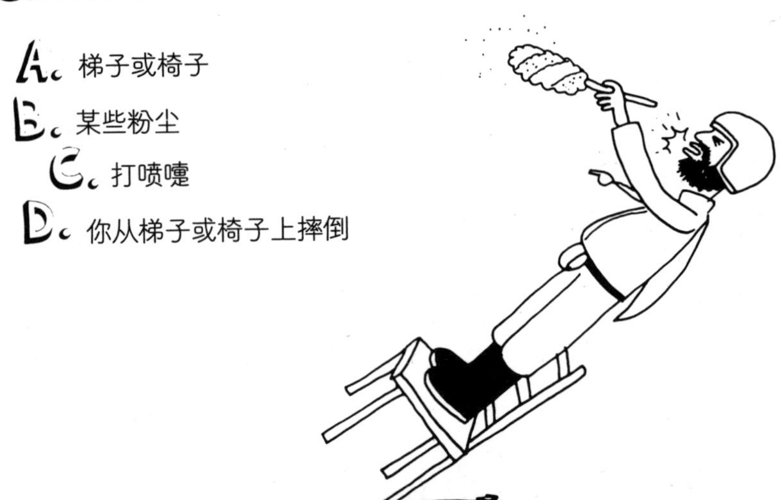

其实，你可以使用一对**除尘翼**，

安全又时髦地掸掉灰尘。

你只需要站在房间正中央使劲拍打翅膀，所有灰尘和蜘蛛网都将无处遁形。

警告1： 你会把所有东西都从它原来位置上扇跑，

所以请格外当心易碎物品。

警告2： 不要在户外穿戴**除尘翼**，尤其是在大风天。

警告3：不要一边扇动翅膀一边转圈。

这样会搞出一场**诺卷风**，把家里的所有东西都毁掉。

注意：“诺卷风”这个词是我

诺埃尔自创的。

谢谢！

4. 不要**太频繁**地清洗地板。那样会让地板变得太过光亮，

光亮的地板比滑溜溜的地板还危险。地板清洗干净后，

在地面上倒一罐可乐，就能让地板不再滑溜溜了。

这相当于给地板覆盖了一层更安全、更粘脚的涂层……

餐巾！不要舔地板……

别再尿了！

唉，这种事情绝不会发生在宠物石身上。

5. 千万不要擦窗户！要是擦得太干净，**你很容易忘了那里还安了窗户**，总想把头探出去。如果你的窗户**太干净了**，

可以用你身边黏糊糊的脏狗蹭两下。

餐巾，谢谢你！

骷髅标志警报

6. 打扫房间的时候，请**时刻**留意**鳄鱼吸尘器**。

这是一种**躲在室内黑暗角落**的罕见**鳄鱼**品种（源于比利时）。

当你抓起它的尾巴，它会把自己**伪装成真空吸尘器**，

任由你推来推去。

注意：和几乎所有其他动物一样，鳄鱼也**不喜欢**脸着地被推来推去。

从那一刻起，**鳄鱼吸尘器**唯一想要清理掉的东西就是**你**。

7. 当你使用真空吸尘器的时候，**当心**“一键收线”按钮。

如果电源线乱作一团，

一键**拽回来一些你并不期待的东西**怎么办？

比如：

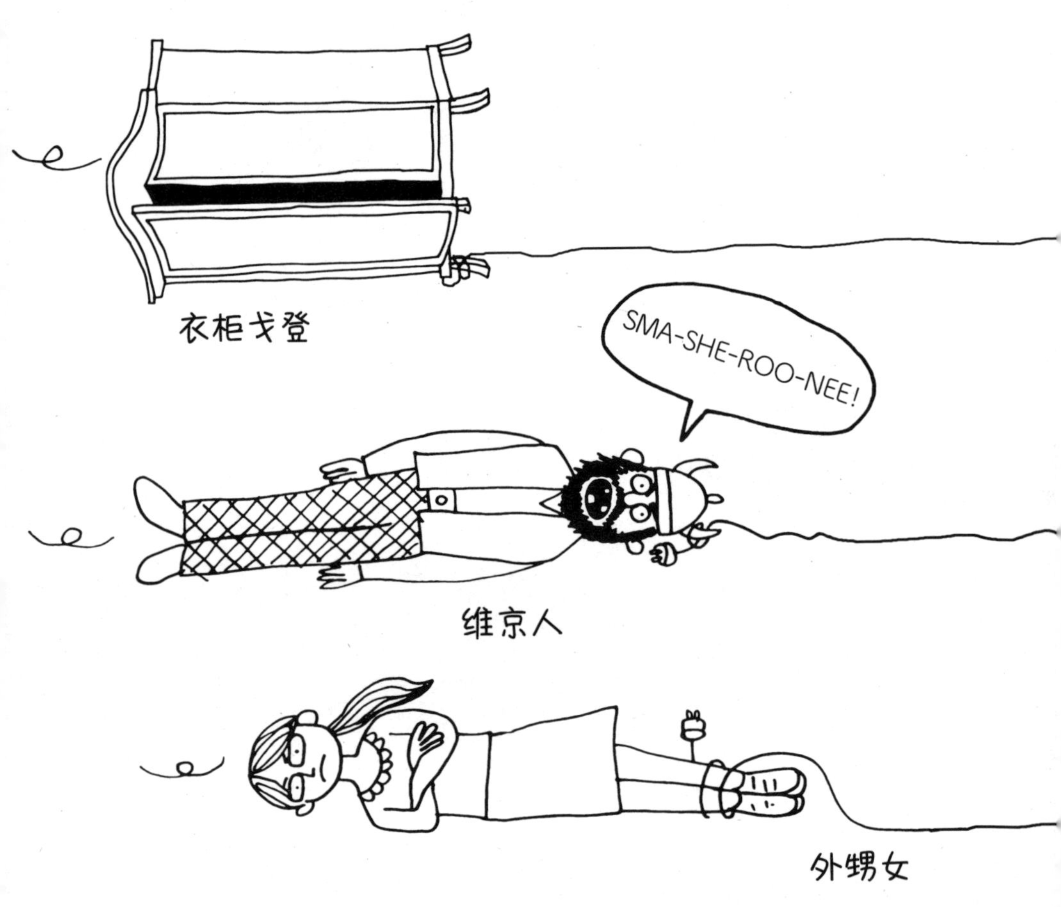

8. 不要被困在垃圾桶里。

你爬进垃圾桶踩扁垃圾的时候，很容易被困在里面。

如果你不想**被送到垃圾回收站**，就要小心，

千万别让垃圾桶盖在你头顶上方合上。

9. 还有**更加糟糕**的事情！晚上倒垃圾时，千万要小心**河马垃圾箱**：这是一种伪装成垃圾箱蹲守在家门口的狡猾河马，当你掀开它的嘴巴，正要把垃圾扔进去……

记住：

10. 最后，如果家里有一只见啥咬啥的狗，那么在清理房间之前，记得把所有可能会被它咬到的东西**藏在它够不着的地方**，比如冰箱里面。

注意：我的冰箱名叫罗伊。

警告：如果你把这本书放在冰箱里，**可别把它和奶酪块搞混了。**

把**《危险无处不在②》**夹在三明治里或是放在比萨上面**并不**好吃。

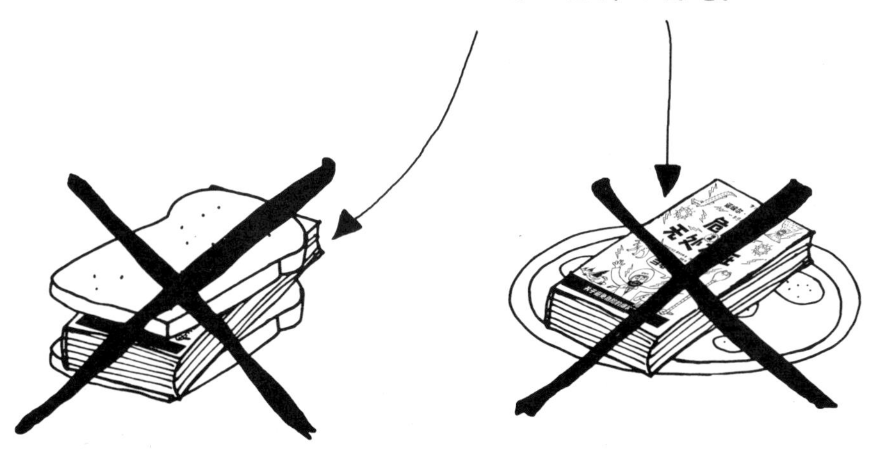

在你打扫房间的时候，最让你满意的环节就是你一边往后退，一边欣赏伟大的劳动成果的时候了……

噢，餐巾！我们又得重来一遍了……
诺埃尔

这不是一扇窗户！

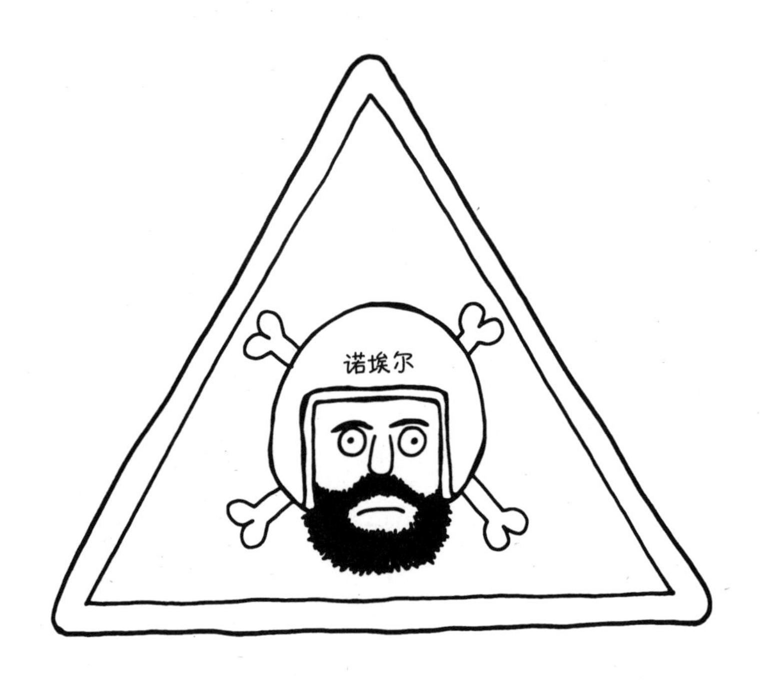

警告

我们离第 145 页越来越近了。

现在，希望幽灵**没有**弄到你手里的这本书。

不过如果谁的书被幽灵盯上了，**请不要被吓到！**

谢谢！

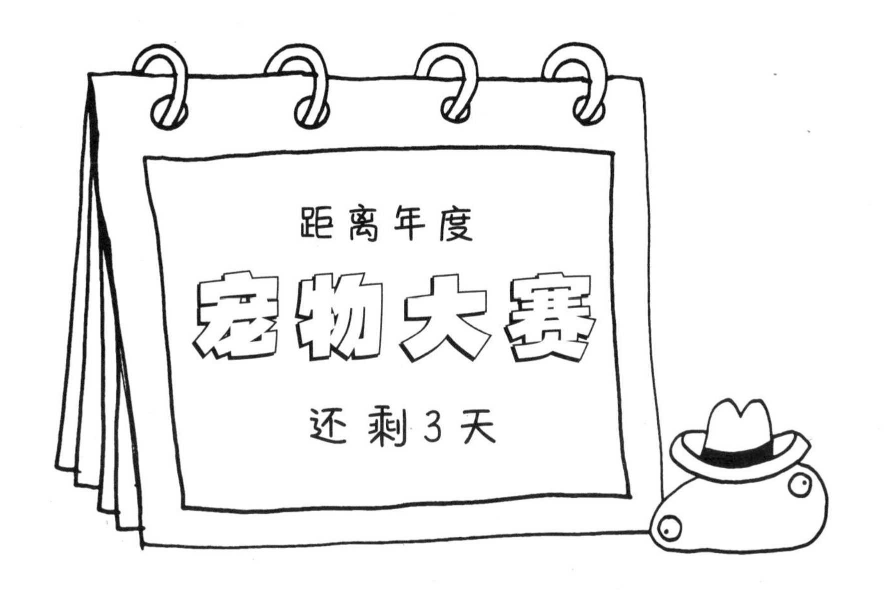

不像一块“滚石”

我还是没有想出来德尼斯在比赛中应该表演什么。凯瑟琳和米丽森给我讲了一些**其他参赛者**的情况，真是不可思议。

她们的邻居简将带着她的兔子埃丝特参加比赛。她会切蔬菜，会煮面条，还能爆炒出健康的小菜。

打印机墨盒专卖店的杰梅特里养了一只名叫安西娅大师的小仓鼠，她会打碟。

所以，我打算带着德尼斯和凯瑟琳、米丽森，还有餐巾一起出去转转，没准儿能找到灵感。

带着餐巾散步时，很难再想到除了餐巾之外的其他东西，根本没办法专心思考。

带着她外出，这些东西是要避开的：

1. 人

餐巾只要一见到人，就兴奋**异常**。她总想跳到别人身上去纵情地闻个够，不但尾巴摇晃得有点儿失控，还经常尿人家一身。带餐巾出趟门，需要**没完没了地道歉。**

2. 看起来像人的东西

餐巾不只对真人感兴趣，那些让她以为是人的东西，也会令她兴奋不已，比如雕像、橱窗里的人体模型、人物画像、看起来像人的树、看起来不怎么像人的树、邮筒、垃圾箱、灯柱，还有我的影子。有太多东西能引得餐巾汪汪乱叫。

3. 狗

餐巾以闻遍全世界每只狗的屁股为己任。可惜，并不是每只狗都希望被她闻。而且，她好像意识不到自己其实特别渺小。所以，当她边叫边冲向其他狗的时候，通常会被一尾巴扫翻在地。不过这根本不会让餐巾泄气。她会直起身子，再一次朝它们的屁股闻过去。

4. 她觉得是狗的东西

包括箱子、灌木丛、自行车、她的影子，以及镜中的自己。她一点儿也不喜欢这些东西。

5. 商店

德尼斯总是规规矩矩地坐在溜冰鞋上，

而餐巾总想冲到她看见的每一间商店、咖啡馆和餐馆里一探究竟。

尤其是爱丽丝猫咪美容院，一只只毛茸茸的小猫看起来就像橱窗里的蛋白糖点心。

而我买到**安全靴**的那家鞋店，将会是餐巾的梦幻餐厅。

当我们来到购物中心附近的山上时，看见了乔伊的冰激凌贩卖车，

可是她看起来一点儿也不开心。她站在车后面，使出全身的力气顶着它。

“诺埃尔博士，刹车出问题了。我担心车子会自己滚下山去。

你们能跟我一起顶住它吗？修理工马上就到。”

我说：“当然可以！”不过，餐巾好像对吃光所有的冰激凌更感兴趣，正试图跳进乔伊的车里。餐巾兴奋异常，

德尼斯也被她撞翻在地。

“等一下，德尼斯能帮上忙！”

我一边说一边捡起他，卡住贩卖车的后轮。

现在，我们不用再顶着车了……

德尼斯化险为夷！

修理工赶到后，乔伊送给我们每人一支可口的冰激凌作为答谢。

“好样的，德尼斯！”米丽森赞叹着，

“我们要在周六前再找出一项隐藏在你身上的才能来！”

呃，二级危险学的学生们，我必须向你们道歉。

餐巾和宠物大赛过多地占用了我的注意力，以至于在二级危险学测试之前，我们有好多危险学知识还没有学到。

带餐巾散步时经历的这些事情让我想到另一个主题的生活避险十大诀窍，这也是我们非常熟悉的一个主题。

生活避险十大诀窍：旅行篇

参观访问陌生的地方会很有趣，不过旅途中实在太危险了。

按照下面这些精华提示去做，就可以让旅途安全很多。

1. 没有什么比在拥挤的车厢中站着熬完整个旅程更糟糕的事情了。穿上这款轻便的**手提箱连体服**躺在头顶的行李架上，问题就能迎刃而解。

2. 在公共汽车上用**诺埃尔·佐内博士的充气玩偶**来避免烦人的话痨坐在身边。他将提供优秀的陪伴服务，你还能枕着他眯一会儿。

注意1： 和前面提到的那个伪装成我的面具类似，

请不要当着我的面使用这种充气玩偶。

注意2： 如果格蕾泰尔在场，也**绝对**不能使用。

3. 永远不要碰自行车。切记。

4. 在任何交通工具上，把票放在手边都是至关重要的。我喜欢把票粘在安全带上，这样，我睡觉的时候就不会被检票员叫醒了。

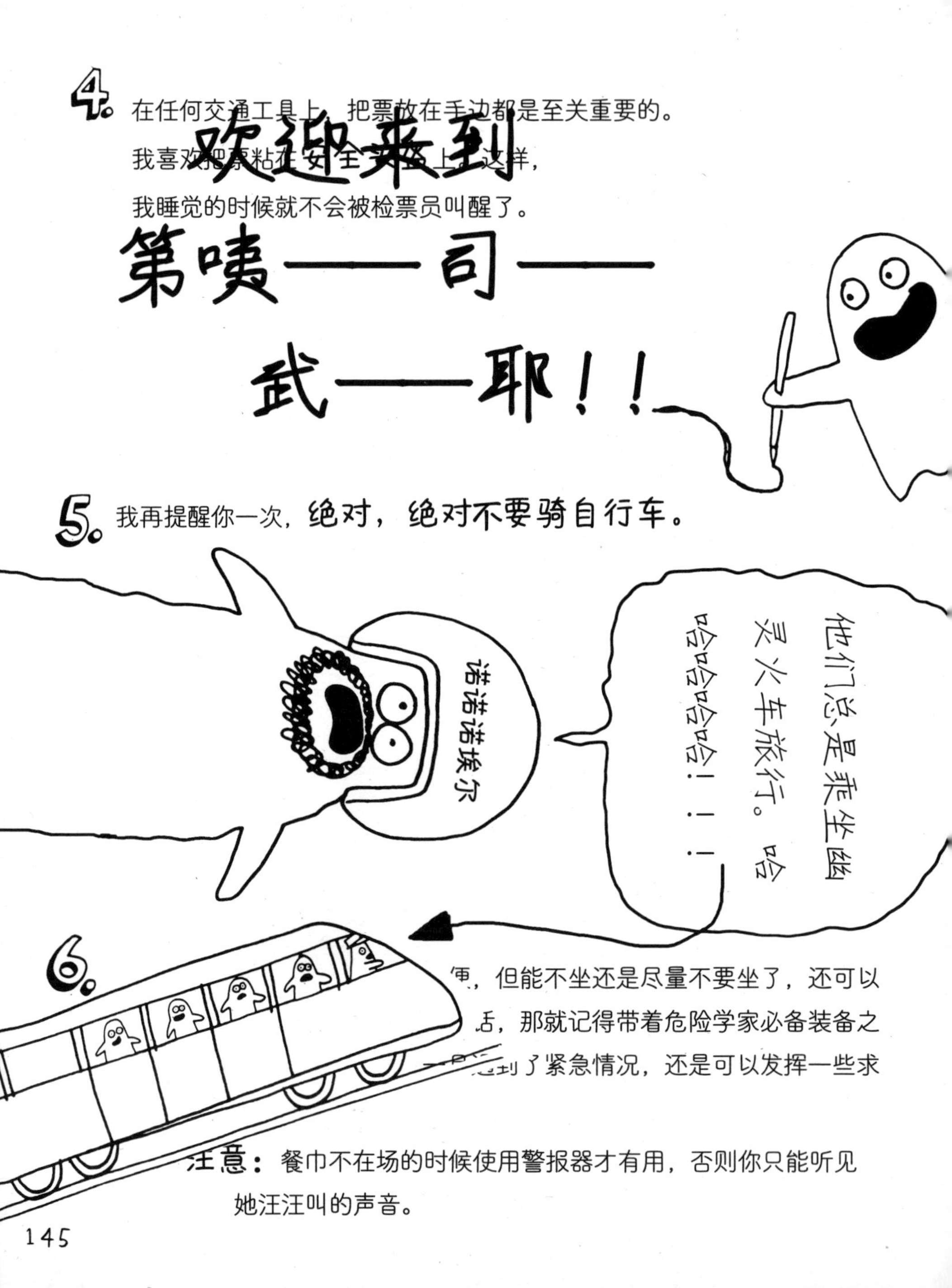

5. 我再提醒你一次，**绝对，绝对不要骑自行车。**

6. 便，但能不坐还是尽量不要坐了，还可以话，那就记得带着危险学家必备装备之遇到了紧急情况，还是可以发挥一些求

注意： 餐巾不在场的时候使用警报器才有用，否则你只能听见她汪汪叫的声音。

第七条就是你应该像幽灵一样到处飘荡。

7. 再说一遍，请用对待立体书的办法对待自行车。

把它们埋进深不见底的洞里。

8. 如果你……到了自……险，但没……合适的地方……没有……万别再……途中也千万不要使用自行车……那些使用它的人，因为……危险了。

9. 当心骑着两轮平衡车的……145页上的幽灵很可能……人类世界的秩序。……哈哈哈哈哈”……

10. 坐飞机的时候，我总是喜欢穿着我自己的降落伞。

同样，坐船的时候，我喜欢在救生衣外面再穿

一艘我自己的船。

哦，我的天哪！ 我刚才竟然忘记提醒你当心第145页了！

好吧，既然这一页已经翻过去了，就只好希望那些幽灵

在你的这本

里搞出的恶作剧没有吓到你。

餐巾去钓鱼

我们戴着**安全头盔**站在公园的跷跷板跟前，凯瑟琳说："请你再解释一遍我们现在在干啥。"

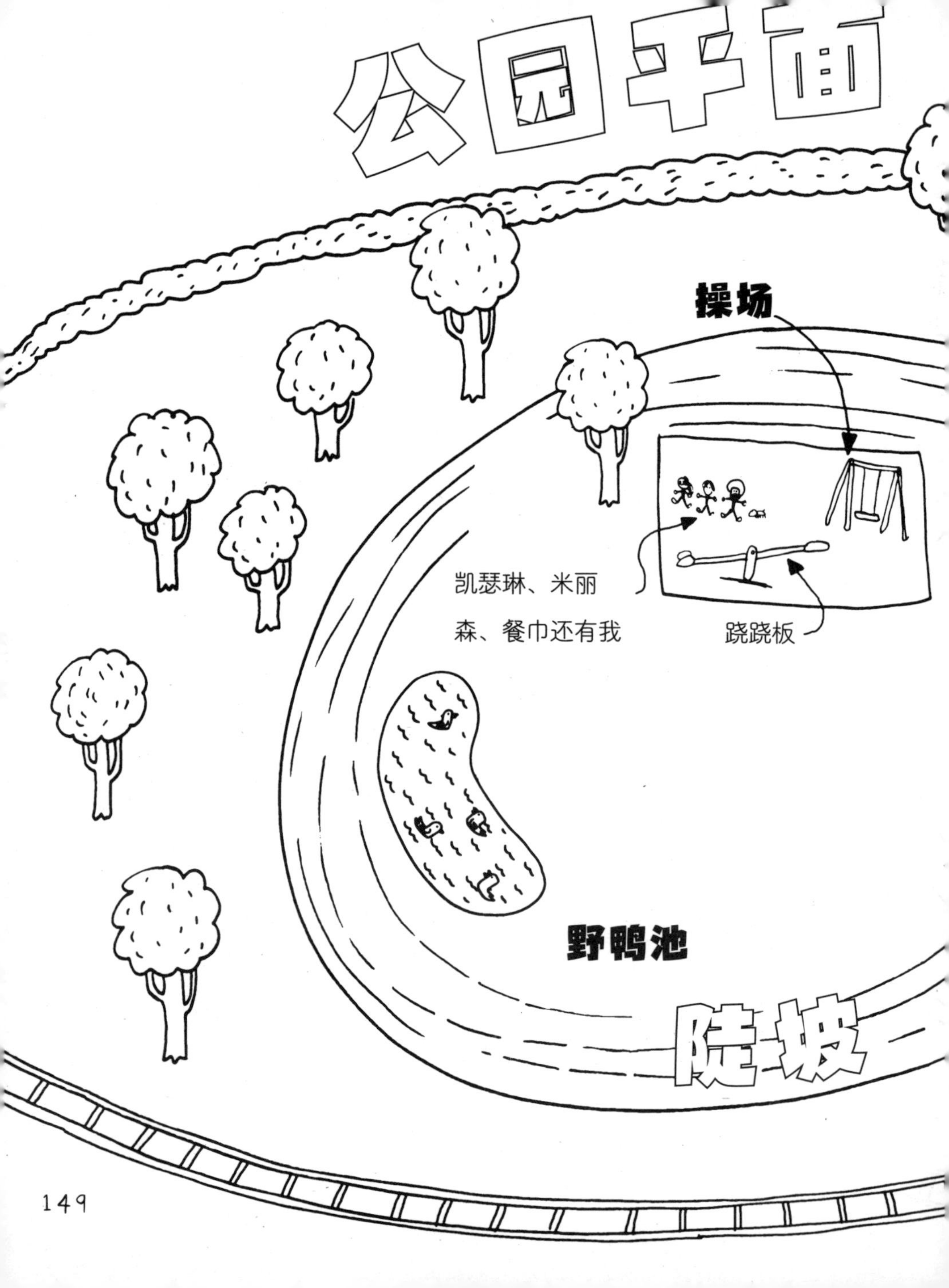
公园平面
操场
凯瑟琳、米丽
森、餐巾还有我
跷跷板
野鸭池
陡坡

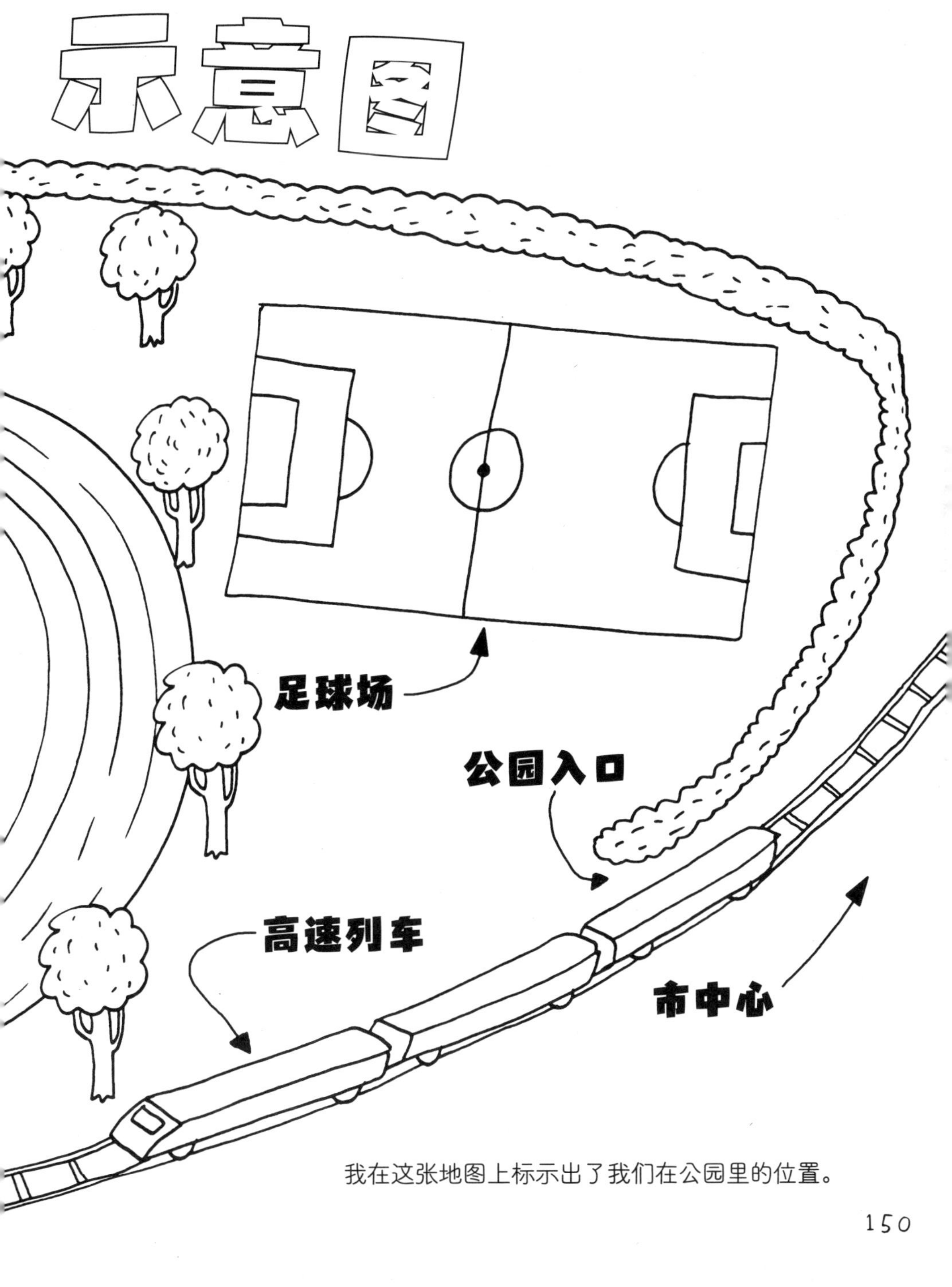
示意图
足球场
公园入口
高速列车
市中心
我在这张地图上标示出了我们在公园里的位置。

“我给德尼斯做了一对翅膀，希望他能像巨鹰一样绕着公园飞翔。只要我们一起跳上跷跷板，就能把他送上天。”

凯瑟琳质疑道：“听起来有点危险啊，不过我也不太确定。”

“拜托，我可是世界上最伟大的**危险学家**。而且我们都戴着**安全头盔**呢。”

餐巾并不喜欢我们对她的新朋友的改造。我把她拴在一棵树的树杈上，可是她一直在叫，还一个劲儿地拽绳子。

“三、二、**一**！”

我们跳上跷跷板，德尼斯一飞冲天。

我大声喊道："快飞！"可是德尼斯根本不听，掉了下来，

德尼斯落入野鸭池正中央。

正当我发愁如何将他从水里捞上来的时候，远处有一条狗冲向了池塘。

它分散了我的注意力，不禁让我想起了餐巾。

"这是谁的狗，不拴链子就让它在公园里乱跑，太没有公德心了吧？"

我向凯瑟琳和米丽森抱怨道，"我猜那条狗一定会跑过来。餐巾应该会凑过去

闻它的屁股，一场混战在所难免。你们是不是也这么想的？

嗯，是餐巾？"

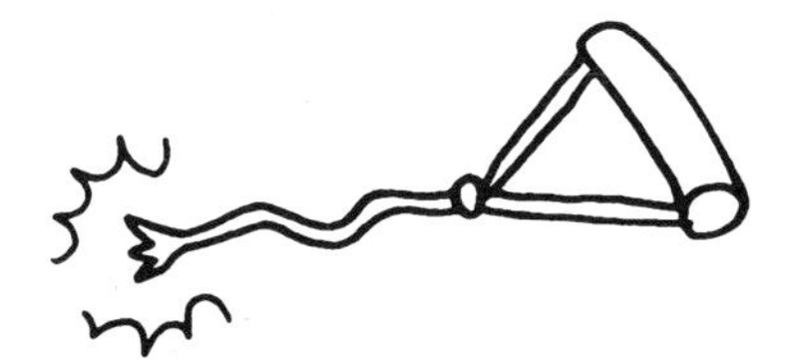

“餐——巾——”随着凯瑟琳的一声呼喊，我们三人一起奔向餐巾。我心里七上八下，担心极了：她该不会跑到公园外面去了吧？

她可别顺着坡冲上铁轨了啊。

可是餐巾的脑子里只装得下一件事。

她奋力一跃，跳进池塘，营救她的新朋友去了。

米丽森第一个跑到了池塘边。

“餐巾，快回来！”鸭子和天鹅被米丽森的喊声吓得扑棱着翅膀飞走了。可是餐巾既没有理会那些胆小鬼，也没有注意到我们，

径直向德尼斯的方向游过去。

然后，餐巾做出了一个惊人之举。她钻进水中，

用鼻尖顶着德尼斯浮了上来。

“哇！”米丽森惊叹道。

我们还没回过神来，餐巾又做出了更加令人难以置信的事情——她将德尼斯抛向空中，**来了一记后空翻**，用鼻子接住了他。

紧接着又是一记后空翻。这一回，她**用尾巴**接住了德尼斯。

一些目睹了这一出精彩表演的路人开始鼓掌。餐巾是如何学会这些绝活儿的?

她在陆地上是一只惹是生非、遭人嫌弃的破狗，

可到了水里怎么就变成舞姿优美的海豹了呢?

我不知道该如何回答这些问题。但有一件事我敢肯定：

德尼斯将与他的小狗搭档餐巾一同参加**年度宠物大赛**，

联袂上演一个**双人表演**。

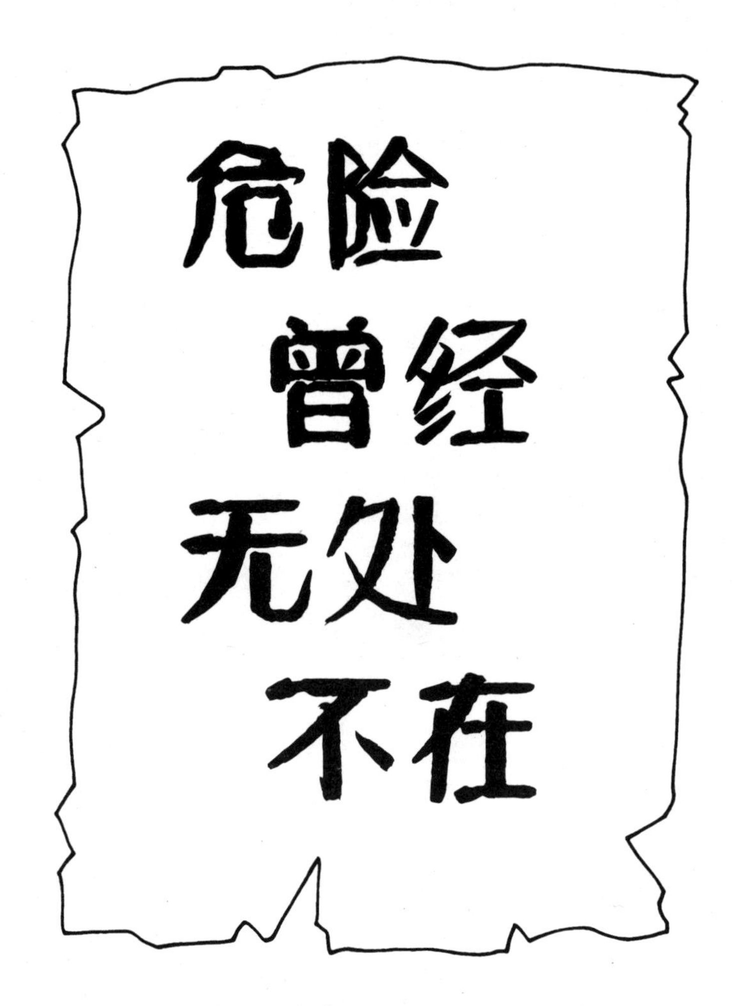

让我们再次退回到**五级危险学家**可以力挽狂澜的时代吧。

注意：我曾经说过，我是世界上唯一的**五级危险学家**。

谢谢！

海 盗

这些在公海上恃强凌弱的闹事者如果交给**诺埃尔·佐内博士**管理，

结果将会截然不同。

1. 我们先从他们的名字改起。海盗的名字总是起得很吓人：

狂暴的红胡子

狂怒的独眼安

挥舞短刀的迈克船长

如果给他们换上好听的名字：

礼貌的温蒂

友好的大个子约翰

烘焙美味羊角面包的杰拉尔德船长

哇哦！

2. 海盗船看起来**太吓人了。**我会要求他们改乘能够发出“嘎嘎”叫声的充气鸭子。

3. 我管理的海盗不但不再杀人越货，还会在深夜偷偷溜到别的船上，给水手们留下礼物。

“万一你想家了，喝点儿热汤就好了。”

“我们觉得你可能会冷，给你织了一件羊毛衫。”

哇哦！

 把蹲在海盗肩头惹人烦的聒噪鹦鹉都换成宠物石。

注意：教会石头说话还是有可能的，不过只有两个词：“哐”和“砰”。我所谓的“说话”，其实是“它们被你扔在地上发出声音”。

5. 不再埋藏宝藏日后再回来挖——我的海盗会**种卷心菜**，整船的人都可以享用。

记住：卷心菜 = 大自然的宝藏

进退两难的局面

天气变凉了，可是德尼斯、餐巾和我还是去公园做了最后一次练习。

我心里第一次有了紧张的感觉。如果餐巾怯场，连游泳都不会了该怎么办？

如果餐巾在人堆里一眼认出穿**安全靴**的人，跑去啃安全靴怎么办？

如果餐巾见到马克斯·大香肠后，兴奋地往他身上尿尿以示敬意怎么办？

可是我马上就想到了格蕾泰尔为我颁奖，还有她带着卷心菜来我家做客的场景……

我会摆好双人餐桌，在正中央摆上一根看起来像蜡烛的胡萝卜，多么浪漫，多么安全——**真正的蜡烛可太危险了。**

斜坡上，**年度宠物大赛**的各项准备工作都正在进行中。

池塘边搭起了大型舞台，它的正前方是一座巨大的看台。

很多人在东奔西跑地卸载设备，搭建大型天线。

比赛实况将通过广播传送出去。

“我们再练一会儿吧！”我解开餐巾的绳子，把德尼斯扔向池塘，

“去把他取回来！”

可是我并没有听见德尼斯掉进水里应该发出的水花四溅的声音，

真奇怪。当餐巾跳进去的时候，只有“砰”的一声闷响

和她**吱吱叫**的声音。

我赶紧跑过去，并没有看见想象中的场景。餐巾没有化身为优雅的海豹，

更没有用鼻尖顶着德尼斯跃出水面。餐巾滑过覆盖在池塘上的寒冷冰层，

困惑不已。

“哦，不！”

我捡起德尼斯，一边向他道歉，
一边用他身上一处小小的棱角
在冰层上猛砸，想凿出一个洞来。

但这并不管用。

“至少还要3天时间才能融化，也可能会更久。”一个人抱着一箱子电线对我说道。

“什么？”我问他。

“哦，别担心。比赛不会取消的，只是不会再喂鸭子了。”

“哦，不、不、不！”我说，“不能把它融化掉吗？要不我就没法参加比赛了。”

“池塘被冻得很结实。或许你应该教会你的狗在上面溜冰。”

他一边笑一边走开了。

唉，我们准备参赛的绝活儿都用不上了。奖杯没有了，
卷心菜没有了，格蕾泰尔也没有了。

餐巾爬起来，灰溜溜地回来了。她不再汪汪叫，而是发出了我从未听过的呜咽声。

我把她抱起来，发现她在颤抖。

我把她裹在**危险学小披风**里，塞进我的**连体服**中。

我把德尼斯放在旱冰鞋上，转身拉着他回家。

我们路过舞台的时候，看见一大群人站在上面。

其中有一位特别吵。

就这样，我终于见到了世界上最勇敢的男人。他比我想象的还要愚蠢。

他也看见了我们。

等等。瞧瞧这个送比萨的伙计，还用绳子牵了块石头。
该不会是送给这附近的宠物吃的吧？可能还真是，
谁让它长得像水果蛋糕呢！

我没有停下脚步。我要赶紧回家，
让餐巾暖和过来，然后钻进被窝里，
结束这可怕的一天。

餐巾又恢复了汪汪乱叫模式。所以，凯瑟琳、米丽森和我一起，带着她和德尼斯去了一趟海边。

尽管我依然情绪低落、心情沮丧，但我需要**对危险保持高度警惕。每一位**二级危险学学生都应该知道，海边有一种危险的动物：

避免被愤怒和强攻击性动物攻击的建议

耳机蟹

每个人都喜欢在海边散步。尤其是当你收到坏消息的时候，这样做真的可以让你振奋起来。清新的空气，大海的声音，拍打在**安全靴**上的海浪……

注意：绝对不要光着脚下水！
否则效果就跟穿成香蕉圣代的样子，
钻进大猩猩围栏里一样——明显是送死。

你永远不知道在海边散步时能捡到什么东西。有时是漂亮的贝壳，或者一块新的宠物石。有时也许是从一艘远海的船上冲来的旧鞋子。

或着，那是什么东西？是一副耳机吗？

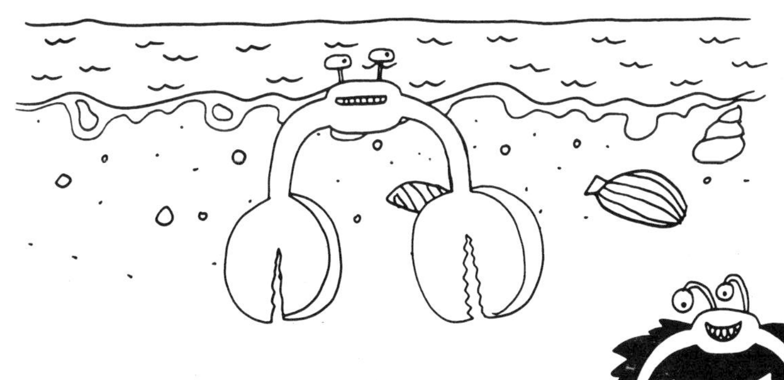

看起来棒极了！用它来听我最喜欢的音乐简直完美，啊啊啊啊……

千万不要把你在海滩上
发现的耳机戴在头上。
你捡到的不是耳机，
而是耳机蟹。

让我来解释一下。我警告大家当心的很多动物都是鬼鬼祟祟的。

它们会埋伏起来等你上钩。

比如**笔记本电脑蛤**，
这是一种罕见的蛤蜊，看起来
和**笔记本电脑**没什么两样。
它会在办公室、图书馆这种
你觉得应该配备笔记本电脑的
场所等着。

当你伸手打字的时候，
它会**咬住**你的手。

注意：你也要当心**笔记本电脑蛤**
的表兄弟，**比萨盒蛤**。

不过，并不是所有危险的动物都鬼鬼祟祟的。有些动物只是碰巧看起来很像你想要的东西。

所以，**耳机蟹并没有什么错。**它不明白为什么总有人捡起它，还把一撮头发挡在它面前。它一点儿也不喜欢这样。

所以当它讨厌什么东西的时候，就会用大钳子让你知道它的厉害。

你可能有一段时间听不见任何音乐了。

好运来了

“诺埃尔舅舅，开心点儿。”凯瑟琳说，“琼姨妈明天就回来了，她的餐巾被你照顾得很好。”

“但愿如此吧。”我说道。但我感觉到很失望，为餐巾而失望，为不能向大家展示德尼斯而失望，更为见不到格蕾泰尔而特别失望。

“而且，你还发现了他俩不为人知的惊人才能，”米丽森说道，“水中的餐巾和挡车的德尼斯，他俩都太棒了！”

“我想看看餐巾能不能把这根棍子捡回来，可以吗？”凯瑟琳问道。

我根本没动脑子，随口就说：“当然可以。”

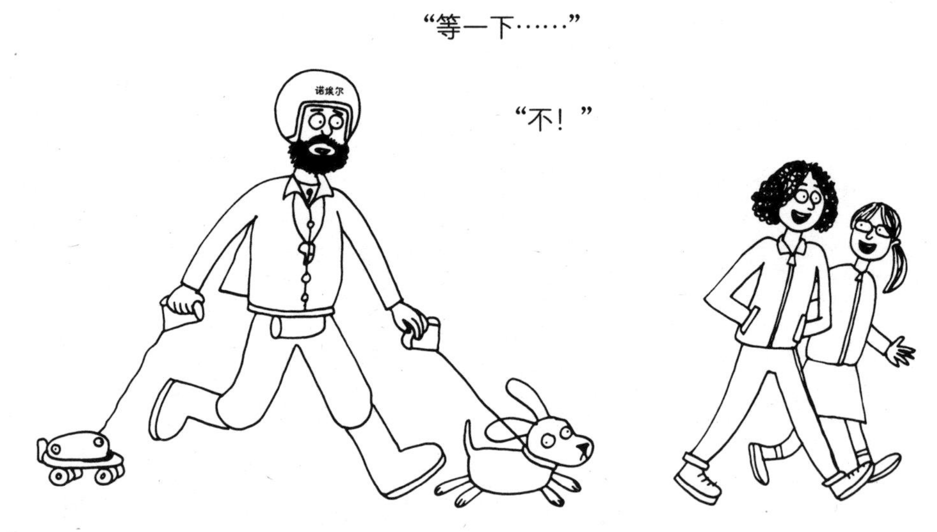

太晚了，凯瑟琳已经松开了餐巾的绳索。餐巾直接绕过那根棍子，一头冲向海滩上的一大群海鸥，它们正沐浴在周六的晨光中。

我赶过去的时候，上百只愤怒的海鸥正绕着餐巾乱飞，边飞边投下**臭鱼烂虾味道的鸟粪炸弹。**

我很庆幸自己戴着**安全头盔。**

回到**危险区**，米丽森把收音机调到**年度宠物大赛**的直播，

我和凯瑟琳使尽浑身力气想把满身鸟粪的餐巾塞进浴缸里。

尽管节目开场的欢呼声震耳欲聋，

可是听起来感觉大香肠并不怎么高兴。

早上好，下午好也行，或者其他什么时候都行。我真搞不懂你们这些人怎么能住在这么冷的镇子上，冷得像冰柜里的牛屁股。**谁再给我弄一杯咖啡去**——我都快冻僵了。趁着等咖啡的工夫，我先给你们介绍第一个出场的，也不知道是什么玩意儿的怪节目。掌声欢迎老太婆奥莱利和她的宠物！这东西是叫蜜蜂吗？对，没错，一只名叫布博莱的蜜蜂。

呃，我讨厌蜜蜂。

布博莱在地图上环球旅行的时候，我们在广播中只能听见伴奏的音乐。我们一边欣赏，一边尝试用各种东西引诱餐巾跳进温暖的肥皂水里，比如卷心菜、饼干，甚至最后一双还没被她啃坏的备用**安全靴。**

米丽森想出了一个好办法。她把德尼斯放进浴缸，餐巾马上跳了进去。

餐巾左顾右盼了好一会儿，看起来若有所思——我以前可从没见她出现过这种举动。

一秒钟后，餐巾没入水中，再钻出水面的时候，鼻尖上顶着德尼斯。

然后她把德尼斯抛起来，

又用尾巴接住。

很快，餐巾就玩出了新花样。她在浴缸里游来游去，弄得水花飞溅。

她还用前爪抱住德尼斯，屁股从水面上一掠而过。

紧接着，餐巾又用鼻尖点地，一颠一颠地往前跳，高高翘起的尾巴还紧紧缠着德尼斯。

最后，她把德尼斯顶在头顶，一动不动地坐在浴缸边缘盯着我们，精彩表演到此结束。

“太不可思议啦！”米丽森惊叹道。

去把德尼斯用过的四只旱冰鞋、餐巾的旅行包，还有我的锤头给我拿来。我有主意了！

喂！等一等！别忘了我们还要参加**危险学测试**，而且还有一个**非常重要**的二级危险学知识点没学到呢。

我本应该按响**极危喇叭**，可惜餐巾早就把它啃坏了。我再按按试试。如果你能想象出嘟嘟的喇叭声，那可太棒了。

很抱歉，可是现在该讲讲真正可怕的事情了。

这将把二级**危险学学生**与临阵脱逃的胆小鬼区分开。

当心啦！

避免被愤怒和强攻击性动物攻击的建议

公交车站眼镜蛇

这里有几个人在等公交车。大清早的，他们可能还没完全醒过来。

我敢打赌他们站在车站的时候，不会觉得身边有什么危险。

哦，我的天哪！

他们大错特错了！

比这些想法错得还离谱，比如：3+3=33

绝不要站在一夜之间突然冒出来的公交车站旁边。

绝不要站在黏糊糊或者嘶嘶作响的公交车站旁边。

或许，远离公交车和公交车站就万无一失了。

注意：骑自行车也不行。只能步行。

大香肠主演的一出闹剧

我推着浴缸乔治上坡的时候，看见公园里人山人海。凯瑟琳和米丽森紧跟着我。她俩一个牵着德尼斯，一个拎着旅行包里的餐巾。

大香肠站在舞台上，正在捧着小本本念台词。人群中嘘声一片，还有喝倒彩的，看样子他们都受够了。

“我刚接到通知，最后上场的克里斯和大猩猩舞者大卫被取消了参赛资格。大猩猩大卫在表演时，一只脚掉了下来——他身穿劣质连体服假扮大猩猩，露出了破绽。”大香肠振臂高呼道，“总之，这件廉价的人猩猩连体服跟你们这个破镇子很相配。唯一的好消息是我马上就可以走了，你们的市长，管他是谁呢，会选出这个奇葩动物博览会的优胜者。”

“喂！”我冲着舞台大喊一声，“我要上场参赛！”

“你说什么？”大香肠看了一眼台下，发现了我。

“我是诺埃尔·佐内博士，我带来了一对宠物搭档：小狗餐巾和石头德尼斯。”

人群中，有人开始欢呼。

“哟，这不是昨天牵着石头的那个疯子吗？可惜你来迟了伙计，比赛结束了！”

人群中有人喊了一句：**“让他参赛！”**

接着又有更多人跟着一起喊，很快就发展成不绝于耳的呼喊声：

“让他参赛！让他参赛！”

“好吧，好吧，随你们吧。欢迎最后一位表演者诺姆·祖姆先生，咳，管他叫什么呢，还有他的箱子和大石头一起登台。”

当我走向话筒的时候，人群安静下来，只能听见凯瑟琳和米丽森在我身后推着浴缸乔治上台的声音。

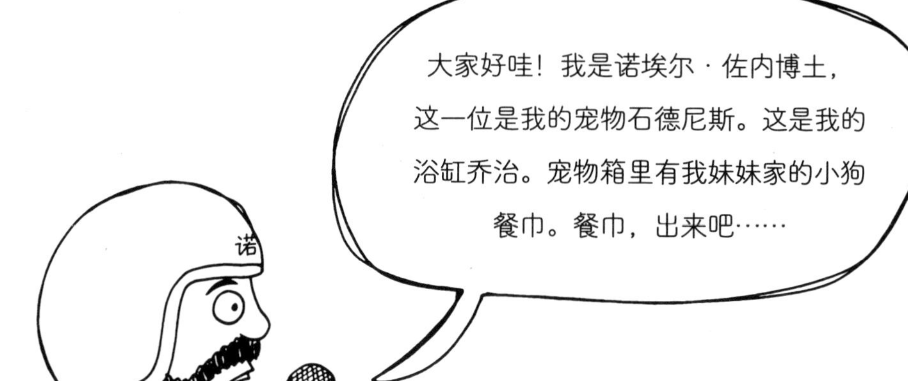

哦，不！不！不！不！

“她在哪儿？有人看见餐巾了吗？我把她给搞丢了！”

“哈哈哈！”大香肠狂笑不止，“我以为这个比赛已经糟糕透顶了，没想到还跑来一个连宠物都不带就敢参赛的人肉炮弹！”

“诺姆，我们帮你找！”看台上有人喊道。紧接着，所有人都跟着喊起来。

“别搭理那个大香肠，”又有人说道，“他是个彻头彻尾的失败者。”

所有人都开始跟着起哄。

大香肠不高兴了，冲观众吼了起来：“我是马克斯·大香肠。我是世界上最勇敢的男人！我拽着虎鲸滑过水橇，在海象背上表演过竞技，**当着老鹰的面**吃过水煮鹰蛋……”

就在大香肠逐一罗列他的英雄事迹时，我注意到面条在他脖子上晃荡，心中生出一计。

这可是一次赌博，而且**非常危险**，但也是找到餐巾的唯一机会。

我蹑手蹑脚溜到大香肠身边，抓起蛇的脑袋，用尽全力将它吹响。

马克斯怒不可遏：“你这个满脸大胡子的小丑居然敢碰我的面条。小心他一口咬掉你的脑袋，缠在你身上，然后……”

大香肠没完没了地说啊说，我全当作耳边风。这时，人群里响起了欢呼声，大家主动让出一条通道。接着，一个平时让人心烦，此刻却**犹如天籁**的声音传了过来。

我看见餐巾的小脸从一只被扯烂的绿色**安全靴**里露了出来，不知道她是怎么把自己装进去的。我生平第一次**因为看见那只狗而高兴万分！**

当餐巾发现她心目中的大英雄跟我并肩站在台上时，眼睛都睁大了，耳朵也竖了起来，连小便都控制不住了。

餐巾跳上台来膜拜她的偶像，大香肠吓得直往后退，

没想到乔治就放在他身后。

就在大香肠在水里胡乱扑腾的时候，乔治自顾自地动了起来……他滚下舞台，滑到草地上，在坡顶稍停片刻，随即沿着陡坡一头冲了下去，越来越快。

一开始，观众们以为大香肠又在表演危险的特技，全都欢呼雀跃。可是当他们看见一列火车正沿着山脚下的铁轨开过来时，全都不吭声了。

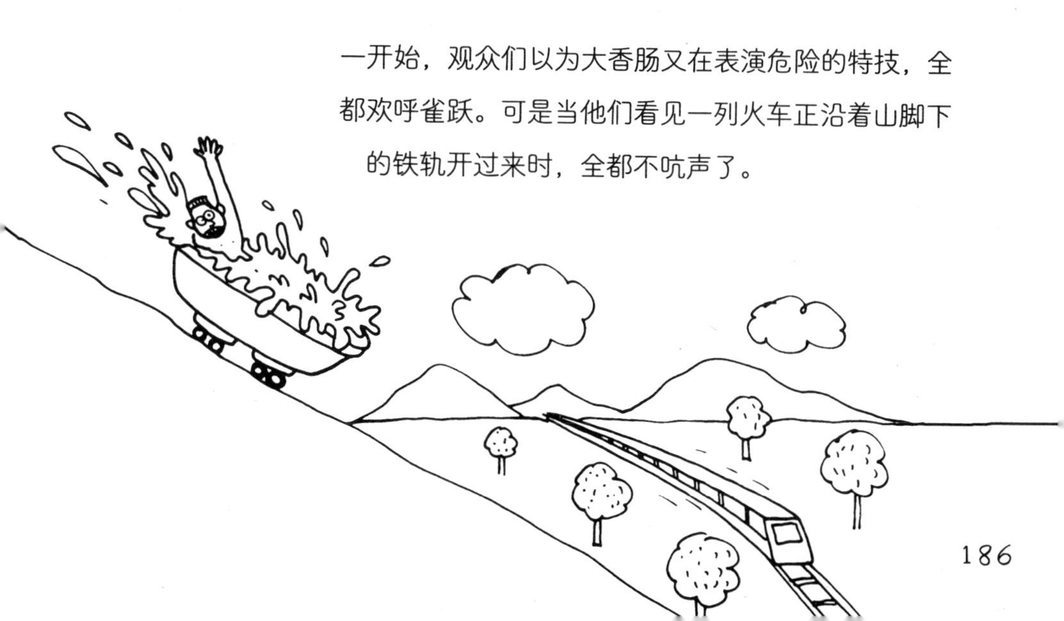

大香肠的助理和安保团队急得团团转，都冲着手机大喊大叫……

可是没有一个人直接过去帮忙。

情况危急，每一位**危险学家**都会挺身而出，我也不例外。我一把抱起德尼斯，踏上他的旱冰鞋座驾，用力一蹬便滑下坡去，紧紧跟着大香肠。

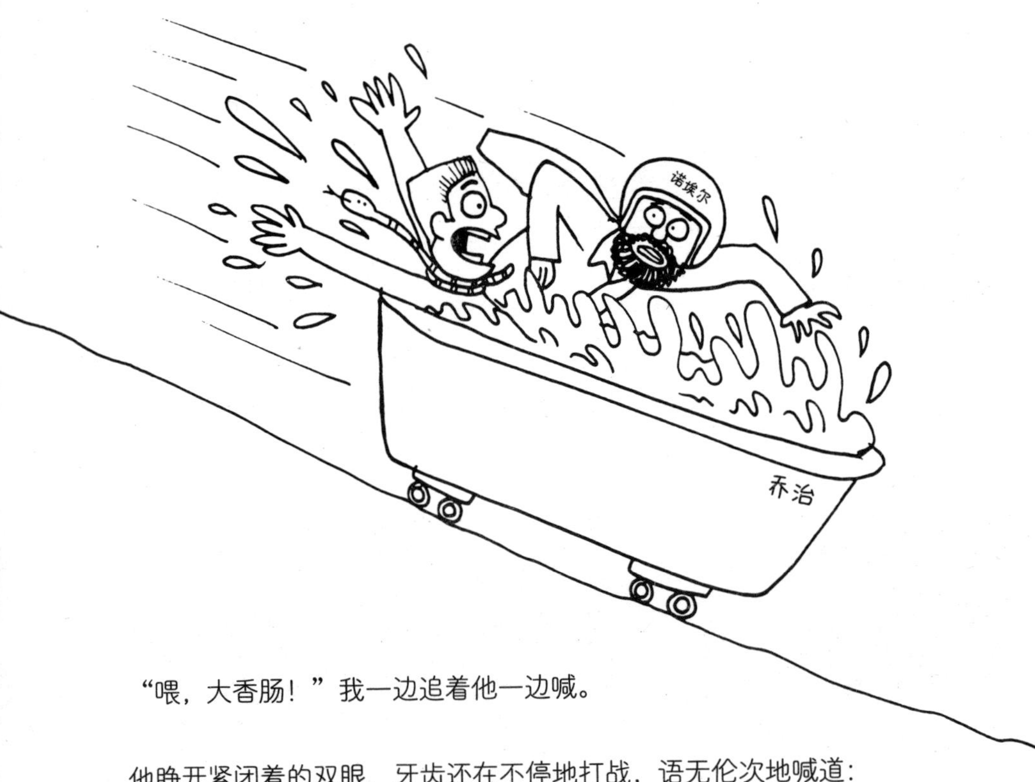

“喂，大香肠！”我一边追着他一边喊。

他睁开紧闭着的双眼，牙齿还在不停地打战，语无伦次地喊道：

“**怎么是你！**快救救我，祖姆！吓死我了！”

“我一定尽力。”我说道。

我得赶紧琢磨出一个计划，冷静，冷静，冷静……

有东西正在往坡下滚……

该如何让它停下来？

得拿东西挡住它，不让它滚下坡去。

那么，什么东西可以挡住它？

德尼斯！

没时间向德尼斯道歉了，我直接把他朝乔治的正前方扔了出去，然后从旱冰鞋上一跃而起。

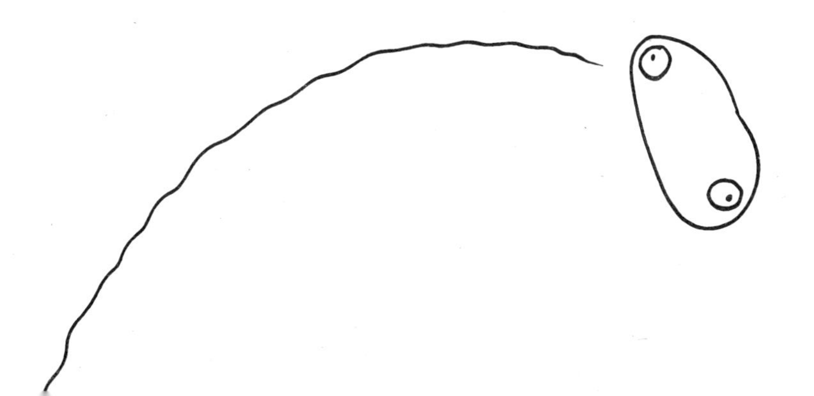

一秒钟后，乔治撞上了德尼斯，**立刻**停下了狂奔的脚步，

把尖叫的大香肠（世界上最勇敢的男人）和一浴缸的冷水抛向空中。

大香肠落地后，肚皮贴着地面又滑行了好一会儿……

……才在铁轨前的泥沟中停了下来。

呜——呜！

又过了一会儿，冰冷的洗澡水从天而降，把大香肠浇了个透。

同时，进城的火车呼啸着擦身而过——真是太惊险了。

山顶传来了巨大的欢呼声，人群向我们跑来。

“你**没事**吧？”我问大香肠。我落在了离他不远的地方。

“我还好，就是太冷了。”大香肠满身是泥，还丢了一只鞋，看起来很可怜。

“祖姆，谢谢你。很抱歉刚才对你那么粗鲁。有时候我就是个笨蛋。”

我忍住没顺着他的话说“我同意”，而是宽慰道：“别介意这些了。不过我有个问题。”

“嗯？”他不解地说。

“你在电视节目中跟老虎搏斗，踩着刺鳐冲浪，做出了那么多惊人的举动，可是你好像害怕这里的每一种动物，这是怎么回事？”

大香肠叹了一口气："那些都是假的。你也知道，特效、绿屏抠图、橡胶模型，很容易糊弄的。其实，几乎没有我不害怕的东西。"

"怪不得呢。很抱歉刚才向你的面条吹气。"我一边说，一边指着他身边那条沾满泥浆的蛇。

"哦，别往心里去。他也是个橡胶玩意儿，"大香肠说道，"送给你了，我的豪华轿车里还有好多备用的呢。"

当他把橡胶蛇扔给我的时候，他的豪华轿车在我们面前停了下来。两位助理跳下车，把他扶进车里。

“我得赶紧离开这里。你也知道，我现在这副狼狈样儿可不能被媒体拍到了。”他一边说一边钻进车里，“大家都以为我是世界上最勇敢的男人，其实你比我勇敢多了。再次感谢你，祖姆，我对发生的这一切深感歉意。”

我耸了耸肩。他的车刚一开走，人群就把我围住了。

“我们宣布，今年宠物大赛的冠军是德尼斯。”
市长的话音刚落，人群中就爆发出一阵掌声和欢呼声。

凯瑟琳和米丽森在草丛里找到了德尼斯，并把他递给我。

我抱着德尼斯，被新闻摄影师拍了个正着。

我突然意识到我已经把餐巾忘得一干二净：“餐巾！餐巾在哪儿？”

格蕾泰尔穿过人群，向我款款走来。

“诺埃尔，祝贺你！”她说道，“我是格蕾泰尔。”

“谢谢你，格蕾泰尔，”我小声嘀咕着，“我就住在你家隔、隔壁。”

我简直不敢相信！我不但没有跑掉，而且还开口跟她说话了！

“棒极了，”格蕾泰尔说道，“我这周就给你送卷心菜……”

我不想让我们的对话就这么结束了，赶紧又补了一句：

“或许你可以留下来……”

格蕾泰尔接上了后半句："喝一杯茶？"

"没错！"我说。

"那该多美好呀，"格蕾泰尔说道，"虽然有时候我觉得茶有点儿烫。"

"我也这么觉得！茶会把嘴烫伤的。"我一边说一边点头。

接着，格蕾泰尔说："我可不喜欢危险的东西。"

那一刻，我感到非常开心，我都想挥舞我身后的**危险学小披风**，让它在空中飘扬了。

年度宠物大赛

获胜者

姓名：德尼斯

宠物种类：石头

技能：力挽狂澜

和餐巾共处的最后一夜

我们到家后，餐巾不想看大香肠在电视里踩着雪橇从冰山上滑下来，或者其他虚张声势的把戏了。我把电视关上，她才不再汪汪叫了。她受够了那个家伙。

我们全都受够了。

我做好了一顿美味的卷心菜晚餐，餐巾陶醉于啃咬橡胶蛇的快乐之中，德尼斯则安安稳稳地坐在电视机上面的奖杯里。我该完成

《危险无处不在②》

这本书的最后一部分内容了。

明天，琼就要把餐巾接走了。我曾罗列过一份被她咬坏的物品清单，
但我现在不打算拿给琼看了，连她乱尿乱叫的事也不想再提了。我只会告诉琼
“如果你还需要找人照顾餐巾，我很乐意”。

我一边低头看着餐巾，一边对她说：“我和德尼斯都会想念你的，小姑娘。
我们保证会去看望你。”

餐巾破天荒地跑了过来。她坐在我的腿上，小脑袋紧紧贴着我的胸口。
当她平静地凝视我的双眼时，我感受到一种从未体验过的温暖。

过了好一会儿，我才意识到她在我腿上尿了一泡尿。我推开她。她立刻跑去啃我最后一只备用的**安全靴**了。

嘿，餐巾！宠物石绝对不会像你这样胡来。

在**与狗相处**的过程中，我学到了很多东西。现在，该让我来检查一下**你们**在阅读过程中学到了多少知识吧。

危险学学生们，希望你们集中精力，

现在是接受检验的时候了：

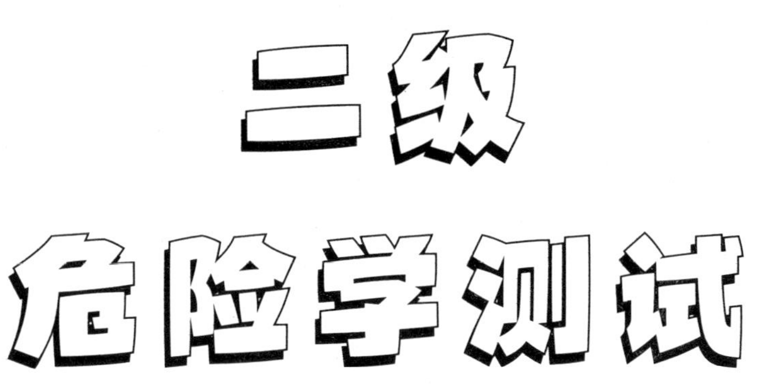

即将开始

诺埃尔·佐内博士

～亲自命题～

二级

- 本测试共有10道题。
- 请在问题下方工整地写出答案，或者勾选出正确的选项。
- 正确答案附在试题之后，但切记不要作弊。

二级危险学学生们，祝你们好运！

1. 下列哪一本书**最危险**？

(a) 《危险无处不在②》 ☐

(b) 《如何训练你的狗狗》 ☐

(c) 一本立体书 ☐

2. 下面哪种东西在划船时穿着最安全？

(a) 三明治套装 ☐

(b) 船 ☐

(c) 海盗装 ☐

3. 上学的路被一个大**水坑**挡住了。你该怎么办？

(a) 试着跳过去 ☐

(b) 借辆自行车骑过去 ☐

(c) 躲远点儿，请一位船长带上捕鲸炮守在水坑旁，水坑里有东西躲着也不用怕 ☐

4. 什么迹象表明你家可能建在**火山**之上？

(a) 长颈鹿总是盯着你家 ☐

(b) 花园里有烟雾升起 ☐

(c) 非常冷 ☐

5. 下列哪种迹象表明你的狗**可能不是一条真狗**？

(a) 用后腿走路，同时发出**“呜呜呜呜呜”**的叫声 ☐

(b) 啃你的**安全靴** ☐

(c) 冲着猫咪埃塞尔汪汪叫 ☐

6. 为了完成地板的清洁工作，你应该做的**最后一件事**是什么？

(a) 把地板擦得闪闪发亮，亮到可以看见你头上**安全头盔**的倒影 ☐

(b) 擦出鳄鱼吸尘器的形状 ☐

(c) 打开一罐可乐，倒在地上 ☐

7. 除了阅读，还可以把《危险无处不在②》当成：

(a) 奶酪 ☐

(b) 迷你生存岛 ☐

(c) 浴缸 ☐

8. 下面三个选项中，放屁最臭的是谁？

(a) 诺埃尔·佐内博士 ☐

(b) 臭屁驴 ☐

(c) 德尼斯 ☐

9. 绝对不要和谁击羞羞掌？

(a) 二级危险学家 ☐

(b) 五级危险学家（也就是我） ☐

(c) 下图这位愤怒的海盗 ☐

10. 到目前为止，每本书中最危险的是哪一页？

(a) 第一页 ☐

(b) 这一页 ☐

(c) 第9页 ☐

危险学测试答案

（二级）

1. (c) 当然是立体书了！

2. (b) 划船时，穿一条船在身上准没错。

3. (c) 在水坑鲨害人之前要先找到人来消灭它。

4. (b) 还是希望花园冒烟是因为有人在户外烧烤，而不是**火山喷发**。

5. (a) 快！带着那条**僵尸狗**去兽医那里瞧瞧。

6. (c) 当然是打开一罐冒着气泡的可乐了！

7. (b) 不过只能在洪水**很小**的时候使用。

8. (b) 敢选a的人，胆子也太大了吧！

9. (c) 哦哦哦哦哦！原来如此！

第10题的答案，
请翻到下一页查看。

10. 答案当然是（c）——除非你把第9页藏起来，谁都找不到了！

第9页上的蝎子，算你倒霉！

直到我们再次见面，

你都没有找到这一页。

谢谢！

热烈祝贺你顺利毕业！
诺埃尔

危险学毕业证书（二级）

特此证明

________________博士

（填写你的姓名）

认真阅读和学习了以下危险学领域重要内容：

读书安全设备、避免被愤怒和强攻击性动物攻击（二级）、“危险曾经无处不在”全文、进阶版生活避险十大诀窍

经过测试，成绩达到优秀标准，成为一名不折不扣的

危险学家（二级）。

现在，你可以正确使用**羞羞掌**向其他**二级危险学家**致意。

请坚持**寻找危险源**，并始终牢记：

危险

无处不在

诺埃尔
专用
卷心菜章

Docter Noel Zone

诺埃尔·佐内博士（五级危险学家）

危险无处不在 2

这本手册是在我的两位邻居的
帮助下完成的。

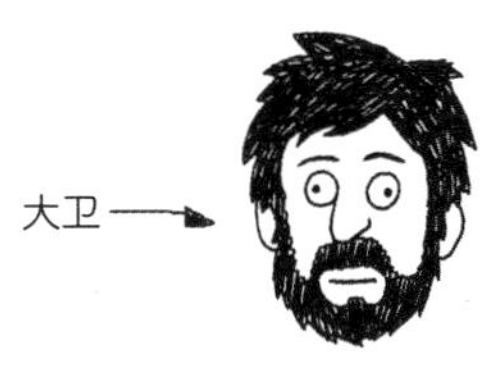

大卫·奥多尔蒂（著）
克里斯·贾齐（绘）

大卫·奥多尔蒂是喜剧演员、作家，经常在电视节目中担任嘉宾，如《非常有趣》《新闻问答》《我会骗你吗》。他写过两部儿童剧，在其中一部中他就把自行车搬上了舞台。

克里斯·贾齐是知名童书作家、插画家，他为孩子们创作了许多图画书。他的代表作有获奖作品《一只孤独的野兽》。他近期的工作是为罗迪·道伊尔的小说《闪耀》绘制插画，以及在咖啡馆里度过一个星期——在切面包板上画一些可能并不存在的动物。

克里斯曾经是一名乐队成员，而大卫经常去看他们的演出，他们俩就这样认识了。
他们俩都住在爱尔兰的都柏林。

浪花朵朵

危险无处不在 3

校园里的危险

[爱尔兰] 大卫·奥多尔蒂 著
(化名：诺埃尔·佐内博士)
[爱尔兰] 克里斯·贾齐 绘　韦萌 译

北京联合出版公司
Beijing United Publishing Co.,Ltd.

First published 2016

Published under licence from Penguin Books Ltd.

First published in Great Britain in the English language by Penguin Books Ltd.

危险区书库　出品

危险无处不在 3

世界范围内、人类历史上最伟大的危险学家

诺埃尔·佐内博士 作品

谨以此书献给我的邻居格蕾泰尔，

她出售世界上最美味的

卷心菜。

抱歉，我总是觉得你的宠物猫埃塞尔是一只小老虎，

所以我总是冲着她大喊大叫。

非常抱歉，我把你花园里的那条看起来像蛇的浇水软管砍断了。

实在抱歉，我把你耗费数月之久修剪成母鸡形状的树篱笆给推翻了。

我觉得它就是一只巨型母鸡，会跑去啄你，

或者在你身上下蛋。

你的老鹰塑像被我用庭院椅给毁掉了。

我还用你烤肉的炭火把小雪人给烤化了，一不小心

又把你存放卷心菜的小棚屋点着了。

真是对不住，水管被我砍断了，我只能眼睁睁地

看着小棚屋和卷心菜在大火中化为灰烬。

尤其是当大火蔓延到地上的半截母鸡形树篱笆，

并差一点儿把埃塞尔点着时，我羞愧得无地自容。

哦，格蕾泰尔，
我真的愧疚极了！

我只是不希望任何坏事发生在你身上，

因为

危险真的无处不在。

Docter Noel Zone

诺埃尔·佐内博士

（世界范围内、人类历史上最伟大的**危险学家**）

注意1：请你相信，等我把钱攒够了，就给你买一个新的小棚屋。

注意2：我是一位**危险学博士**（Doct**E**r），不是医院里的医生或者

大学里的博士（Doct**O**r）。人们有时会说这两个词很像，

可我实在搞不懂你们怎么会把这两个词搞混。

现在，让我们开始吧！

不，等等。

快停下来！

请你把书放下，然后立即离开，并忘掉你曾经见过这本书。

恐怕你**不能**再继续阅读这本书了*。

*除非你能通过下面这个测试。

你瞧，这是一本关于**危险学**的书。

危险学是研究**危险**和如何避免危险的学科。如果你学习了**危险学**，你就是一名**危险学家**了。

注意1：我对这些内容了如指掌，因为**危险学**和**危险学家**这两个词是由我发明的。

不过，这本书还是存在潜在的风险：

非常危险的人很可能也会读到这本书，并从中学会**如何变得更加危险。**

比如，**吸血鬼**会了解到我识别出他们的技巧：

1. 他们放屁的声音**非常**响亮（听起来像**吹喇叭**）。

2. 这个年代，大多数吸血鬼都骑上了**平衡车**。

吸血鬼如果读到这些内容，可能就不再骑着平衡车跑来跑去，也不会没完没了地放屁了，他们将会

更加难以辨认，

因此会变得

更加危险。

为了确保这本书中**非常重要的信息**不会被**你**拿去制造出**更大的危险**，我们将开始一次

（**阅读**危险学书籍的**资格测试**）

注意：在**危险学**中，我们使用**很多**缩略语，是为了

（这样做**节省**了大量**时间**，你可以用这些时间**确认**你身边有没有**险情**。）

阅读资格测试由四个部分组成。**任何**一部分的测试没通过，你都不能再读这本书了。**没门儿！** 碰都别想碰，和它共处一室都不行。你也别妄想溜走，躲起来偷偷摸摸地读它。我清楚**每一本**《危险无处不在》都放在哪里，我会**定期**检查谁在阅读它们。如果被我抓住了，**你就会遇上大麻烦。**

谢谢！

阅读资格测试 第一部分

拿起这本书，把它放在头顶上。你能保持平衡，坚持3秒钟以上，并确保书不会掉下来吗？

如果你能做到，就可以继续读下去。

如果你连1秒钟都坚持不了，书直接掉在地上……

咦，怎么没看见你的脚？书掉下来不是应该**砸到**你的脚才对吗？

请你远离这本书，你是个幽灵。

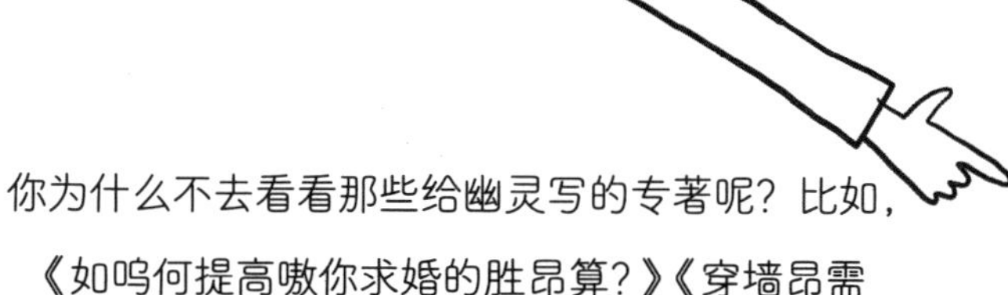

你为什么不去看看那些给幽灵写的专著呢？比如，《如呜何提高嗷你求婚的胜昂算？》《穿墙昂需趁早嗷——500岁之前应该穿过呜的50堵呜著名的墙昂》①。

飘远一点儿！你这个臭烘烘、招人烦的大家伙。

---

① 译注：有些汉字后面加了“昂”“呜”“嗷”字，用来体现原文单词拖长音的效果。

注意1：幽灵闻起来就像陈年旧鞋散发出来的味道。

注意2：这本书是写给三级危险学学生的，幽灵请回避。

注意3：翻开这本书，你就升级为三级危险学学生啦。

注意4：如果你看完了这本书，你将会成为三级危险学家（不折不扣的危险学家）。

阅读资格测试 第二部分

把书合上，**轻轻地**丢在到房间里的坐垫或床垫上。

现在，你有没有扑上去的冲动？想不想用大毛爪子捡起它，或者用垂涎三尺的血盆大口叼起它跑回你刚才扔书的地方，就像狗或狼那样？

你是不是全身长满了浓密的长毛？是不是不爱讲话，并且总是发出**“呼噜、呼噜”**的声音？是不是喜欢被挠痒痒，有时候（比如在满月之夜）还会吃掉几个外出慢跑的人？

如果你对上述**任何**一个问题的回答是**肯定的**，

请你放下这本书，你这个狼人！

注意：如果你是狼人，我建议你离开这里，到**遥远的洞穴或森林**中生活。真希望那里住着一位脾气暴躁的黑熊先生，**他才不会给新来的房客好脸色看呢。**

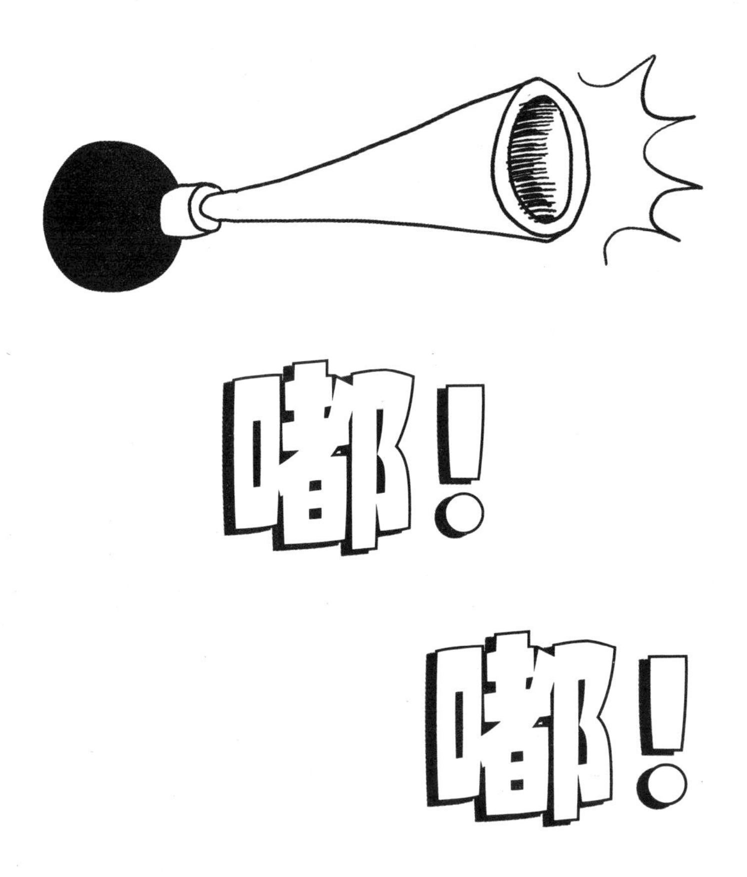
嘟！
嘟！

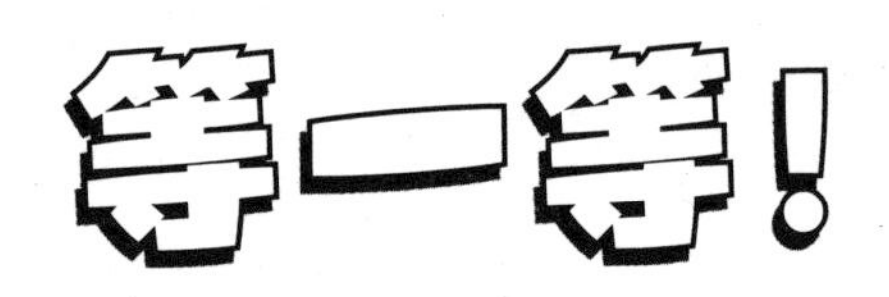

你听到的嘟嘟声是由**极危喇叭**发出的，
它会提醒你**极其危险的情况**马上就要出现了。

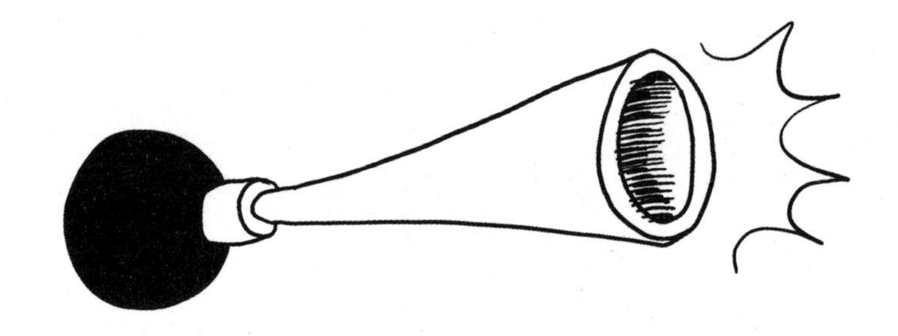

注意： 千万不要把**极危喇叭**的响声和吸血鬼的放屁声搞混了。**极危喇叭**发出的嘟嘟声短促而响亮，而吸血鬼的放屁声是“**呜——呜——**”，悠长而沉闷。

极危喇叭的声音再一次响起，因为是时候来一次

测试紧急中断

（阅读危险学书籍的资格**测试**过程中出现的非常**紧急**的**中断**）

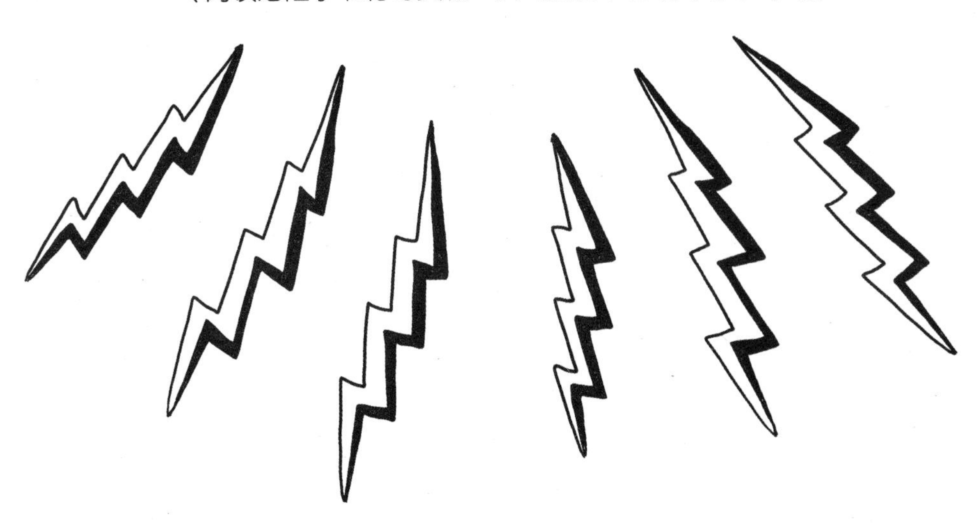

经验丰富的**危险学家**都知道，

我和**第9页上的蝎子**势不两立。它是一种很狡猾的虫子，

生活在书店和图书馆里，喜欢偷偷摸摸地钻进书中，

埋伏在第9页等候时机。

要是有人翻开第9页，蝎子就会一跃而起，趴在他们的鼻子上，从令人毛骨悚然的屁股喷出毒液。

为了避免受到攻击，你应该注意到这本书里没有第9页。

我巧妙地用“酒”代替了“9”，这一页就变成了

第酒页①。

---

① 译注：本书将带有“9”的页码统一译为“酒”，以体现原文的表达效果，后同。

为了确保**绝对安全**，从现在开始，书中的数字“9”都将被**“酒”**代替。

举个例子，第18页后面的那一页将被写成**十酒**，

第100页前面的那一页将被写成**酒十酒**。

这样足以把**第酒页**上的蝎子搞糊涂，而你的鼻子也保住了。

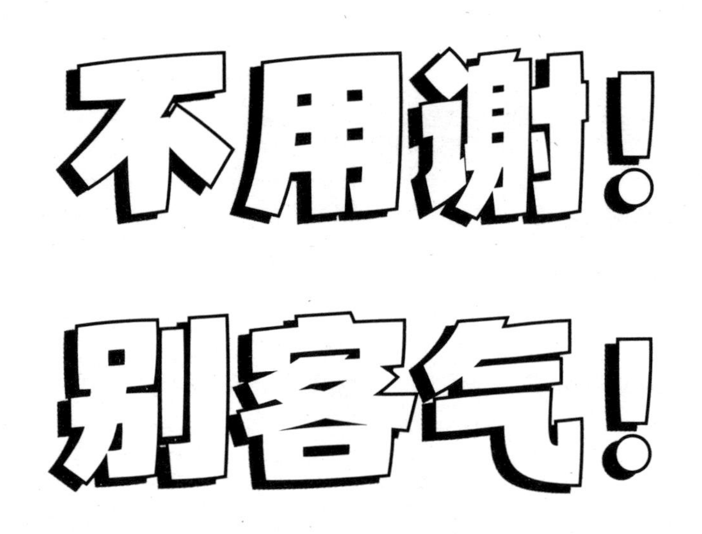

抱歉啊，言归正传，让我们回到**阅读资格测试**。

阅读资格测试 第三部分

花点儿时间看一眼你拿书的两只手，有没有缠着白色绷带？

再照照镜子检查一下你的脸，是不是也缠着白色绷带？

然后再低头看看，你的身上是不是缠满了绷带？

如果上一页中的任何一个问题的回答是肯定的，你就**不能**再读这本书了，因为你是一具起死回生的**古埃及木乃伊**。它们**总是**怒火中烧，胡作非为。回忆一下，你最后一次听说古埃及**木乃伊**做好事是多久以前的事了？

“哟，自行车胎没气了。幸好有个**木乃伊**从灌木丛里跑出来，三两下就给修好了。”

实际情况 = 绝不可能 + 永远不可能

注意1：这是个糟糕的例子，因为**自行车非常危险**，我建议你不要尝试骑它。

注意2：我得澄清一下，刚才说不能再看这本书的是古埃及“**木乃伊**”，而不是**妈妈**[①]，非常欢迎妈妈和奶奶们继续阅读。

注意3：不过，请等一下。如果你的妈妈凑巧是一具**木乃伊**，那就不能再和你一起看这本书了。

注意4：如果你在近期发生的事故中受了伤而缠上了绷带，那么你可以继续做完**阅读资格测试**的最后一部分。

注意5：如果你真的是**因为受伤才缠着绷带**，那么我为你感到难过。我丝毫没有拿古埃及木乃伊笑话你的意思。**祝你早日康复。**

---

① 译注：在英文中，mummy 一词同时具有“木乃伊”和“妈妈”两重含义。

阅读资格测试 第四部分

你能把整本书都塞进嘴里吗？
不光这样，还要把嘴闭上，
让别人察觉不到你嘴里藏着一本书。

如果你塞不进去，或者看起来嘴里像含了一大块纸做的苏打饼干，你就可以继续阅读这本书了，因为能看出来，

你不是巨人。

如果你轻轻松松就能把一本书放进嘴里，

那么请你赶紧把书吐出来，回到你的通天豆茎或者深山老林，那里才是巨人生活的地方。你千万不要再回来了，离我和这本书都远一点儿。

不是巨人

如果你还在看这本书，那我就要

你通过了**阅读资格测试**，可以继续读下去了。

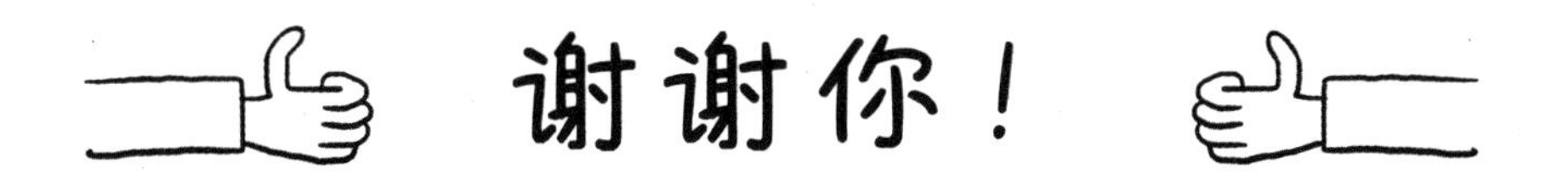

注意： 我喜欢冲人竖大拇指。不过，竖起来的大拇指太尖锐了！因此，我发明了一种超级安全的手势，只需要**把竖起的大拇指稍微弯下来一点儿。**

这样，竖大拇指的激励效果丝毫未减，还没有任何戳伤人的危险。

现在，请戴上

穿好

准备吹响

（**D**anger **A**lerting **D**evice，简称**DAD**），

这可**不是**那种能让你轻而易举就投入行动的书。

要先做好以上准备才行。

不做准备就行动，想都别想。

诺埃尔

说走就走，我们直接去进行

诺埃尔
和你提过的。
十酒

危险巡查是什么？

你问了一个超级棒的问题！干得好！不愧是三级**危险学学生**，说明你还是**很用心**的。

这本书将让你一睹**世界顶尖的危险学家**（我）一周七天**异常振奋人心的生活**（请看下图），从而教会你**危险学**的精髓。

对你身边的任何**新危险**都了如指掌，是三级**危险学**中的一项重要内容。最好的办法就是定期进行深入的**危险巡查**。

非常重要！特别重要！

外出进行危险巡查之前的准备工作

1. **全套的危险学制服。** 这对于在**危险环境**中工作至关重要，比如说**在室内**，或是**在室外。**

2. 在街上进行**危险巡查**的时候，别忘了穿上**反光马甲，** 再从下面三种**辨识度超高**的配饰中任选一样戴上：

——圣诞亮片和小彩灯

——舞厅旋转反光球做成的头盔

——**安全锥**头盔

注意： 今天我选择了这款时髦的**安全锥头盔。**

3. 记得带上一个

便携式观察记录本

把你碰到的任何**危险**都记下来。不过，每本书（你手里拿着的这一本也不例外）都有锋利的边角（希望你戴着阅读手套呢），我建议你把便携式观察记录本放在柔软的“旅行箱”里。

安全的“旅行箱”示例：

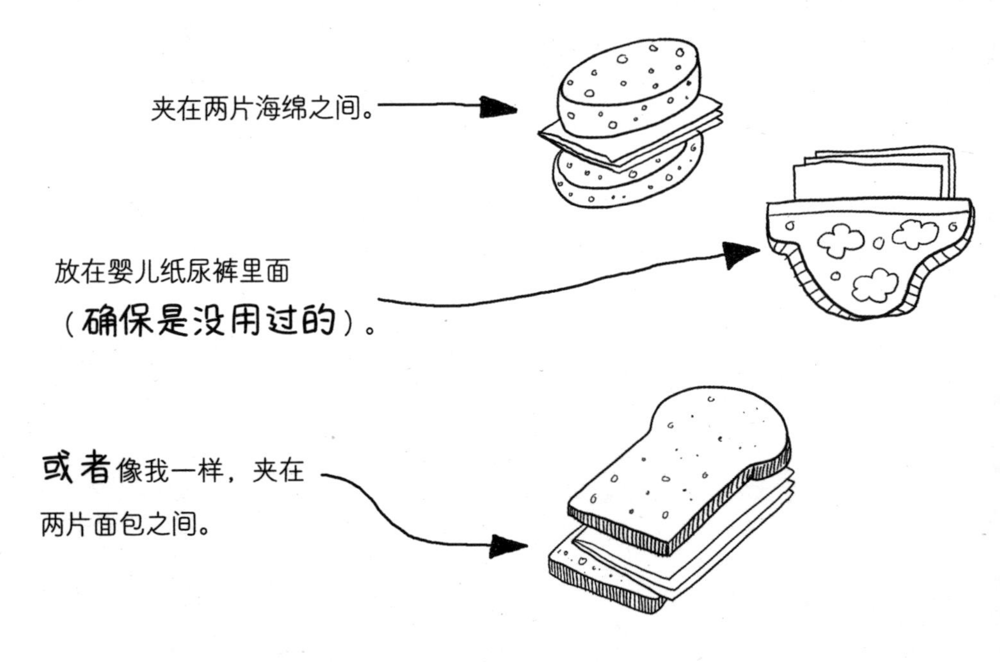

夹在两片海绵之间。

放在婴儿纸尿裤里面（确保是没用过的）。

或者像我一样，夹在两片面包之间。

注意：你饿了也别打它的主意。

夹了便携式观察记录本的三明治**不好吃**（一点儿也不好吃）。

4.如果可以的话，请带上一位

危险学助手

在身边。危险学助手可以帮助你发现危险，甚至帮你虎口脱险（尤其是在**极其危险**的情况发生时）。

关于我最新的危险学助手：

我让我的外甥女——凯瑟琳和米丽森今天放学以后给我打电话，可惜她们都很忙——每次我求她们帮个忙，她们都很忙。凯瑟琳说是要去化冰块，而米丽森说她正在洗牙刷。

不过，她们让弟弟**泰迪**过来了。

泰迪**总说**他已经到了当**危险学家**的年龄了，
可是他今天是乘着**最危险的交通工具**，
用最糟糕的方式来的，那就是：**骑自行车**。

自行车的**危险性**我跟他说过**很多次**了，

可他就是特别喜欢那玩意儿，甚至还专门准备了一条毯子，

睡觉前要盖在自行车上。

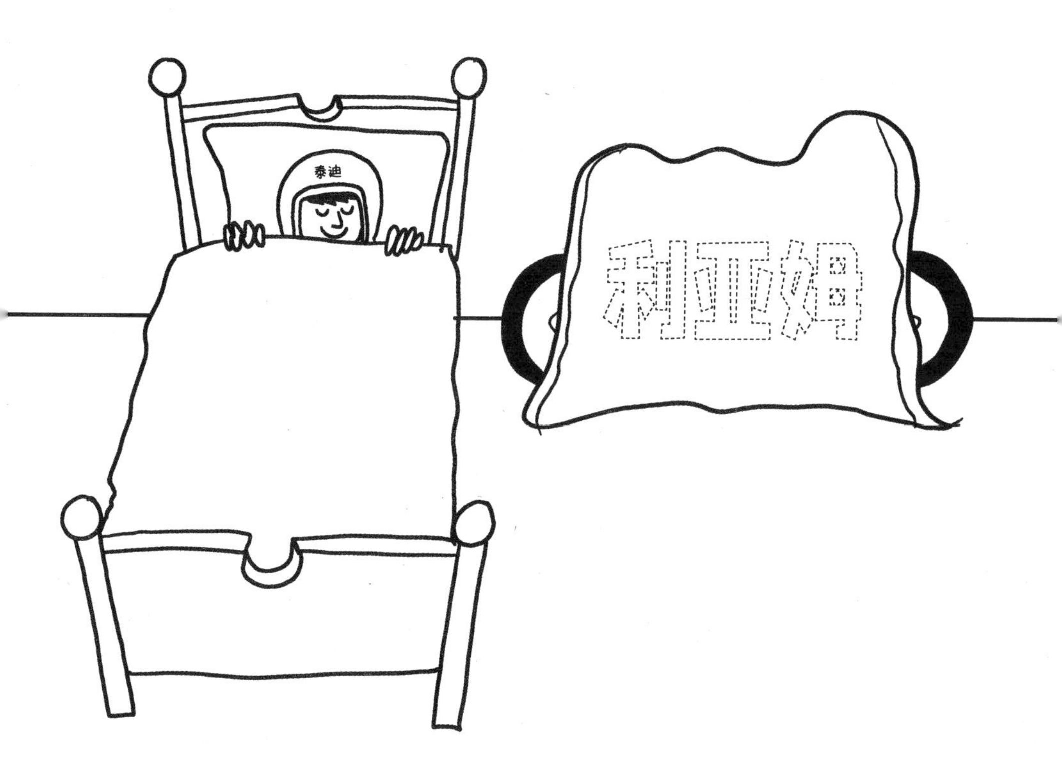

注意：泰迪的自行车名叫利亚姆。

如果以一个完美的**危险学助手**的标准来评判，泰迪的表现

可能还不够出色，因为他习惯性焦虑，任何一点儿意外都会让他恐慌

不已。不过他**热情四射**，求知欲强，而且擅长推**DORK**。

诺埃尔博士，**DORK**是什么东西？

你又提了一个好问题！要想移动和记录两不误，最好的办法是坐在**DORK**里。DORK是英文

Danger **O**bservation **R**econnaissance **K**art的首字母缩写，意思是**危险巡查车。**

其实就是一间**移动的危险学办公室。**

你可以用**滚轮垃圾桶**

或者用**老旧的扶手椅**当危险巡查车。

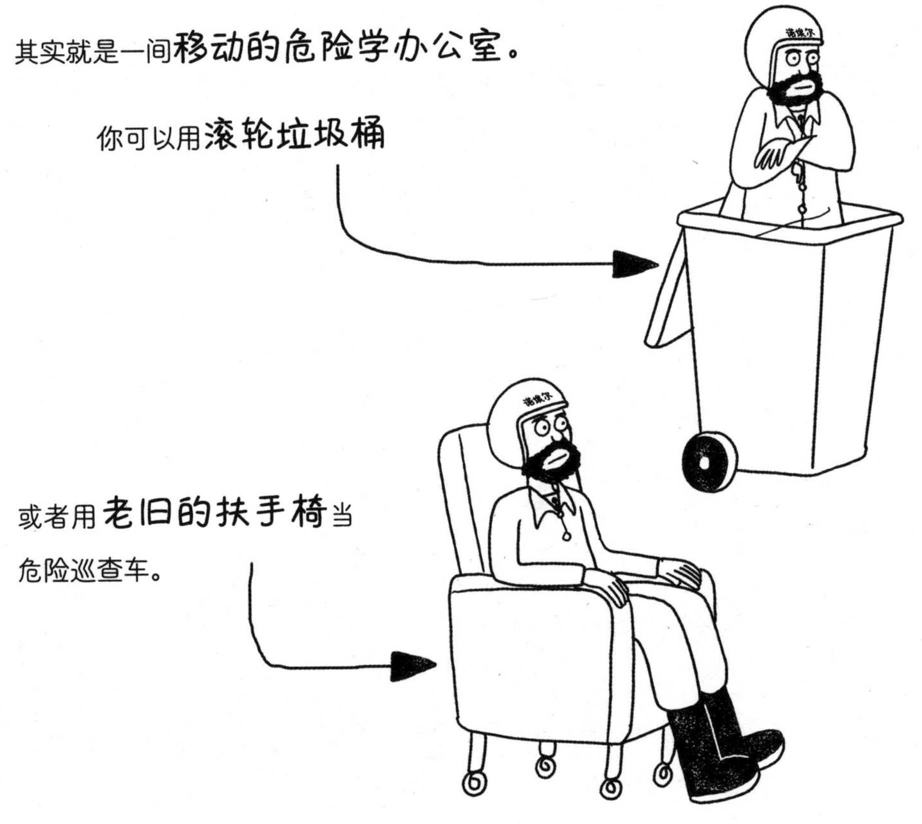

我改造了一辆从废品回收站捡来的**超市手推车。**

现在，我们要去进行**危险巡查**了，祝我们一路顺风吧。

危险巡查报告——周一下午

呃，三级危险学学生们，发生了一点儿小意外。

巡查刚开始相当顺利。可是当我们朝着超市的方向刚拐过弯，我就在便携式观察记录本上记了一笔：

危险巡查记录1：

超市外面新安装的交通信号灯

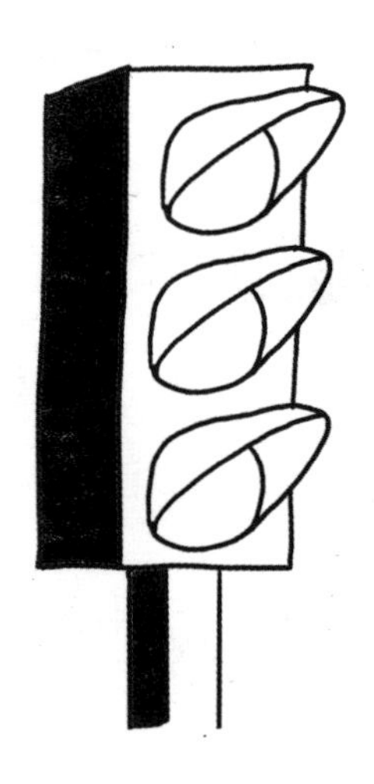

三种颜色的信号灯带给我的感受完全不一样。

黄灯一亮，可怕的汽车全都慢下来了。

“这样真不错。我很喜欢信号灯。”我心里这样想着。

红灯一亮，地面交通完全静止下来了。这时我心想：交通信号灯真是一项**伟大的发明！**如果它一直保持红色该有多棒。没有奔驰的车辆，也没有刺耳的喇叭声。世界终于可以安宁片刻了。

可是接下来，信号灯变绿了，顷刻之间**万物皆毁。**

我心中已是大浪滔天，久久**无法平静。**你们也许还记得，每当我心生波澜，都会诗兴大发，不赋诗一首绝不罢休。请看这篇名为《绿》的短诗：

绿

诺埃尔·佐内博士

噢，绿色！
你绝美如斯，
卷心菜因你而讨人欢喜。
啊，绿色！
你又让人心生敬畏，

绿色的外星人、绿色的鳄鱼、绿色的食人树……
啊！啊！啊！还有绿色的信号灯。不！不！不！
啊！啊！啊！不！不！不！

相信你感受到了这首诗后半部分炽烈的感情。如果你因此而落泪，请擦干你的眼泪。

注意：别哭得太凶了，更不能让眼泪汇成水坑。

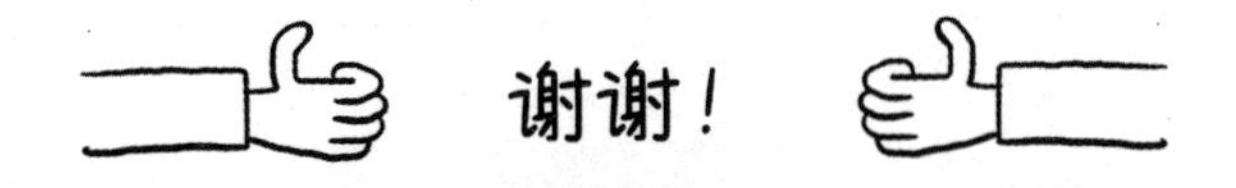

面对**危险**，危险学家绝不应该害怕，不过泰迪所言极是。

“好主意，泰迪！”我说道，“咱们继续吧，**危险巡查**还没结束呢。”

危险巡查记录2：极限小轮车团伙

泰迪推着我路过了学校大门。我看见四位极限小轮车少年，他们总是骑着车在那附近瞎逛。

和往常一样，他们并**没有**把**危险学**当回事，所以我把他们记在**便携式观察记录本**上了。

“啊——哦，当心大胡子怪！”墨镜姐说道。

“头盔侠来啦！”帽衫哥叫道。

“你们看，他叫诺埃尔·科内博士。”棒球帽说道。

“靴子很不错呀。”刺头仔话音刚落，所有人都看向他。

“怎么了？”他不解地问道，“我喜欢他的靴子。”

“我们没打算听你夸他！”墨镜姐说道。

“噢，对哟。抱歉，我忘记了。”刺头仔低下头看了看自己脚上的鞋。他在这伙人里可不算聪明的。

“等等，你们瞧！他还带了个小跟班！”墨镜姐一边说一边指着推**危险巡查车**的泰迪。

“那是一班的泰迪！”帽衫哥说道。

“嗨，大、大、大家好。”泰迪被那群人认出来之后，并没有表现出十分激动的样子，“我们现在其实还、还、还挺忙的。”

“泰迪，如果他是你刚从超市里买回来的，你应该去把钱要回来！”棒球帽说。

“泰迪的靴子也好漂亮！”刺头仔说完，所有人又一次齐刷刷地看向他。

“我们应该对他们冷嘲热讽才对！”墨镜姐喊道。

每次我从学校门口经过，都有类似今天这样的状况发生，可泰迪还是第一次见。

“喂，你们这群家伙，我们正在这里开展一项非常重要的危、危、危险学工作！”泰迪嚷嚷起来。

这句话把极限小轮车团伙逗笑了。

“对对对，泰迪，带着你的巨婴宝宝散步的确非常重要！”墨镜姐说道。

“我觉得你儿子的个头可能有点儿大，这辆婴儿车都装不下了。”帽衫哥说道。

“而且他还是个大毛孩儿！”棒球帽补充道。

“好样的，泰迪！这车看样子挺沉的，推起来不轻松吧？”刺头仔刚一说完，其余几个人又冲他叫喊起来。

“我们俩很乐意留下来陪你们聊天，但是我们还有重要的**危险学任务**要去完成。”我一边说，泰迪一边推着我继续赶路。

危险巡查记录3：
校园外嗖嗖飞奔的东西

学校周边有很多学生踩着**嗖嗖作响**的代步工具从我身边呼啸而过，数量之多引起了我的注意。你知道我是坚决抵制自行车的，可是下面这些东西也很危险：

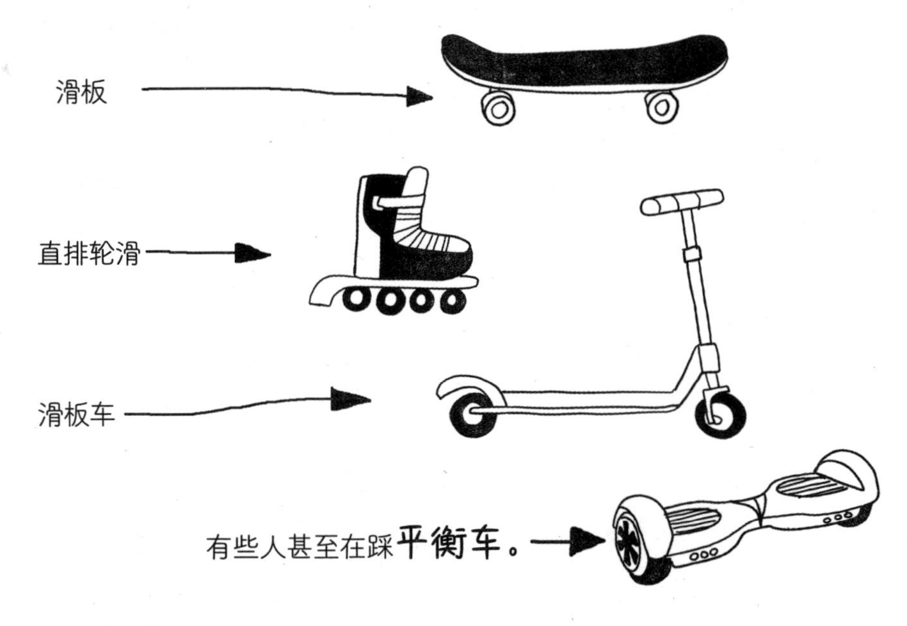

这些东西**全都危险无比**，给你**解释**一遍都会让我紧张得要死。所以，还是让你看图吧。

不过，让它们变得百分之百**安全**也是**易如反掌**。

我是如何让这些东西变得百分之百安全的：

第一步：卸掉轮子。

完成了。轮子没了，它们就没那么危险了，

还可以放心地用到别处。

旱冰鞋变成了**踏步靴**，可以穿着它去漫步——没有比这更安全的步行方式了，越慢越好。

滑板变成了**木板**，做**便携式观察记录本**支架或**熨衣板**都很合适（比如可以熨安全连体服）。

卸掉轮子后的滑板车可改成风向标。或者在滑板车上面再粘上两块滑板，你就有了一把**更加实用**的**雨伞**！

把拆掉轮子的平衡车放在门边上，你就有了一块**蹭鞋板**。

它非常适合清除鞋（包括**踏步靴**）底的泥土。

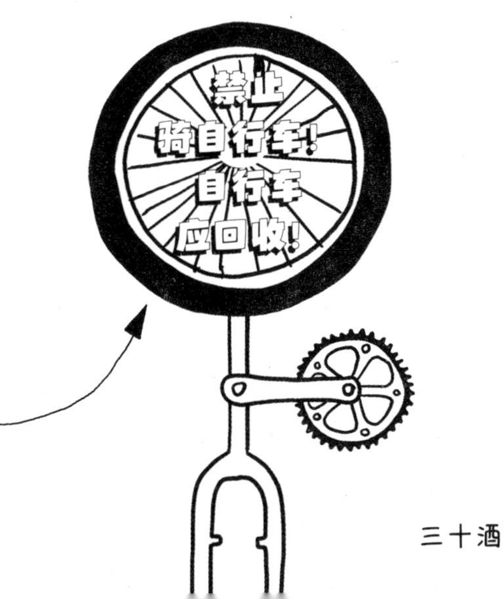

自行车去掉轮子就变成了**一堆废铁**，但那也比安上轮子**好千万倍**。

废铁至少还可以**回收**再利用，改造成更安全的东西，比如健身器材、**危险巡查车**，或者**危险警示标**之类的东西。

危险巡查记录4：
火车站旁边新种的树

我都不敢相信，人们在种树之前竟然不来咨询我，

所以我可是一定要抗议的。我会躺在地上，让他们种不成。

树木不但会招引来**危险的东西**，比如**闪电**、**风筝**，

还有**树屋**什么的，而且树枝随时都可能掉下来，

砸到你的**安全头盔**上。

树木还会给一些**特别危险的动物**提供栖身之所。我们将在下面的

避免被愤怒和强攻击性动物攻击的建议

中看到一些最可怕的

树林中的野兽

1. 劫掠蜂

你最好可以喜欢蜂蜜的味道，因为这些蜜蜂要带你去的地方**只有蜂蜜可吃。**

2. 抛粪鸽

要是不小心坐在它们的粪便上，你将会被粘在公园的长椅上好一会儿才能动弹。如果你的头发上也粘了鸽粪，那**只能把头发全都剪掉了。**

3. 流氓猿

它们会躲在树上或者树篱笆里，等你一路过，它们就会伸出长长的胳膊把你的内裤拽出来，甚至顺带着把你**整个人**都给提起来。

4. 贼松鼠

它们不仅会从树上溜下来偷走你的钱包，**接着**还会用你的银行卡去网购。“我订购过**酒**吨坚果？我怎么没印象？”“我啥时候买过这个迷你吊床，也没买过尾巴毛吹风筒吧？”

5. 树叶鳄

金秋时节，满地**落叶**变成了危机四伏的**迷你地毯。**这也为一些讨厌的家伙提供了理想的藏身之所——其中最讨厌的就是**树叶鳄。**

这是一种可怕的爬行动物（源自比利时），它们见到踢树叶踢得忘乎所以的人就会扑上去一口咬住。谁要是遇到过这种**树叶鳄**，将**再也不会**期待秋天到来了。

我得花费**很多**时间去接住从长颈鹿嘴里掉落在**危险花园**（**注意：**我是这么称呼我的花园的）中的落叶，这群邋遢货就住在隔壁动物园的长颈鹿围栏里。

它们**总是**一边嚼树叶一边瞪大眼睛盯着你看，实在**烦人**。

不过，最近的状况更**令人恼火**了。

你瞧，新来了一头长颈鹿。边嚼边看的家伙又多了一个——而且他还**特别能吃。更糟糕的是，**那些愚蠢到家的动物园管理员还给他起了个名字。

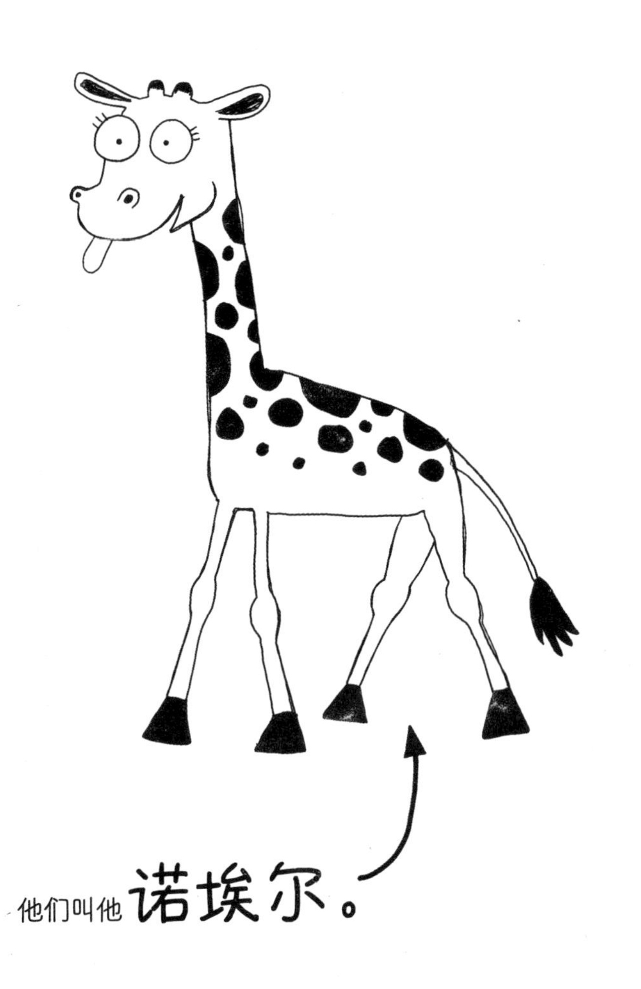

他们叫他**诺埃尔。**

现在，我常听见有人喊**我的**名字，每天至少一次。等我冲到**危险花园**，却发现既没有**紧急状况**发生，也没有人**落难**，只有一头小长颈鹿一边咧嘴笑一边流口水，伸出来的大长舌头就像一只足球袜。他见到我总是特别开心，估计是把我当成好朋友了，真是糟糕透顶。

别打扰我。我才是这儿的诺埃尔。

还有，

你看起来就像一匹刚吞进去一卷地毯的小马驹。

抱歉抱歉，有点儿跑题了。

说回今天的**危险巡查记录**上来。

我们的最后一项任务是在购物中心附近的山上巡视一圈。可事情从这里就开始**变糟**，并且一发不可收拾。

泰迪和我犯了相同的**危险学错误：**他把购物中心附近的雕塑狗帕蒂**当成真狗**了（而我是把格蕾泰尔的水泥老鹰当成真的了，还用她院子里的椅子把它砸了个稀巴烂）。他认为帕蒂随时会扑过来。

“诺、诺、诺埃尔舅舅！**有一条大、大、大狗！**”

泰迪吓得松了手，**危险巡查车**开始朝山下冲去。

我一边狂按**极危喇叭**（就是装在危险巡查车车头上的那个），一边猛吹口哨（叫它**危险警报装置**更准确）。

注意：在三级危险学中，吹三声**口哨**是**求救**的意思。

“泰迪！泰迪！”等他反应过来大狗只是一尊雕像的时候，我已经快飞起来了。

危险巡查车径直冲向了熙熙攘攘的购物中心。

我一边大喊“借过！”一边冲进入口。我还没回过神来，

就听见一阵

叮咣——叮咣——叮咣——叮咣！

我撞上了自动扶梯。拎着大包小包的购物者来不及躲闪，

卫生纸和牛奶散落了一地。

“实在对不起！”我一个劲儿地道歉。

危险巡查车畅通无阻，竟从购物中心的后门冲了出去，

在主干道上逆行起来。可怜的泰迪在后面穷追不舍。

危险巡查车既没法转向，也停不下来，已经完全失控了。迎面驶来的大小车辆猛打方向盘才没有撞上我。一个女警官眼瞅着我从她面前疾驰而过，赶紧跨上了她的摩托车。

守在学校门口的小轮车团伙看见我又回来了，不但速度更快，后面还跟着泰迪和女警官，全都惊呆了。

看到街道尽头的树篱笆，我总算松了口气。它要是能再硬实些就更好了。可是，就在我准备好撞向树篱笆的时候，

一位行人径直走过来，挡住了**危险巡查车**的去路。

她戴着巨大的红色耳机。我大喊大叫，又是按喇叭又是吹口哨，可她什么也听不见。

危险巡查车撞上了道路尽头的马路边沿，我被弹了出去。

泰迪把我从树篱笆里拉出来的时候，女警官已经扶那位女士坐了起来。

“实在抱歉，”我说道，“完全失控了。”

这位名叫简的女警官暴跳如雷。

“你知道你触犯了多少条法律吗？疏忽驾驶、车辆不上保险、**横穿购物中心**……还有闯红灯、逆行，更别提破坏树篱笆、冲撞行人了——她要是没躲开，问题就**更加**严重了！”

“我的天哪，你没事吧？”我问这位戴耳机的女士。

“我觉得没啥事。刚才是肩膀着地了。有点儿疼，但应该还不至于骨折。”她一边说，一边努力挤出一丝微笑。

“是你啊，克洛伊！”泰迪说道。

“你们俩认识？我是诺埃尔·佐内博士（Docter）。”我刚把手伸出来，就意识到她受伤了，没法和我握手的。

“咦，既然你是医生（Doctor），”女警官说道，“能不能帮这位女士看看？”

“噢，我刚才说的不是**‘医生’**，而是**‘博士’**。我是一名**危险学博——**”

可是，女警官根本没耐心听我讲完，“克洛伊，如果你想起诉他，我可以逮捕这位医生——管他是医生，还是博什么呢——罪名的话，危害公共安全就行。”

“你说什么？”我问道。

“只要克洛伊愿意，我就抓你去警察局。”

“不、不是这个，”我吓得都结巴了，“后半句是啥？”

“危害公共安全。换句话说，你是个**危险人物。**”

“危险”这个词在我头顶上久久回荡。

之前，从没有人说过我“危险”。**这比我做过的最可怕的噩梦感觉还要糟糕。**

注意：这是我梦见过的最可怕的一幕。

啊啊啊啊啊啊啊啊！

“别担心，我不会起诉任何人，”克洛伊说道，“谁都没有错。可能只是你和泰迪购物时出了点儿意外。”

“谢谢！太感谢你啦！”我说道，“只要能弥补你的损失，我做什么都可以。你有什么要求都可以告诉我。”

“呃，我觉得我一时半会儿没办法回去工作了。”克洛伊说道。

“让我替你去工作吧！等你好点儿了再换回来。”

“你确定吗？”她问道。

“当然啦！这是我应该做的。”

“太好了！那你明早替我去上班，别忘了8点45分到岗。你得在12点半之前为学生们备好300份午餐。”

“克洛伊是校园食、食、食堂的主厨。”泰迪告诉我。

这我可没想到。不过总的来说，这个下午的经历还真是出人意料啊。

“你会越来越了解我的。”我一边和泰迪推着被撞坏的

危险巡查车返回**危险区**，一边对他说，

“诺埃尔·佐内博士要重返校园啦！”

给学生做饭我不太在行，但我对危险学了如指掌。

所以，在开始明早的工作之前，我整理了一份校园版的

生活避险十大诀窍

（日常生活中避免危险的十大诀窍），

因为学校是世界上最危险的地方之一。

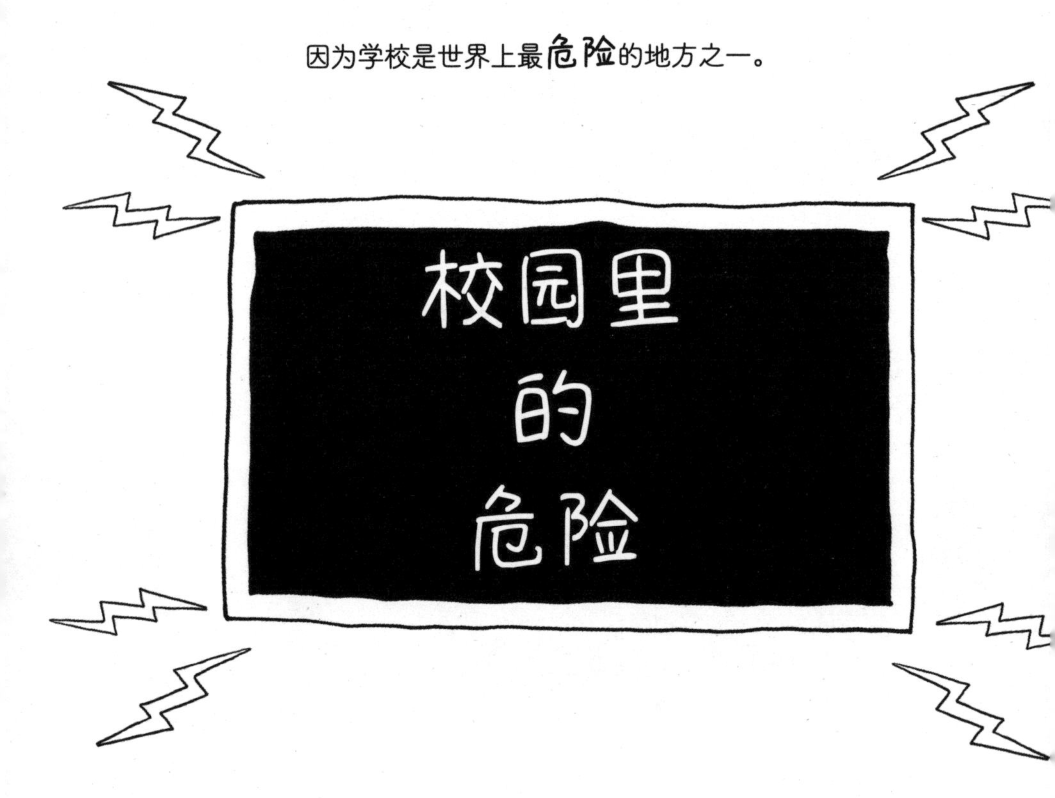

1. 追逐打闹

追逐打闹是造成校园事故最常见的原因。让每个人都穿上**走起路来慢吞吞的鞋子**就可以化解这种风险。比如说，**雪地鞋、干草捆鞋**，或者**用尼龙粘扣做鞋底的鞋子。**

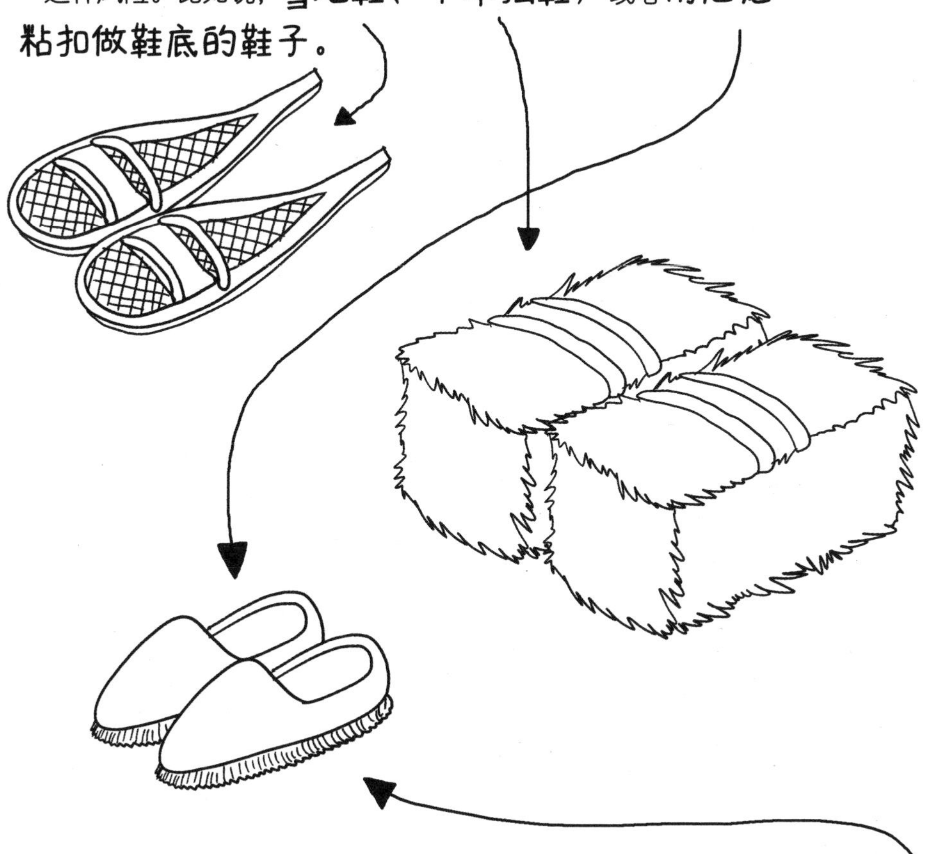

注意：只有在学校里铺上毛茸茸的地毯时，这种鞋才会起作用。

2. 校服

由校服而引起的危险每天都在发生。

所有学生都应该穿戴整齐，

防护帽、结实的靴子、连体服一样也不能少。

要是能再配上一个方便且时髦的**个人急救腰包**，就更完美了。

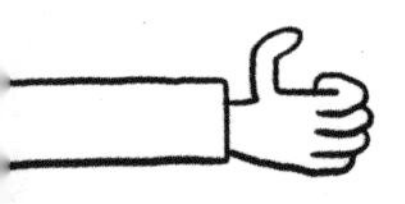

注意：没错。大家都应该穿得像我一样。

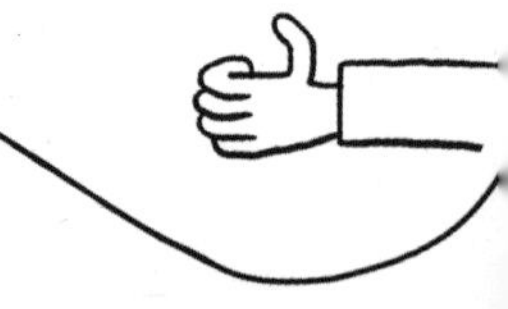

诺埃尔

3. 鬼鬼祟祟的校园怪兽

一些狡猾的动物可能躲在学校里，伺机咬你一口。

请留意伪装成尺子的水蟒，

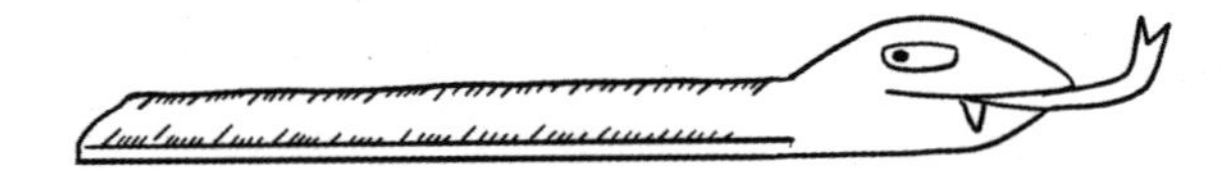

伪装成画笔的巨蟒，

还有伪装成订书机的壁虎。

4. 学校图书馆

学校图书馆里不仅藏着恐怖的**第酒页蝎子**，还会发生**很多其他可怕的危险**，比如：

书籍掉落事故（也被称为书架呕吐症）

书梯倾翻事故

手推车相撞事故

吸血鬼读者事件

（**吸血鬼**喜欢吃纸——所以在纸多的地方常能找到他们。）

5. 课桌椅

教室里的椅子**太危险**了。正坐在椅子上做白日梦的学生坐着坐着，很容易就翻倒了。所以应该把椅子**全都**换成**懒人沙发**。

课桌也很危险，所以应该换成更大号的**懒人沙发**。

警告：坐下之前，请先确认一下地上摆着的是**懒人沙发**，还是正在打瞌睡的**海狮**。有些海狮误打误撞地进了学校，溜达累了总得小睡一会儿吧。

6. 新生

在欢迎新同学之前，请先确认他们**真的是学生。**
有些**危险的动物**会**乔装打扮**一番后潜入校园，伺机
吃掉所有人。

请留意一下他们有没有下面四个特征：

——长着巨嘴尖牙或锋利的鸟喙；

——说名字的时候，只会**呜呜**或**嗷嗷**地吼叫；

——吃午饭的时候，把整张脸都埋在盘子里，边吃边发出巨大的
咀嚼声；

——长着巨大的背鳍，躲在一个大水箱里，就是不出来。

7. 书包

书包很沉，会伤到你的后背。

用**手推车**当书包就安全很多，

还有**外套图书馆**，

或者**教科书大尾巴**也很不错。

8. 课间休息

这是一天当中另一个**极其危险的时段。**

只要保证没人出教室，操场上就不会有意外发生。

找一根**输水软管**，一下课就进行“人工降雨”，这样一来，所有人都只好待在教室里了。

酒。郊游和远足

学校组织的郊游经常会去些**特别危险的地方**，比如**城堡**、**博物馆**，甚至是**冒险乐园**。为什么不试试更安全、更有趣的地方呢？比如：

——卖靠垫或床垫的商店

——气泡膜工厂

——或者卷心菜商店（我推荐格蕾泰尔的卷心菜小屋）。

为什么就不能坐在教室里的懒人沙发上，一边欣赏雨景，一边**想象**一场郊游呢？

10. 校园运动

为什么要在寒风中追着一个破球跑来跑去，还经常拿着一根危险的棍子？

不行。**绝对不行。**

和运动有关的一切我都不喜欢，除了**安全护具**。

如果你真的一定要参加比赛，请记得把下面这些安全护具**全都穿上**：

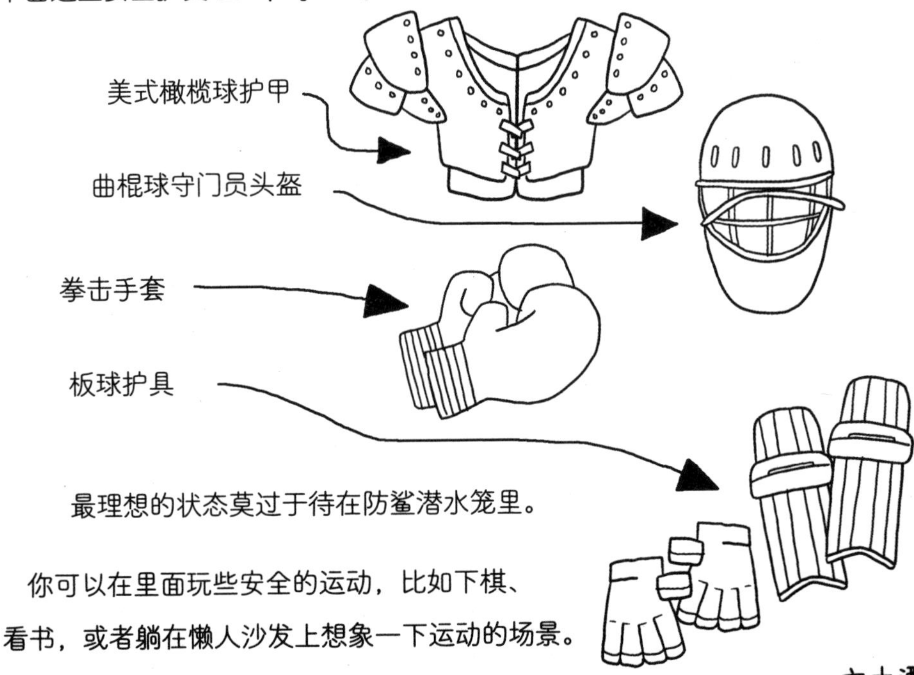

最理想的状态莫过于待在防鲨潜水笼里。

你可以在里面玩些安全的运动，比如下棋、看书，或者躺在懒人沙发上想象一下运动的场景。

周二早上——第一天返校

学校是一个灰扑扑的大盒子，墙上长着毛茸茸的暗绿色常春藤。

校门正上方是校训：

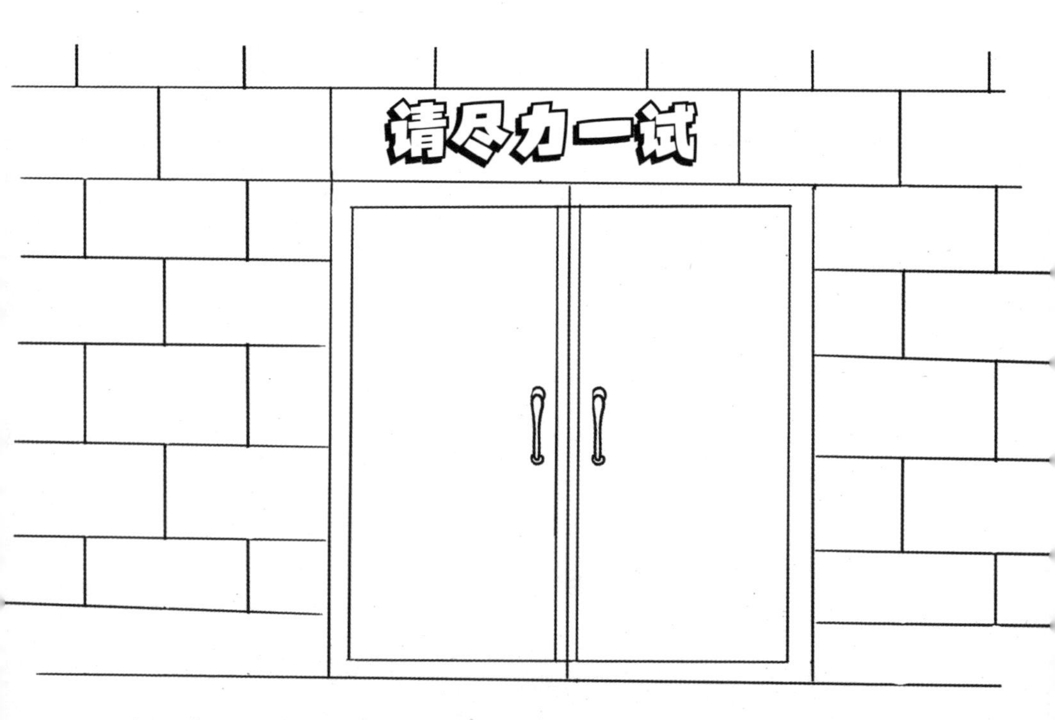

灰盒子里，走廊两侧的墙上各挂着一排往届学生的班级合影，

要是没有教室和办公室的门隔着，照片都连成串了。

泰迪一见我进来就带我直奔礼堂。一位体形看起来像灯柱一样

的男人在讲台上来回踱着步，十分不耐烦。他的胡须看起来

像羊角面包，梳理得很整齐。

“嗯，嗯，那个，同学们，同人们，诸位早安。”

这位是校长斯特普尔斯先生。有时候也被叫作“弹弹乐”斯特普尔斯，因为他随时可能从任何一个角落弹出来。

更多的时候，我们叫他

“世
界
上
最
无
聊
的
人”。

“啊，烦请诸位集中精力。”他刚一张嘴，我就开始犯困。我注意到**极限小轮车团伙**正在后排叽叽喳喳说得起劲儿，完全无视絮絮叨叨的斯特普尔斯。

“非常抱歉，啊，我不想一大早就把气氛搞得特别严肃，但是我不得不告诉大家一个坏消……昨天晚上有一辆自行车在校园中被盗了。就是玛德琳的那一辆，今天早上不见了。”

礼堂中一片**死寂**，只能听见玛德琳微微的哭泣声。

“如果有人在学校周围，啊，发现任何可疑之物，或者知道任何线索，请告知于我。”

注意：斯特普尔斯校长不是**危险学家**，所以他并不知道可怕的自行车没了，他的学生将会有多安全。我把这句话记在**便携式观察记录本**上了，集中训话结束以后就告诉他。

便携式观察
记录本

台下的听众还没从爆炸性新闻中回过神来，斯特普尔斯校长已经把大家的注意力转移到下一个通知上去了。

“还有，校园运动会嘛，嗯，将在周六上午10点整开始，我希望每个人都已经开始训练了——”

泰迪

“等、等、等一下，”我身边的泰迪边说边站起来，“玛德琳的自行车丢、丢、丢了吗？停在校园里，就**丢了？**”

“对，恐怕是这样的。”弹弹乐校长回答道。

我身边的每一个人都难以置信地摇着头。这可是大新闻。

“最后呢，我们一起，啊，欢迎一位新职员：临时校厨，佐内先生。”

作为**危险学家**，我有责任更正一下斯特普尔斯校长的说法。

“打扰一下，”我在礼堂的后面喊了一声，“应该是诺埃尔·佐内**博士**才对。”

“更像个大傻帽医生。”墨镜姐嚷嚷道。极限小轮车团伙的其他成员也跟着哄堂大笑。

斯特普尔斯校长没理会他们，“请您见谅。我还不知道您是医生。或许，您可以带我们去您的医院，啊，参观一下。”

“呃，误会了——是这样，我是**博士**，危险学的**博**——”

丁零零——丁零零！

我还没纠正完校长的错误，上课铃就响了。

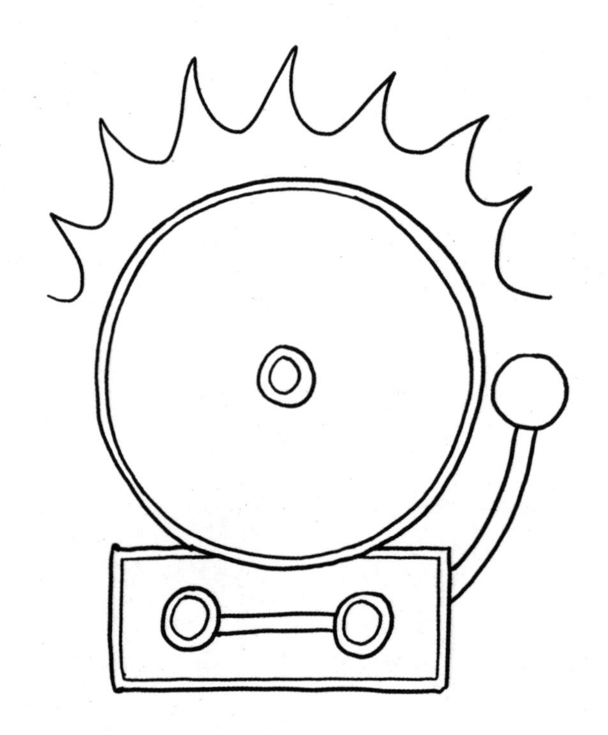

学生们纷纷冲向各自的教室。

我推着一独轮车的菜谱（是格蕾泰尔借给我的！）去找厨房。

学校厨房

校厨克洛伊在巨型冰箱的门上留了一张贴心的便条。

墙上有块黑板，上面写着克洛伊制订的

一周午餐计划。

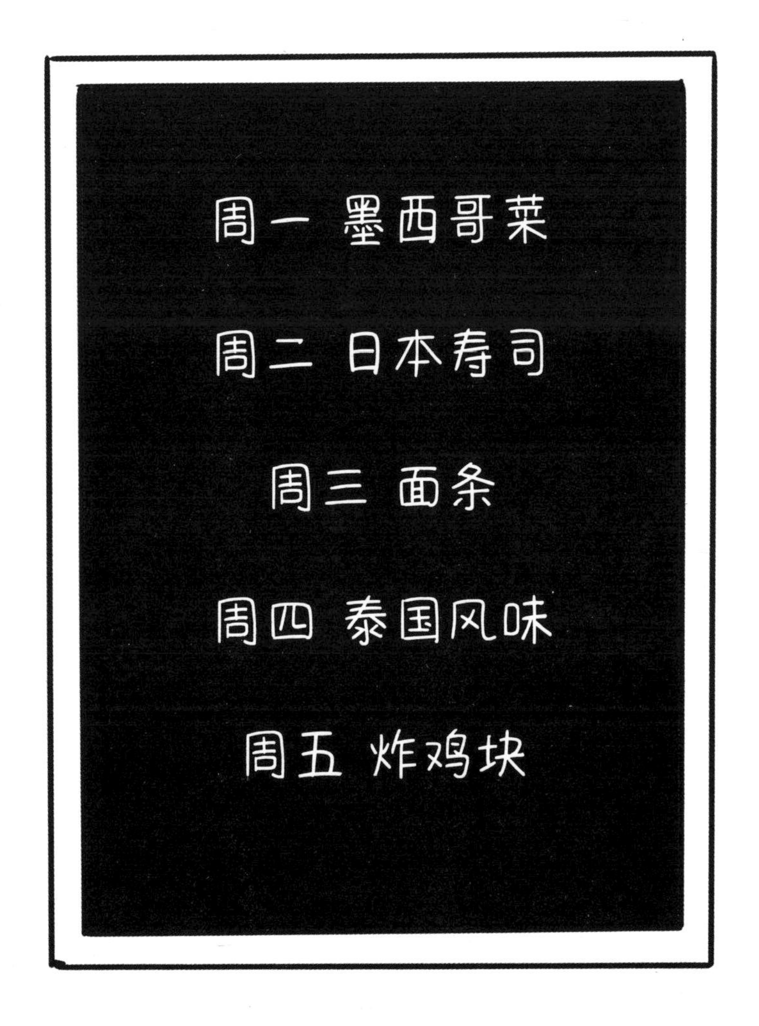

“明白了吧，诺埃尔博士。”我对自己说道，“今天是周二寿司日，做些寿司就行！不过，等一下……寿司怎么做？”

看着格蕾泰尔借给我的日本料理菜谱，我被**寿司中如此之多的危险食材**震惊了。

海藻？呃，螃蟹或者龙虾有可能住在里面。

胡萝卜？头**太尖了**。

生鱼片？**生鱼片**？如果鱼还活着怎么办？

而且，如果是一条鲨鱼该怎么办？

不不不不不不不不……（请说100万次。）

我决定试一试更安全的午餐，这毕竟是我替班的第一天。

我在厨房里环视一周，视线被角落里的一个大筐吸引住了。

“啊哈！”

我拾起粉笔，对今天的午餐计划做了一些小改动。

~~周二 日本寿司~~

周二 卷心菜汤

然后，我想到了一个好主意。如果今天我可以把这些卷心菜全都用掉，然后再想出一个以卷心菜做原料的菜谱明天用，那么我今天晚上就可以打电话向格蕾泰尔订购更多的卷心菜了。

接下来，我想出一个**更妙**的点子……

我把一周的午餐食谱全改了：

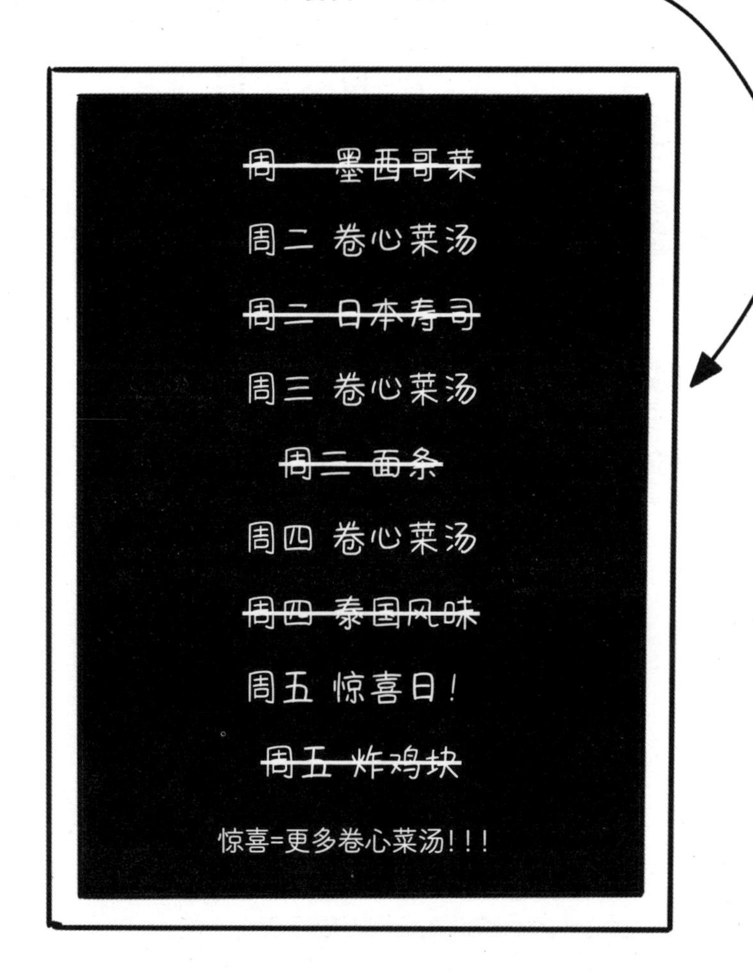

这时，泰迪冲进了厨房，脸颊上还有泪珠滚落下来。

“哦，不！这是怎么了？”

“诺、诺、诺埃尔舅舅，我每天早上都骑着利亚姆和姐姐一起上学，你知道的吧？”

“对，没错。”我一边说，一边不以为意地摇着头。

“我刚才出去的时候，正想和利亚姆打声招呼，他就……”泰迪说到这儿，已经泣不成声了。

“说下去，泰迪。”我说道。

“他就不、不、不、见了！**哇呜，哇呜！**”泰迪几乎不怎么哭，可一旦哭起来，声音就像一辆渐行渐远的救护车。

“太不像话了！”我说道，
“走，找校长去。”

注意：尽管自行车**极其危险**，但是三级**危险学**中有一条**非常重要**的原则：出了问题要挺身而出，给别的**危险学家**提供帮助。

斯特普尔斯校长给警察局打了电话。

女警官简火速赶到，开始调查犯罪现场。

“哟，是你呀。”她认出了我，“你又跑这儿来了？但愿书架没翻，也没有人卡在篮框里，总之，你别再惹麻烦了。”

“绝对不会！”我说道，“我其实很安全。”

“真是糟糕透顶。”斯特普尔斯校长说道，他看起来和泰迪一样伤心，“在我们学校，啊，怎么会发生这种事件？”

“你知道是谁干的吗？”我问简，“理出什么头绪了吗？”

注意：我不是侦探，但我想让简知道我会说他们的行话。

“目前还没有。”她凑过来，在我耳边小声说道，“你能留意一些可疑之物吗？我敢肯定是学校里的人干的，没准儿还是团伙作案呢。”

“交给我吧。”我说道。

我突然关心起我最不喜欢的东西，这还挺奇怪的。不过，我能感觉到利亚姆对泰迪来说究竟有多重要。而且，我真的想向简证明**我并不危险。**

我和泰迪从校长办公室出来，与极限小轮车团伙擦肩而过。他们在体育馆外面瞎晃悠，等着上体育课。

“哎哟喂，这不是披风队长吗？”墨镜姐说。

“你来这儿给我们讲头盔学吗？”帽衫哥问。

“不是。”我说道，“我是来做饭的，顺便调查自行车失窃案。我猜你们都不知情，对吧？”

“哟，你还打击犯罪呢！敢问这位超级英雄尊姓大名，胡楂儿男吗？”墨镜姐说。

“是腰包队长吧？”帽衫哥说。

“如果案子破了，你会怎么办？驾驶你的购物车冲向偷车贼吗？”棒球帽问。

“还是把小偷射向树篱笆？”墨镜姐补了一句。

“要联系警察吗？”刺头仔问。

所有人都转身盯着他。

“失陪了。”我说，“我还有好多份午饭要准备呢。咱们走，泰迪。”

周二午饭时间——欢迎来到卷心菜乐园

我用了一上午的时间切卷心菜，然后把它们全都塞进一口大得能游泳的锅里。

注意1：绝对不要在汤里游泳。其实，在任何地方都不要游泳。

注意2：从**危险学**的角度来看，最好不要把汤煮得**太烫**。

注意3：我还发现，把汤放凉一点儿，更容易激发出**卷心菜的美味**。

我的第一顿饭做得怎么样？

呃，这么说吧，全校师生挤坐在餐厅的长饭桌旁，
悄无声息地享用午饭。此番景象着实让我吃了一惊，
但我还是**非常高兴**的。他们应该觉得卷心菜汤很顶饱，
既**没人过来续碗，**也没人愿意尝尝美味的卷心菜
冰激凌——那是我准备的饭后甜点。

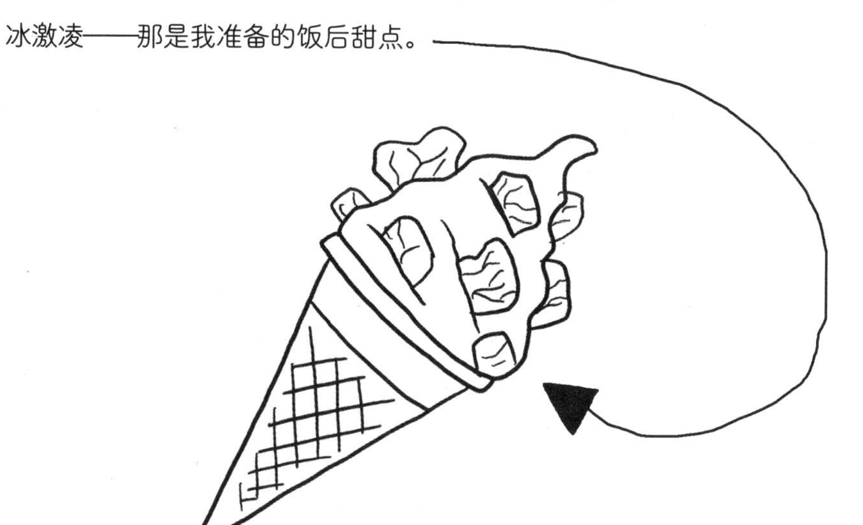

完美收工！

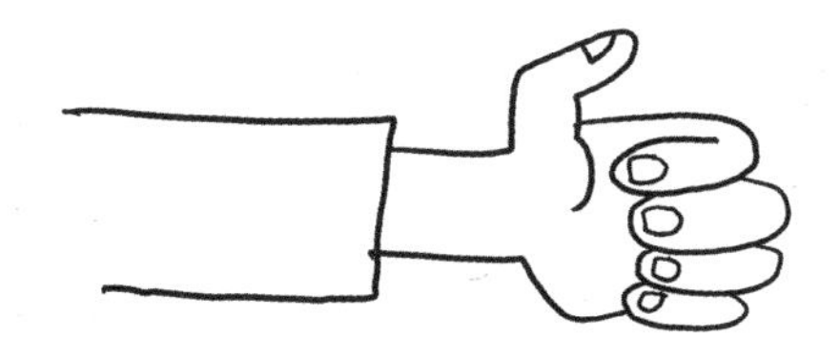

周二下午——可怕的突破性进展

午饭后，我在厨房一边洗碗一边看见泰迪冲了进来，“利亚姆回、回、回来了！”

“哇，真是个好消息！可能只是被人借去用了用！”

可泰迪看起来并不怎么开心。他摇了摇头，拉我去他停自行车的地方。

看见眼前的景象，我努力表现得积极乐观一些：“呃，泰迪，你的自行车**差不多**回来了。主体部分都在这儿了。你看，还有脚蹬子呢……只有一只……”

究竟是谁干的？又为了啥？

“我发誓要查个水落石出。我们只是需要一些线索……**你瞧！**”

停在这排自行车最顶头的是另外一件东西，

最危险的高科技交通工具：

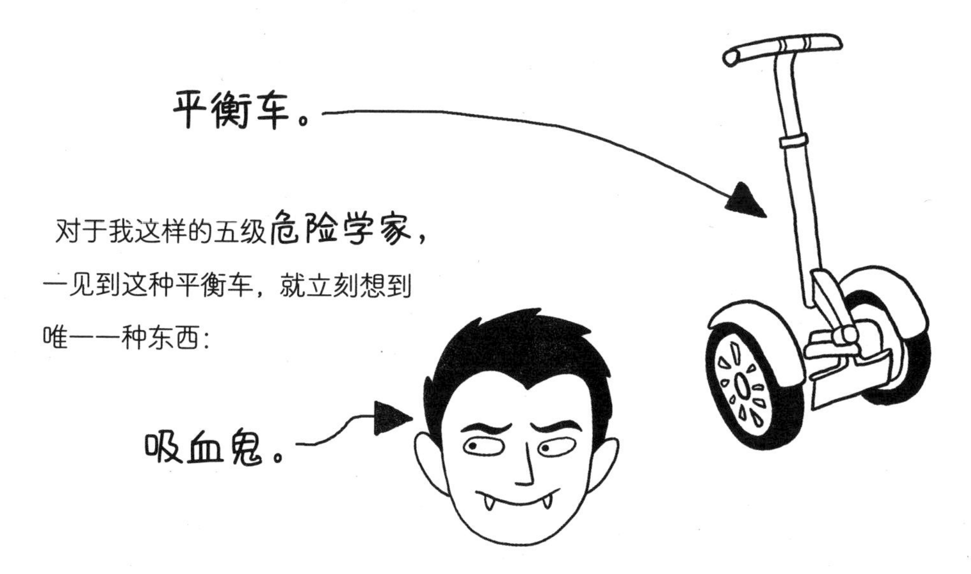

对于我这样的五级**危险学家**，
一见到这种平衡车，就立刻想到
唯一一种东西：

“泰迪，我肯定学校里有吸血鬼出没。如果真是这样，他们一定是这桩案件的幕后真凶。”

“真、真、真的吗？”泰迪问。

我点点头，“明早我们就去捉吸血鬼。”

周二晚上——长颈鹿诺埃尔的那些琐事

晚上我给格蕾泰尔打电话订购了更多的卷心菜。

我之前就说过，格蕾泰尔是世界上最漂亮、最聪明的人。

她的美丽和聪颖程度绝对超出你的想象。

长久以来，我都不敢和她讲话。可是现在，

只要我有什么**特别重要**的事情要跟她讲，

我都会登门造访。

上一周，**特别重要的事情**有这些：

——“你觉得明天还会下雨吗？”

——“我在你的花园里看见了一只蜜蜂。”

——“你的生日是哪一天？”

——“你的生日是哪一天来着？”

（我太害怕那只蜜蜂了，得问两遍才能记住。）

——把我为了她的生日特制的**安全头盔**交给她。

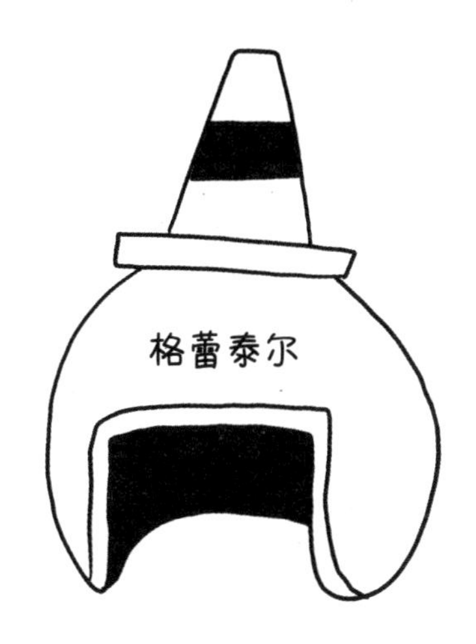

——感谢她为了感谢我送她**安全头盔**，而贴在**危险区**的卡片：

——“我能把你的菜谱全都借走吗？”

我让格蕾泰尔再送50棵卷心菜去学校，她问我大家是不是真的特别喜欢。

“哦，格蕾泰尔，每个人都爱极了**你**栽种的卷心菜！”

我正打算给她讲自行车失窃和吸血鬼的事，突然听见有人喊我名字。

“诺埃尔！”

我转过身，没看见任何人。

可是，**“诺埃尔，诺埃尔”**的呼唤声再次响起。

“实在抱歉，格蕾泰尔。应该是有人遇到麻烦了，我得去看看！”

我跑到街上，呼喊声变成了：**“到这儿来，诺埃尔！”**

声音像是从我家的方向传来的。难道**有人困在危险区了？**

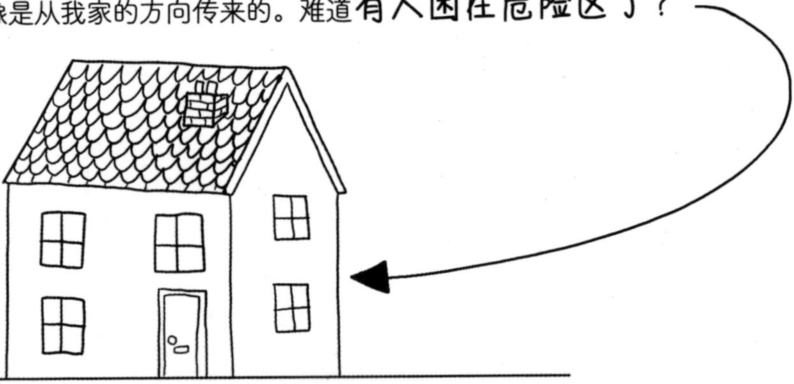

我又听到了呼喊声。

“诺埃尔！拜托啦！”

是从危险花园中传出来的声音！

是不是邻居大卫和克里斯遇上麻烦了？

该不会发生事故了吧？难道是蜜蜂又回来了？要么就是**树叶短吻鳄**？

我从后门冲了进去。**“不要惊慌！**
诺埃尔·佐内博士来救援啦。”

可是，我听到了动物饲养员的哄笑声。

“对不起！”园长罗克珊隔着墙对我说道，
“我们正在想办法喊长颈鹿诺埃尔过来吃晚饭。”

更糟糕的是，长颈鹿诺埃尔一看见我，就开始跳起
烦人透顶的“快乐长颈鹿的微笑舞”，
惹得他们又笑了起来。

“我和格蕾泰尔的谈话被你毁了，就因为这个？”

我冲着诺埃尔的方向小声抱怨了一句，然后

转身直奔浴缸去睡觉了。

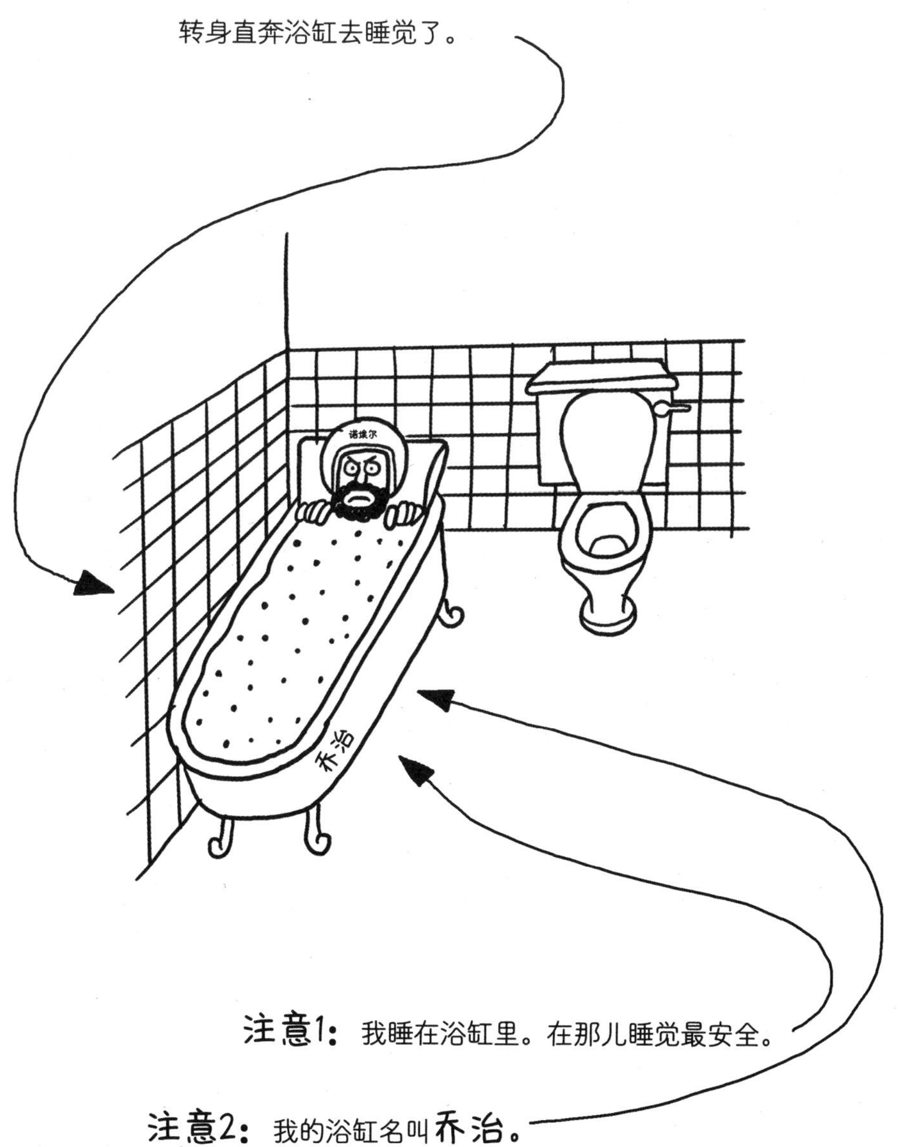

注意1：我睡在浴缸里。在那儿睡觉最安全。

注意2：我的浴缸名叫**乔治**。

周三，大清早——抓捕吸血鬼

我和泰迪今天早上来到学校门前的时候，天还黑着呢。

“看、看、看呀！”泰迪小声说道。又多了两辆“缺胳膊少腿”的自行车。

“看样子偷车贼又得手了！”我说道，“我们很快就能把这个案子给破了，偷车贼将在牢房中抻很长一段时间。”

“‘抻’是什么意思？”泰迪问。

“我也不太明白。我听侦探都是这么说的。”

我把门推开，漆黑的走廊里回荡起缓慢而悠长的吱扭声。

“咱们在找、找、找什么，诺、诺、诺埃尔舅舅？”泰迪低声问道。

“泰迪，咱们正在找吸血鬼出没的典型迹象。比如倒挂着睡觉的老师、蝙蝠、被吃过的纸——吸血鬼**喜欢**吃纸。当然，我们还需要留意着点儿吸血鬼响亮的笑声或放屁声。你还记得吸血鬼的屁声是什么动静吗？”

“哦，这个我知道！”泰迪说，“是‘**啪——**’的一声吗？”

“有点儿接近了。不过，那是讨厌的臭屁驴的放屁声，整个动物王国就数它的屁最臭。吸血鬼的放屁声是‘**呜——**’才对。”

“明白啦！”泰迪说道。我的**危险学助手**学得可真快。

“好，现在把头灯**打开。**”我小声说道。

头灯的光柱照亮了我们面前的两摊水，反射到墙上的光照亮了照片里的好几百张人脸。

“我害、害、害怕。”泰迪说。

“泰迪，没什么好怕的。你和世界上最伟大的**危险学家**在……**啊啊啊啊！**”

伴着转轮的滚动声，一个黑影从走廊深处向我们走来。

“听起来像是个机械怪兽！”我喊了出来。

“哦，是司班戈丝。”泰迪说。

“谁？”

“司班戈丝，我们的校猫。几年前，她在事故中失去了后腿，所以大家为她装了轮子。”泰迪解释道。

注意：通常我是不喜欢猫的（**没准儿是只老虎呢**），而且你也知道我很抵触高科技产品。

可是，让我不对司班戈丝产生怜爱之情是不可能的。她在我俩的**安全靴**之间转来转去，看起来真的很想帮忙。

“好吧，司班戈丝，”我嘀咕着，“你可以和我们一起去抓吸血鬼。”

泰迪、司班戈丝，还有我慢慢地走向走廊深处，每走一步地板都嘎吱作响。我们检查了每间屋子，打开了所有壁橱——这些都是吸血鬼可能藏身的地方。在一间教室里，我的头灯照亮了一截手骨……

往上，是手臂骨……

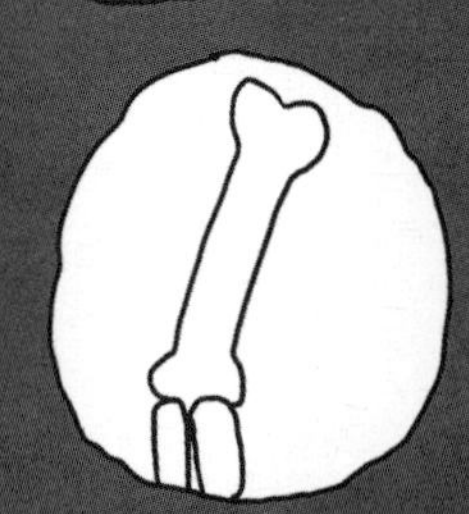

再往上，是骷髅头上的两个黑洞，那一定是长眼珠子的地方！

我跪倒在地："啊——是斯特普尔斯校长！吸血鬼已经把他害死了。啊，校长，我们来晚了，对不起……"

泰迪告诉我，这是他们的科学教室，那只不过是一具塑料骨架。

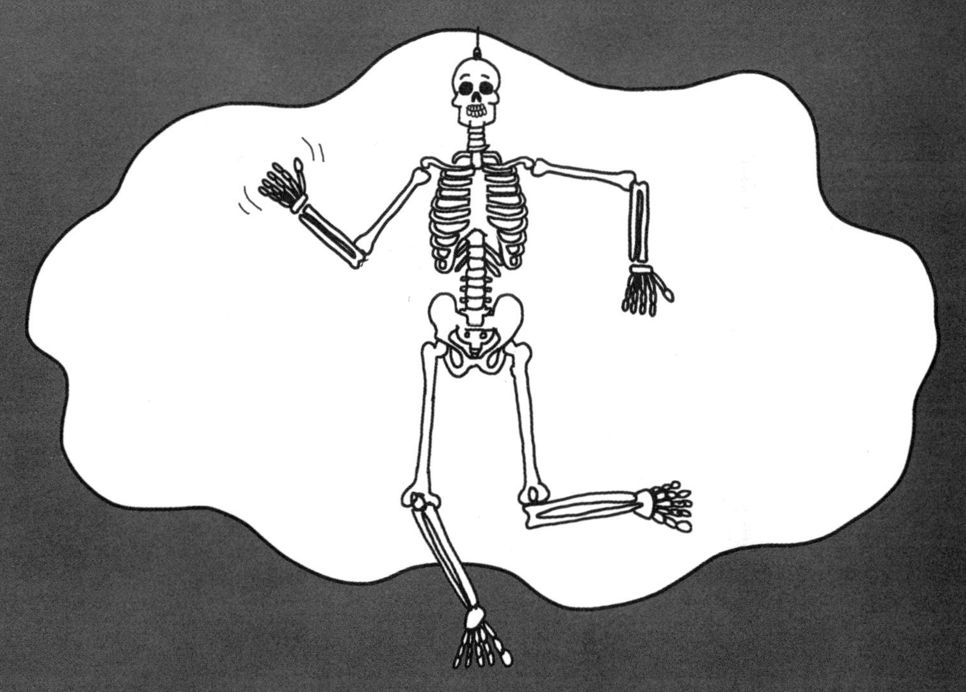

"果然不出所料，"我说道，"刚才是在考验你，泰迪。这是为你准备的一个**危险学**训练项目。好了，咱们继续。"

一楼走廊的尽头立着一个壁橱，它的门比其他壁橱大很多。门把手上还悬挂着一把密码锁。

“**非常**可疑，”我说，“这是我们遇到的唯一上了锁的壁橱，得打开看看。我知道一个开锁小窍门，泰迪。密码往往被设成3个很容易被猜到的数字。试一试1-1-1。”

泰迪按我说的拨弄了几下，可是锁没有开。

“没关系，试试2-2-2。”

泰迪拨了几下，还是不行。

“这回试试1-2-3。”

“舅舅，打不开。”

“再试试3-2-1。”

“还是不行。”泰迪说。

“等一等，让我想想……吸血鬼会选哪些数字当密码呢？我知道啦！应该是0-0-0！因为000看起来像字母**OOO**，我们害怕的时候就会这么叫，类似于**呜**（**WOOO**）。”

“舅舅，打不开。”

“马上就猜出来了。咱们再多试几次！”

20分钟过去了，我们已经把校园电话的头三位和后三位、学校所在街道的门牌号码、校长的车牌号，

酒酒酒，酒-8-7全试过一遍，可还是没打开。

“舅舅，太阳快、快、快出来了，老师和同学们一会儿就全、全、全都来了。”

“有道理，”我说道，“把这个壁橱记在你的**便携式观察记录本**上，我们另找时间把它打开。”

“2号走廊，第……第10、11、12扇门……”泰迪一边记下壁橱的位置，一边说道。

“**舅舅！**密码可能是2-1-2！”

“不可能，”我一边摇头一边说，“虽然密码都是些显而易见的数字，但也不至于这么明显——”

“打开了！”密码锁在泰迪手中啪的一声弹开了。

“干得好，泰迪！”

门刚打开一条缝，司班戈丝就钻了进去。

“不，司班戈丝，你会被吃掉的！”

我们用头灯照亮了壁橱，我简直不敢相信自己的眼睛，“这里一定是吸血鬼的厨房了，泰迪！你看看，全是纸！”

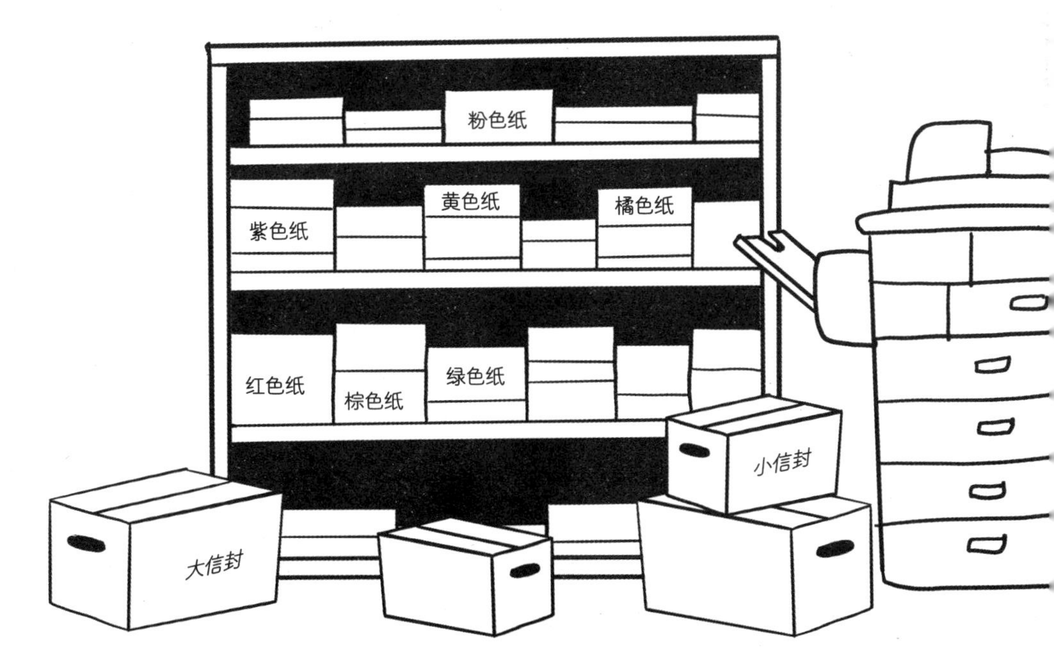

“这么多纸，少说也有100个吸血鬼在校园里活动。”我说道。

“呃，舅、舅、舅舅。”

“怎么了？”我问道。

泰迪指着墙上的一张告示给我看，“我觉得这儿不是吸血鬼的厨房。”

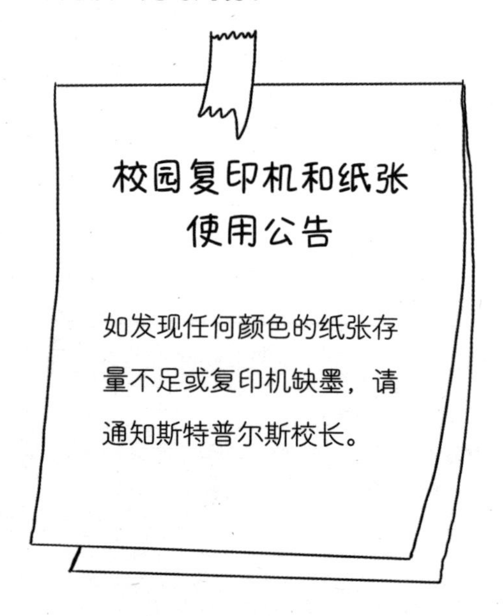

“啊，我知道了。我刚才说的那些都不算数啦。”

“舅舅，可、可、可能没有吸、吸、吸——”

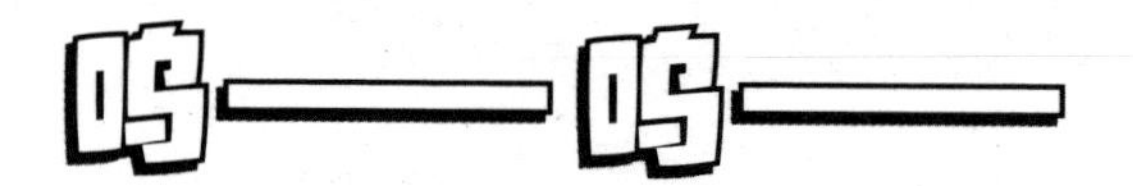

可怕的声音在空气中回荡。我和泰迪吓得浑身冰凉，好一会儿才缓过来。

“吸、吸、吸血鬼放、放、放屁了！”泰迪悄悄地告诉我。

声音是从对门的房间里传出来的。泰迪躲到我身后，紧紧抓住我的一条腿。

“泰迪，不能惊慌！我们都是危险学家。**危险学家从不惊慌！**”

我朝那扇门走过去。可是泰迪抱着我的**安全靴**不放手。

这时，可怕的声音再次响起。

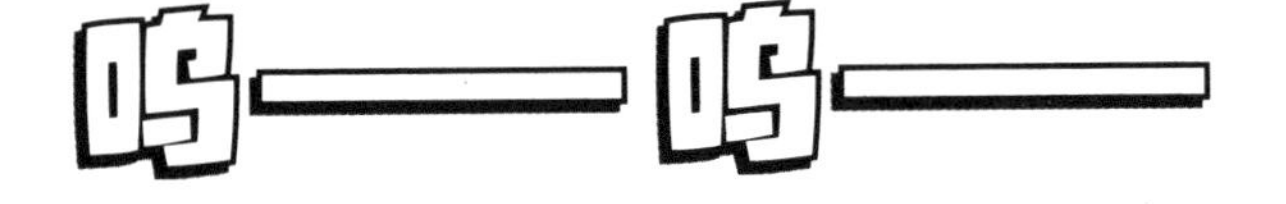

我俩闻声又逃回壁橱里。

“瞧，形势越来越严峻了。把你的长棍面包拿出来。”我说道。

注意：吸血鬼都**讨厌**大蒜，这一点我相信你们都很清楚。和大蒜共处一室都会让他们无法忍受。

所以，那天早上我从冰箱里拿了两根蒜香长棍面包放进我们的**个人急救腰包**里，以应对不时之需。

“可是，它太冰手了。”泰迪一边掏面包一边对我说。

“那根面包能救命。”

我本打算在壁橱里躲着，等有东西从那扇门后面出来我再露面。可是司班戈丝有其他的想法，毕竟她不是五级**危险学家**。她朝那扇门滚过去，一边用前爪推门，一边缓缓地向前挪动她的轮子。

“不！司班戈丝！”我跑过去想抱走她。可我刚弯下腰，那间教室的门就打开了。

我举起蒜香面包，为最坏的情况做好了准备。

“谁在那儿？！”一个女人就像一只唱歌剧的山羊一样咆哮着。她坐在一架巨大的管风琴面前，头发像装冰激凌的蛋卷一样高高盘起。直管、弯管和复杂的机械部件堆满了她身前的整面墙。

“你们竟敢在我练琴的时候打扰我！”她冲着键盘一掌拍下去，整个校园再次响起了吓人的**轰鸣声**。

“实在抱歉。我们刚好路过……只是，有点儿太吵了。”我说道。

“吵又怎么了？”她一边说，一边气鼓鼓地把管风琴的木制百叶帘合上，“它将会成为**世界上最‘吵’的管风琴**，到时候**所有人都能听见我的音乐！**”说到最后，她吼了起来，生怕我不明白“吵”是什么意思，“你是谁？”

“我是新来的校厨。”

“你冲我比画长棍面包干吗？”

我可不能把真正的原因告诉她，

于是我就编了一个理由搪塞她。

“我们在做新款面包的试吃活动。

你愿不愿意尝一尝？”

“面包都快冻成冰了，蠢货。”说罢，她把脸猛地凑到我的面前，“我喜欢面包，但你听好了：我可不喜欢多管闲事的人跑到这儿来监视我，穿得还像刚从马戏团的大炮里崩出来一样。”说完，她当着我的面把音乐教室的门使劲地关上了。

“她肯定不是吸血鬼，”我在回厨房的路上和泰迪说，“她对大蒜没有反应。”

“她是瓦多克夫人，脾气最暴、暴、暴躁的一位老师。”泰迪说道。

太阳缓缓升起。空荡荡的走廊很快就会被学生挤满。可是现在，静悄悄的走廊还是有些吓人。突然，泰迪跳了起来。

“诺、诺、诺埃尔舅舅！**那、那、那是不是女、女、女巫？**”

“泰迪！背地里说瓦多克夫人的坏话可不好。她可能只是今天心情不太好。”

“不、不、不！在、在、在那儿！”只见一个戴着尖帽子的可怕的黑影从我们身边的一扇大窗外飘过。她在一扇门前面停了下来，还发出了刺耳的声音。

我和泰迪吓坏了，赶忙扑倒在地。

吱嘎一声，大门被推开了。格蕾泰尔扶着一辆自行车站在门口，车筐里装满了卷心菜。

“嘿，诺埃尔！你没事吧，怎么趴地上了？”

“是你啊，格蕾泰尔！别担心，我好着呢！我正在……呃……教泰迪如何判断校园里有没有地下火山。我们正在听地下的轰鸣声，没准儿哪一天就把咱们掀翻了。”

“没关系，戴着这个会很安全！”她一边说边指着**安全头盔**。

我觉得**安全头盔**戴在格蕾泰尔头上显得特别好看，空前绝后地好看。

注意：真是**太好看了**。

“我还是先把你要的卷心菜放在这儿，然后接着去送货。你今天给孩子们做什么吃？”

“今天还是经典卷心菜汤，不过会搭配麻花面包。”

“麻花面包？希望他们都会喜欢！”

看着她骑车离开，我有些担心：真希望她不要骑车。不过，她骑车的样子实在太美了，无人能比。

格蕾泰尔刚一出校门，斯特普尔斯校长就进来了。

骑着

他的

平衡车。

“太有意思了，”我一边嘀咕，一边在**便携式观察记录本**上做记录，“真是太有意思了。”

“舅舅，我们一个吸、吸、吸血鬼也没找到。学校里是不是没、没、没有呀？”

“泰迪，还不能这么早下结论。”我说道，

“如果真有吸血鬼，我们今天在午饭时间就能找到。我有新的计划！”

周三午餐时间——真相之汤

“吸血鬼讨厌什么？”我问泰迪。他又添了一碗卷心菜汤，正用勺子搅和着。

“挠、挠、挠痒痒？”

“错，那是狼人。”

“下雨？”

那是机器人，淋雨了会生锈。”

“吹、吹、吹泡泡？”

“错，那是幽灵。还记得我今天早上说过的吗？再想想，泰迪！”

看样子泰迪猜不出来了，我试着给他一点提示。“‘大’开头的一个词，大……大……”

“大、大、大树？”

“不对，大**蒜！**”我说道，“把那个大水桶递给我。”

“这里面装的是什么？噗，太臭了。”

“大蒜。好多大蒜。我把它们和我在壁橱里找到的一大罐调料混在一起了，所以**不是很**明显。”

我和泰迪利用午饭时间把所有人的档案翻了一遍。食堂里嘟嘟囔囔的抱怨声不绝于耳，好像没有人因为再次喝到卷心菜汤而感到喜出望外。不过他们都饿了，转眼就把汤喝光了。

“现在，我们等着看好戏吧，看谁第一个跑出去。”我一边说，一边和泰迪从取餐口观察着餐厅里的一举一动，“把你的**便携式观察记录本**准备好。”

一会儿的工夫，就有人从座位上弹了起来。

“弹弹乐！”泰迪说。

校长站了起来，开始来回摇晃脑袋。

“哎哟，这汤，啊，还真是重口味啊——”他吐了吐舌头，“在很大程度上，**阿嚏……**”

他开始打喷嚏，发出的巨响像是怒吼声。

“哇！”泰迪叫道。

“我就知道！他总是冷不丁就冒出来，就像这样，”我说道，**“因为他能变成蝙蝠！”**

“而且，他还无、无、无聊透顶，”泰迪说，“他肯定是最、最、最无聊的吸、吸、吸血鬼。”

接着，瓦多克夫人站了起来，也开始不停地打喷嚏：

“**阿嚏！阿嚏！**太难吃了，像是谁吐出来的！”

“她怕咱们闻到她放的臭屁，所以弹管风琴把咱俩轰走了！她和斯特普尔斯校长是一伙的！”我喊道。

极限小轮车团伙也站起来了。他们全都吐着舌头，上蹿下跳，不断地打喷嚏。

泰迪无法相信自己的眼睛，“我们学、学、学校怎么会有**这、这、这么**多吸血鬼！”

接着，泰迪的两个姐姐——凯瑟琳和米丽森，以及餐桌旁的每一个人都陆陆续续站起来了。

“发生什么了？”我问道。

“哇——啊！”泰迪喝了几勺汤，也跳了起来，还不停地挥舞着双手。

“诺埃尔舅舅，我肯定不是——阿嚏、阿嚏——吸血鬼，我保阿——嚏证！只……只是汤有点儿太、太、太辣——阿嚏！”

此刻，餐厅里每个人都站了起来，一边打喷嚏一边跳来跳去。

但是无一人离开。现在我们可以确定：校园里没有吸血鬼。

斯特普尔斯校长朝取餐口走过来。

“嗯，佐内医生……**阿嚏。** 我想，啊，把你从……**阿嚏**……
校厨换到其他……**阿嚏**……岗位，让你好好休息几天，
啊，这可能会……**阿嚏**……是个明智之举。”

我思考了一阵子：毫无疑问，我会怀念在厨房的工作，
但我可以去学校的其他地方寻找线索了。再过几天克洛伊
就回来了，我答应过泰迪会把利亚姆（他的自行车）
失踪的零件找回来。

距离下一份工作上岗还得有段时间，刚好可以给大家介绍一下另一种**鬼鬼祟祟的校园怪兽**，这是每一位三级危险学家应该都知道的内容。

校园变色龙

危险学家应该**时刻**警惕危险的动物。但是，你得凑得**非常**近才能发现**校园变色龙**。和蜥蜴家族的其他成员一样，校园变色龙也拥有与背景融为一体的能力。

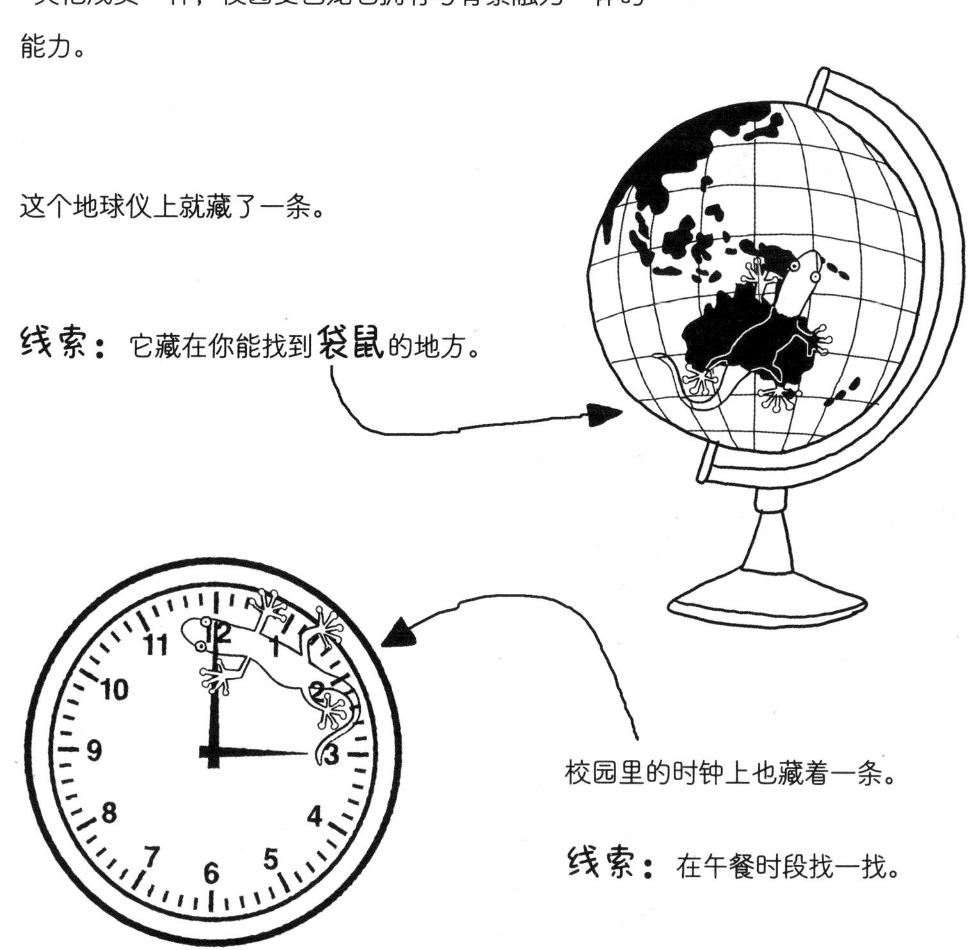

这个地球仪上就藏了一条。

线索：它藏在你能找到**袋鼠**的地方。

校园里的时钟上也藏着一条。

线索：在午餐时段找一找。

现在，你可能觉得这些听起来棒极了。如果学校里有一条变色龙在墙上爬来爬去，偶尔给你的同学一个惊吓，应该会很有趣。

但如果我告诉你它们都吃些什么，你就不会再这么想了。**校园变色龙**完全以**家庭作业**为食。它们会溜进书包，找出**最新鲜的一本作业**。然后，

吧唧！

吧唧！

吧唧！

最糟糕的是，变色龙**太善于伪装了**。老师看不见它们，也拒绝相信这种东西的存在。

所以，当你对老师说“我的作业被变色龙吃了”，老师会觉得你编了一个拙劣的理由，你会遇上**大**麻烦的。

如何远离校园变色龙

这很简单。和很多动物（我把学生也算在内了）一样，**校园变色龙也憎恨数学。**你只需要在书桌或者书包上留一些复杂的乘除运算，就足以把它吓跑了。

周三下午——丢失的小羊羔

作为世界范围内、人类历史上最伟大的危险学家（谢谢），我对所有的危险了如指掌。

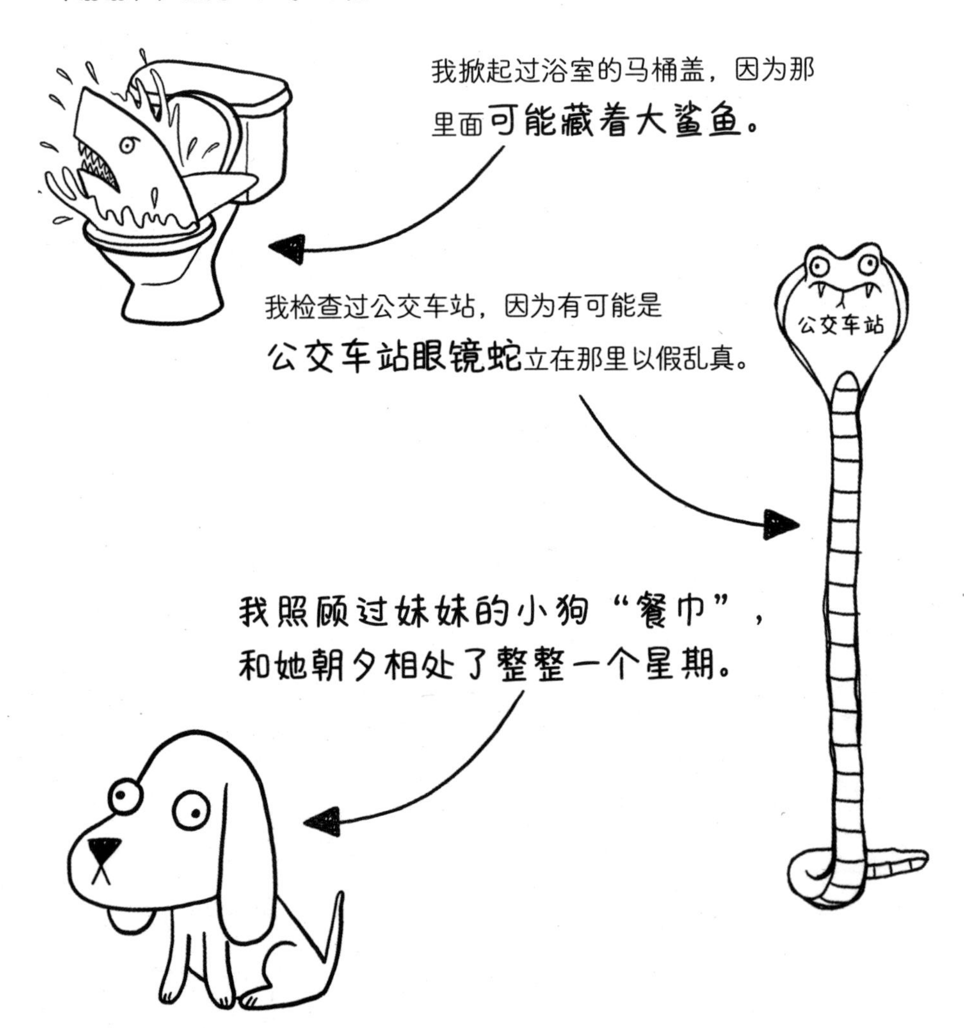

可是，面对斯特普尔斯校长布置的新任务，
　经验丰富的我依然不知所措……

我已经暴露在比**极其危险**（我之前所认为的最高**危险级别**）
　更严重的**危险状况**中了。今天下午我是在这里度过的：

这个名字会让你以为他们都将长成可爱的、毛茸茸的绵羊。可是，这些小怪物长大之后并不会变成羊，

而是会变成大怪物。

我试着给他们讲解最浅显的**危险学**基础知识，可他们光想着跳进海洋球池，或者把我的**危险学小披风**扯掉。我问他们有啥想问的，瞧瞧他们都说了些什么乱七八糟的：

所以，我还是去做一幅内容翔实、赏心悦目的挂图吧，挂在他们的墙上，以后没准儿能用得上。

危险学字母表

A：苹果（Apple）树下的树叶短吻鳄（Alleafgator）

B：在充气城堡（Bouncy Castle）里玩耍的熊（Bear）

C：卷心菜雪崩（Cabbge Avalanche）

D：恐龙的牙医（Dinosaur Dentist）

E：大象幽灵（Elephantom）

F：着火（Fire）的人字拖（Flip-Flops）

G：晕乎乎的长颈鹿（Giddy Giraffe）

H：安全头盔（Helmet 中的小刺猬（Hedgeho

I：冰冷的冰面（Icy Ice）

J：摩托艇长枪比武（Jet-ski Jousting）

K：放风筝（Kite）的袋鼠（Kangaroo）

L：厕所（Loo）里的大龙虾（Lobster）

M：木乃伊斗牛士
（Matador Mummy）

N：没有（No）卷心菜
（没有危险，但很糟糕）

O：章鱼婴儿车
（Octopushchair）

P：臭屁驴派对
（Parp Donkey Party）

Q：蜂王队列
（Queue of Queen Bees）

R：犀牛机器人
（Robot Rhinoceros）

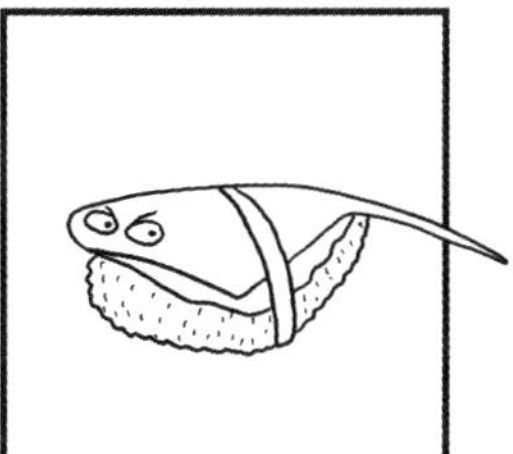

S：刺鳐寿司
（Stingray Sushi）

T：吓人的大树
（Terrifying Tree）

U：不友好的内裤
（Unkind Underpants）

V：吸血鬼火山
（Vampire Volcano）

W：狼人大黄蜂
（Werewolf Wasp）

X：北极鸥（Xeme）往地松鼠（Xerus）* 身上拉屎

Y：呐喊的雪人
（Yelling Yeti）

Z：僵尸斑马
（Zombie Zebra）

*北极鸥是一种海鸥，地松鼠是一种松鼠。我也是查了词典以后才明白的。

我一定是太专注于艺术创作了，转身一看，教室已经空了。

我把海洋球池、毛绒玩具山和衣服堆都翻遍了，一个人也没有。

这时我才发现小羊羔学前班的后门大敞着，儿童安全门已被踢翻了。

他们都逃走了。

我不太了解保育员这个行当，但我坚信最重要的一条原则肯定是：

一个孩子也不能丢。

十万火急，得采取**极端措施**了。有些时候，**极端措施**也包括使用高科技交通工具。

我冲出去，跳上斯特普尔斯校长停在外面的平衡车，绕着操场寻找丢失的小羊羔。

第一只找到啦！他正在刚割过杂草的跑道上瞎溜达。周六这里就要开运动会了。

跑道旁边的林子里，另外一只小羊羔正在爬树。

厨房的卷心菜筐里藏着第三只，跟司班戈丝一起挤在猫垫子上的是第四只。

还有两只没找到。

有一只设法溜进了存放纸张的壁橱，躲在一个大信封里——打开门上的密码锁可能比我想象中的要容易。

还剩最后一只了。我又回到外面停自行车的地方，发现极限小轮车团伙正满脸狐疑地站在那儿。

“你们怎么不上课？”我问道，“但愿你们没有动偷车的念头。”

“绝对不会，盛装博士，”墨镜姐说道，“我们在这儿守着，好确保偷车贼不会再来。”

我不知道要不要相信她说的，但我脑子里闪过另一件更紧迫的事情。

“你们有谁在这附近看见一个小孩儿了吗？”

“啥也没看见，”帽衫哥说，“哦，倒是有个人爬到瓦多克夫人的车里去了，就在几分钟之前。”

“哪一辆？”我问道。

“朝我们开过来的这辆！” 他们都尖叫起来。

一辆绿色的小轿车直奔我们而来。最后一只小绵羊正握着方向盘狂笑不止，他刚搞明白如何放开手刹。

极限小轮车团伙四下散开。我冲向汽车，带着黏在我身上的五个孩子一起跳进车里。

眼看就要撞上学校大门了，我及时拉起了手刹。

连小绵羊们都被我折服了，纷纷鼓起掌来。

“嘿，你在干吗？”楼上的一扇窗户里传出了可怕的尖叫声。那是瓦多克夫人，“偷车贼，被我抓了个正着。自行车应该也是你偷的！”

“不是我！”我说道，“我永远也不会……”我还没讲完，窗户就被砰地一下关上了。

“到——底，啊，发生了什么？”斯特普尔斯校长不知从哪里冒了出来。

我想给他解释小绵羊逃跑事件，以及这一地鸡毛的来龙去脉，可斯特普尔斯校长根本听不进去。他看起来心烦意乱。

他的嗓音听起来依旧无聊透顶，还透出了一丝恐慌。

“那个，我在学校干了30年，啊，从来没这么头疼过。佐内博士，啊，明天我给你安排一份新工作。可是，拜托你不要再节外生枝了好吗？”

可怜的斯特普尔斯校长。他的压力太大了。

“好的，一定不会再出意外了！”我说道。现在，他比以往任何时候都更需要我来抓住这个小偷。

周三晚上——泰迪，准备，画图！

这天晚上，泰迪来了。我们俩都试着画了利亚姆的草图，好让我们回忆起他的零部件完整时的样子。

泰迪强忍着没哭出来，可我知道这对他很难，“他有一个车铃，能发出清脆的声音；还有一个水壶，能让普通水喝出……魔水的味道。”

我俩画的草图完全不同，但都从不同侧面捕捉到了利亚姆的重要特征。

“你的**个人急救腰包**怎么了？”泰迪指着我腰包侧面的一个大洞问。

它刚才被一只小羊羔啃坏了。

“他们中间可能藏了一个专吃包包的机器人，正在学校里四处寻找一切由包包做成的东西来吃。”泰迪说道。

泰迪只有5岁，所以他经常说些荒唐的话，比如……

“**等等**……被你**说中了！**泰迪，这**肯定**就是自行车遇到的事！太明显了！学校里肯定有**一个机器人**在把它们当零食吃！明天我们就把它找出来！”

周四早上——戏剧性的一天

这天早上，我顺道去校长办公室拜访了斯特普尔斯先生，却目睹了他对着废纸篓痛哭流涕的场景。昨天晚上又丢了三辆自行车，他的平衡车也不见了。

“我确定全丢光了，连一点儿影子都没见到。”我说道，“呃，也可能还剩了些零部件。”

他看起来整夜没睡。

“再这么下去，”他喃喃地说，“我可能就当不了这个学校的校长了。”

瓦多克夫人的管风琴声再次响起，校园中回荡着凄惨的**轰鸣声。**听起来非常适合斯特普尔斯校长现在的心境。

“别这么说，”我说道，“你是领袖！你是斯特普尔斯先生！你能让全学校团结一心，就像……订书钉[1]一样。虽然有时候，订书钉也会麻烦不断，不是被拔出来就是被弄弯，但它们不会被折断。当然也有个别例外的，但是不包括你。”

这不是我发表过的最佳演说，但似乎起作用了，“你说得对，医生！你说得完全正确。我必须坚持下去。我的意思是，我只不过是走了一连串的霉运而已，我敢肯定。”

“没错！”我说道。

① 译注：订书钉英文为staple，与斯特普尔斯的英文名Staples发音相似。

“哦，对了，今天有一项新任务要交给你。你大脑中的创新性区域将要派上用场了，估计在医院不怎么用得上。”

我并没有去纠正他。

他继续说道：“你去负责咱们校园话剧的最终彩排吧，今天下午就要进行世界首演了。全校师生都会去看的。”

这可真是个天大的好消息。如果所有人都去看戏，那我就要和机器人同处一室了。这将是我抓住它的大好机会，而且我很清楚应该怎么做。

周四，上午晚些时候——熟能生巧

校园话剧叫作《公主战将和纯银宝剑》，我的外甥女凯瑟琳和米丽森也参演了。她们看到我负责这出戏**并不乐意**，而我看着她们排练也**高兴不起来。**

我知道演员们都非常敏感。所以，在我挑毛病之前，我先把我喜欢的地方指出来。

“凯瑟琳，我喜欢你这身公主战将的铠甲装。非常安全！那匹马我也喜欢，”我一边说一边指着戴了头套的米丽森，她扮成了一匹马，“这可比真马安全太多了。除此之外，别的东西我都不满意。我们得为今天下午的首演把这些全都换掉，好不好？行动起来吧！”

如果让我说得更明白一点儿，我觉得这出戏的主要问题是……整个故事都不行。《公主战将和纯银宝剑》讲述了一个传奇：一位害羞的公主有一天在河中发现了一把宝剑，她用这把剑杀死了在村子里作威作福的所有恶龙。

“我有几处小改动。”我开始说我的意见，“我们要把‘恶龙’换成‘朋友’。公主不再杀龙，而是为朋友们烹饪一桌可口的饭菜。哦，还有，把公主发现宝剑改成发现了几棵卷心菜。”

“这太荒唐了，”米丽森说道，“她在河中怎么可能发现卷心菜呢？”

“说到点子上了。”我说道，“这条河也不要了，用菜园代替。她自己种卷心菜。”

“所以，你把我们的故事从杀死恶龙改成为朋友们做卷心菜晚餐？”凯瑟琳问道。

周四下午——演出绝对不能再继续了

吃完午饭，整个学校都挤进了礼堂，等着看《为朋友们做卷心菜晚餐》的首次演出，可惜也是唯一一次演出。

话剧开演了，我制订的彻查机器人大盗的绝妙计划也开始生效了。

公主战将凯瑟琳穿着铠甲刚一上场就飘了起来，悬浮在半空中。

“哇！”坐在我身边的泰迪喊道，“这个特、特、特效太**不可思议**了。”

好朋友科尼柳丝借给我一块从废品回收站找到的巨型磁铁。我把它安装在礼堂的屋顶上，这才有了悬空的特效。

不过，磁铁对吸起来的东西没有选择性。没过多久，所有含有金属的东西都飘上天了。先是斯特普尔斯校长别在衬衣口袋里的钢笔，然后是老师们的钥匙和手机，最后连司班戈丝和她的轮子也飞起来了。

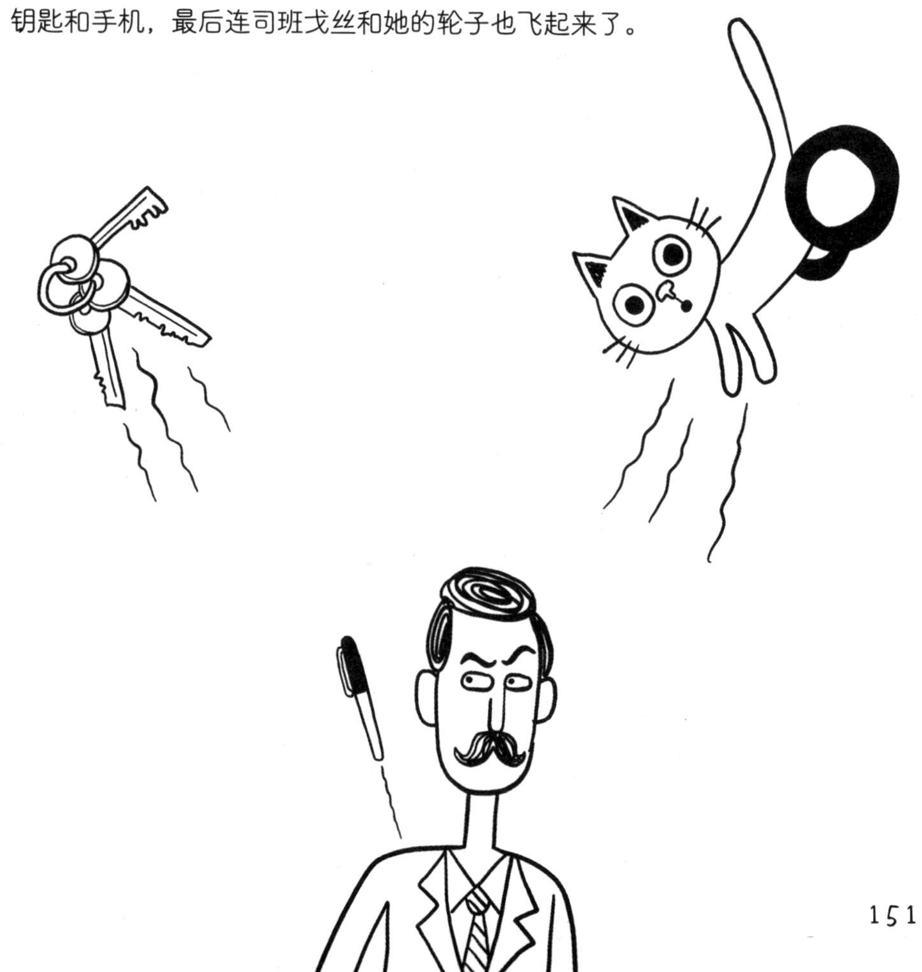

过了一会儿，我们的椅子也开始动了，一开始还只是轻微摇晃，后来就猛地一下冲向天花板，把我们全都掀翻在地。凯瑟琳和司班戈丝险些被椅子击中，她们看起来**无比**困惑，一脸的不开心。

“别再演了！”斯特普尔斯校长吼道，我从未见他如此激动过，“到底发生了什么？谁能给我解释一下这究竟是怎么一回事？”

沉默片刻，我举手站了起来。“是我的错。”我说道，
“我觉得有个机器人在偷吃自行车，所以我想用一块
大磁铁把它找出来。”

“你觉得什么？” 斯特普尔斯的脸变成了亮红色，

往日一丝不苟的发型乱成了鸡窝。他用一根纤细的手指指向我。

“佐内，我在学校干了这么多年，啊，遇到的最离谱的事都和你有关。集体食物中毒？小孩儿开车上学？现在，啊，你又成功地把一名学生和一只猫吸在天花板上了！”

“对不起。”我低头说。

可是斯特普尔斯校长还没说完，“你是学校里的**危险人物。现在，**啊，你从那扇门出去，再也别回来了！”

我往外走的时候，礼堂中只能听见我的脚步声。我在门口转过身来。

“对不起，我的**安全靴**太吵了，而且这几天我的努力总是事与愿违。为了找到你们的自行车，我已经尽全力了。这所学校的校训应该是‘请尽力一试’，我没记错吧？再见了。”

“回来！”一个声音传来。

“真的吗？你想让我留下来？”

“不想，可是我还在这里悬着呢。”原来是凯瑟琳。

“哦，我去找个梯子来。”我说道。

“不行！”斯特普尔斯喊道，**“你赶紧离开。”**

我走出大门，踉踉跄跄地往家走，那里有我的**危险区。**

周五早晨，拂晓时分——重返丢车案

昨晚，我在乔治里辗转反侧了一整夜，几乎没有合眼。简警官、瓦多克夫人和斯特普尔斯校长的声音一直在脑海中回荡。

我想明白了一件事：必须抓住那个偷车贼。

这是我向**大家**证明**诺埃尔·佐内博士**究竟是谁的唯一方法了。

在我的**便携式观察记录本**上，嫌疑人名单已经被删得只剩最后一项了：

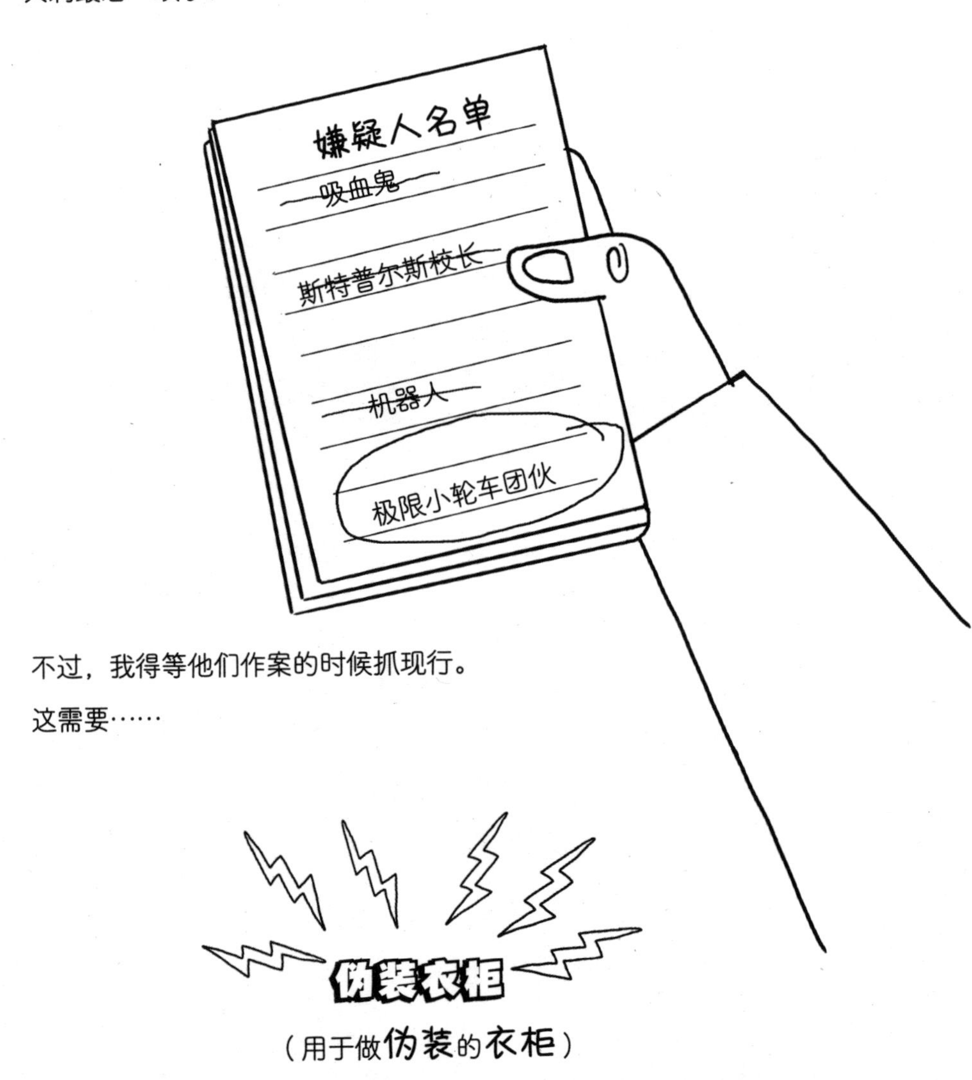

不过，我得等他们作案的时候抓现行。

这需要……

伪装衣柜

（用于做**伪装**的**衣柜**）

作为**世界上最伟大的危险学家**，可谓喜忧参半。喜的是，你一出现，人们的举动也会更加**小心谨慎**。他们看见你来了，都赶忙系紧鞋带，拴好狗链。忧的是，每个人都竭尽全力表现得很安全，有时候你很难看出**危险**究竟在哪里。

正因为如此，我在厨房的旧冰箱里还留着我的**伪装衣柜**。

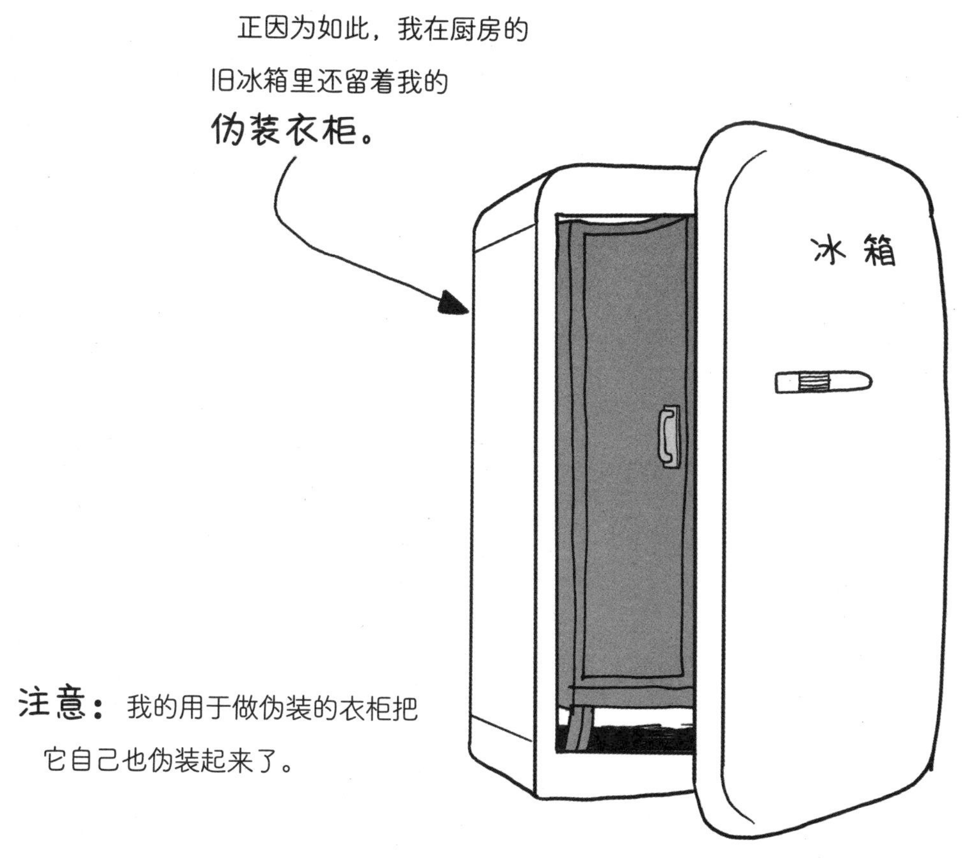

注意：我的用于做伪装的衣柜把它自己也伪装起来了。

这样，不管我去了哪里，都完全不会被注意到了。

（不会被注意到+我=我不会被注意到）

以下是我**最成功**的几种伪装：

不过，这几种伪装都不适合抓捕偷车贼。我需要特别一些的伪装——在校园里应该就能找到。在**伪装衣柜**的掩护下，我发现了一样好东西：

博士垃圾桶——他完全不用担心双手会被弄脏。

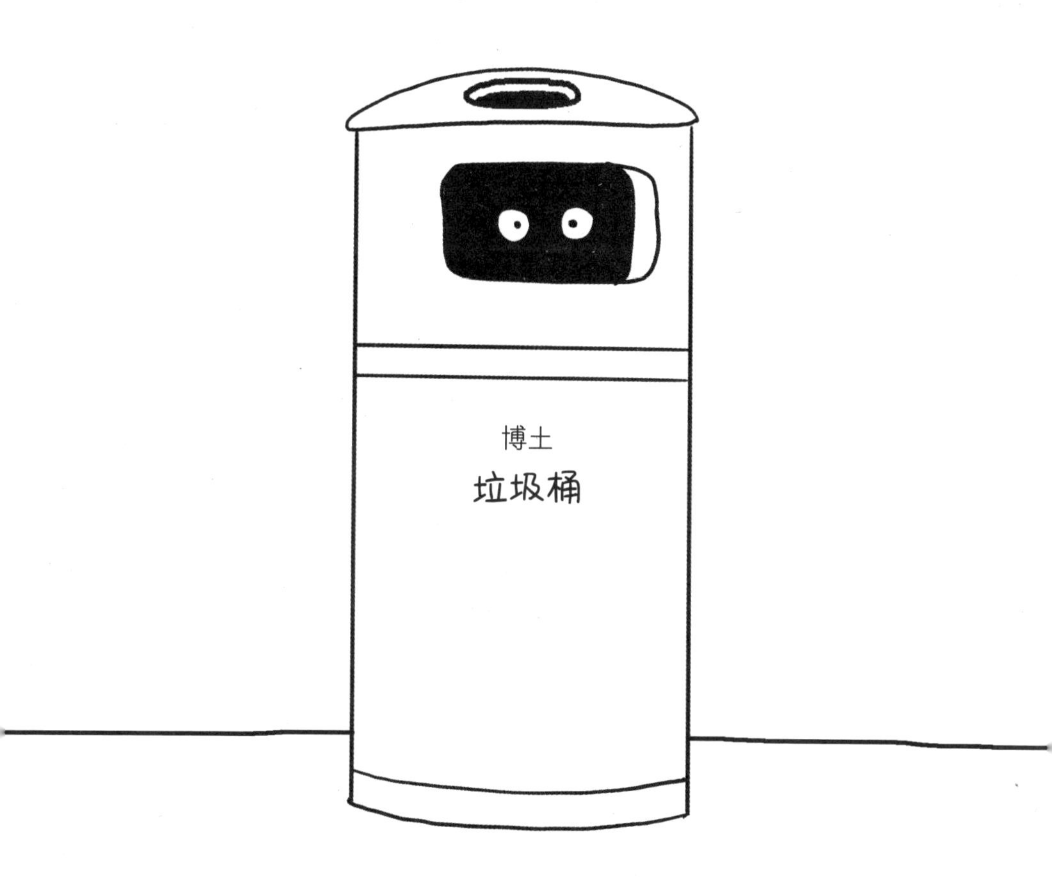

周五早上——小故障

今天早上，我第一个来到学校。

注意：路上花了很长时间，因为躲在垃圾桶里面走不了太快。

我在自行车停车架旁边安顿下来，又有两辆残破的自行车趁着夜色回来了。

没过多久，最后几位还有自行车可骑的人都到了，把自行车锁在了架子上。每个人似乎都在谈论明天的运动会。泰迪也到了，

他过来看了一眼，可惜他的利亚姆并没有回来，这让他很伤心。我本想告诉他我会找到的，但我记起来我是一只垃圾桶。

有一阵子我差点儿就睡着了，不过瓦多克夫人的**管风琴**又响了起来，我立马睡意全无。

早间休息的时间到了。我应该很期待才对，可至少有100个学生吃饱喝足之后把垃圾全塞给了我。老师们把放凉的咖啡半杯半杯地倒在我身上，司班戈丝也尿了我一身。唉，我出不去也走不了。何况校长还对我下过逐客令。

没过多久，极限小轮车团伙就围过来练习危险的高难度动作。

我根本听不见他们在说些什么，直到棒球帽扭过头冲着我的方向说：

“这里有个新垃圾桶。我们试试跳垃圾桶吧！”

我屏住了呼吸。

“它太高了。”墨镜姐边说边和他们一起绕着我转圈。我刚松了一口气，就听见有人说：“我们把它从山上滚下去吧！”

令我惊恐的是，他们把我带到了运动场后面，我被一遍一遍地滚下山，重复了得有八酒次。只要我滚得比上一次更远，他们就高兴地大喊大叫。当我听见远处响起了午餐时段结束的铃声，别提有多高兴了。

“这个东西怎么处理？”帽衫哥问道。

“把它扔到河里！看看它能不能漂起来。”棒球帽说。

“不行。弹弹乐会发飙的，”墨镜姐说，“他可能会把我们都扔出学校，就像他昨天处理戴安全帽的克拉伦斯①一样！”

说实话，我很喜欢这个称谓。

他们把我滚了回去，试图把我放回原位。

“是这儿吗？”墨镜姐问。

“不是，应该是这儿。”帽衫哥答道。

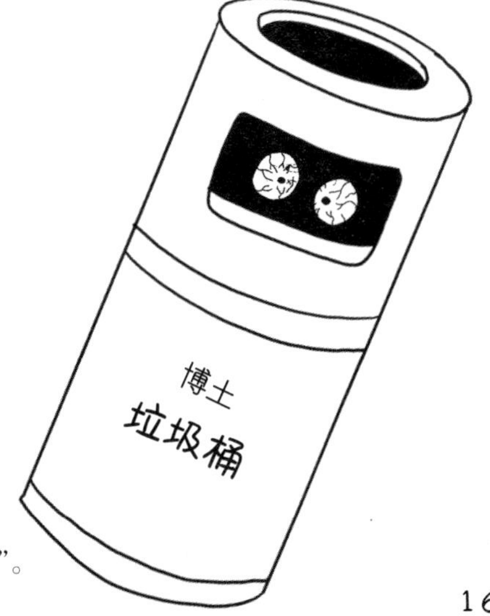

① 译注：英文为 clarence，意为“双座四轮马车”。

让我颇为恼火的是，我被放错了方向，停车架上发生的事情
我都看不见了。

“不不不，我十分确定它在……”

棒球帽说话的声音越来越弱，刺头仔开始抽抽搭搭地哭了起来。

“呜呜呜呜呜！不不不不不！”

“啊啊啊啊啊——我们的自行车！
全都不见了！啊啊啊啊啊！”

尽管他们刚才把我搞得很惨，但我还是忍不住为他们感到难过。

现在，他们已经变成极限小轮车全丢光团伙了。

不过，这也意味着我的嫌疑人名单上**一项也不剩**了。

是时候亮出我的终极计划了：

周五，午夜——泰迪左右为难

“我不、不、不明白你为啥需、需、需要我。”泰迪一边嘀咕一边从墙上越了过去。校门紧锁，只好翻墙而入了。里面一片漆黑，所有灯都熄灭了。这一次，我俩都没有开头灯。

“我当然需要你，泰迪，就像每个捕鼠器前面都要放一块奶酪一样。要是有老鼠想动那块奶酪，我看一眼就能知道那只老鼠究竟是谁了。”

“我希、希、希望你就是那块奶、奶、奶酪。”泰迪说。

“不，我更像那只猫。”

我用了一下午的时间设计出一套最靠谱的伪装方案。

泰迪被装扮成一辆自行车。

“可、可、可是，舅舅，即使有猫看着，奶、奶、奶酪还是会被叼、叼、叼走，对不对？”

“没人会偷走你的，泰迪。我向你保证。我们都是**危险学家**。**危险学家**不会把他们当中的哪一位丢下不管的。”

我和泰迪沿着学校外围的树篱笆爬行，所以没人会发现我们。

“我害、害、害怕。”泰迪说。

“听我说，如果我们抓住了偷车贼，你就能把利亚姆失窃的那部分零件追回来，其他人的自行车也能找到了。你就要变成校园英雄啦。”

泰迪咽下好大一口勇气：“好、好、好吧，我们走。”他一听见我发出的信号，就偷偷溜了出去，像自行车一样靠在停车架上。我躲在附近的灌木丛里暗中观察。

不一会儿，司班戈丝出现了。她看见泰迪时好像非常吃惊，但没过多久，她就把后轮退到停车架上，假装自己也是一辆自行车。又过了几分钟，我听见一声铃响。**叮！**

我环顾四周，一个人也没看见。没想到铃声再次响起——**叮**！我意识到这是泰迪在拨弄我装在他的“车把头盔”上的车铃。我躲在灌木丛的阴影中，努力凑到他跟前。

“泰迪，你还好吗？”我问道。

“诺、诺、诺埃尔舅舅，我想尿尿。”

这可麻烦了。自行车是不需要尿尿的。要是偷车贼看见可就露馅儿了。

“你出门之前不是尿过了吗！”

“可是我还、还、还想尿！我一害怕就、就、就想尿尿。”

“好吧。”我说道。没必要跟他再争论下去了。“你悄悄地溜出来，去树丛里尿。”

泰迪试了好半天，可就是动弹不了。

“噢，诺、诺、诺埃尔舅舅！我的前轮卡在架子上了。我出、出、出不来……”

司班戈丝感受到泰迪的焦躁不安，开始大声叫了起来。“我来了！”我一边说一边冲向泰迪。我刚要把他抬出来，巨大的探照灯突然向我们投来刺眼的光柱。一个熟悉的声音从大喇叭里传出来。

是简警官。她身边还有斯特普尔斯校长和另外五名警官。

“不！”我喊道，“我也是来抓贼的！”

“佐内，是个贼都会这么说。把手举到我们能看见的地方。放开那辆车。”

“可是你们看。这是泰迪，他是我的外甥。”

泰迪站起来向他们挥了挥手。没有什么方式比地方执法人员的恐吓更能让憋尿的人尿意全无。

“简直糟糕透了，”简警官说道，“连无辜的孩子都被你牵扯进来了。你太无耻了，佐内。你们谁把这个孩子先送回家。这个家伙得进警察局了。”

五级**危险学家**应该尽量保持冷静。在任何情况下，你都要问问自己，眼下可以采取的**最不危险的行动**是什么？

可是有些时候——极其偶尔——你就不该再保持冷静了。当一群人在大半夜用探照灯照着你，还想把你关进监狱，就属于这种“有些时候”。

此时此刻，你应该把你
接受过的**危险学训练**全都忘掉，然后

周六，大清早——危险学家末路狂奔

我写过一首诗。诗的名字是：

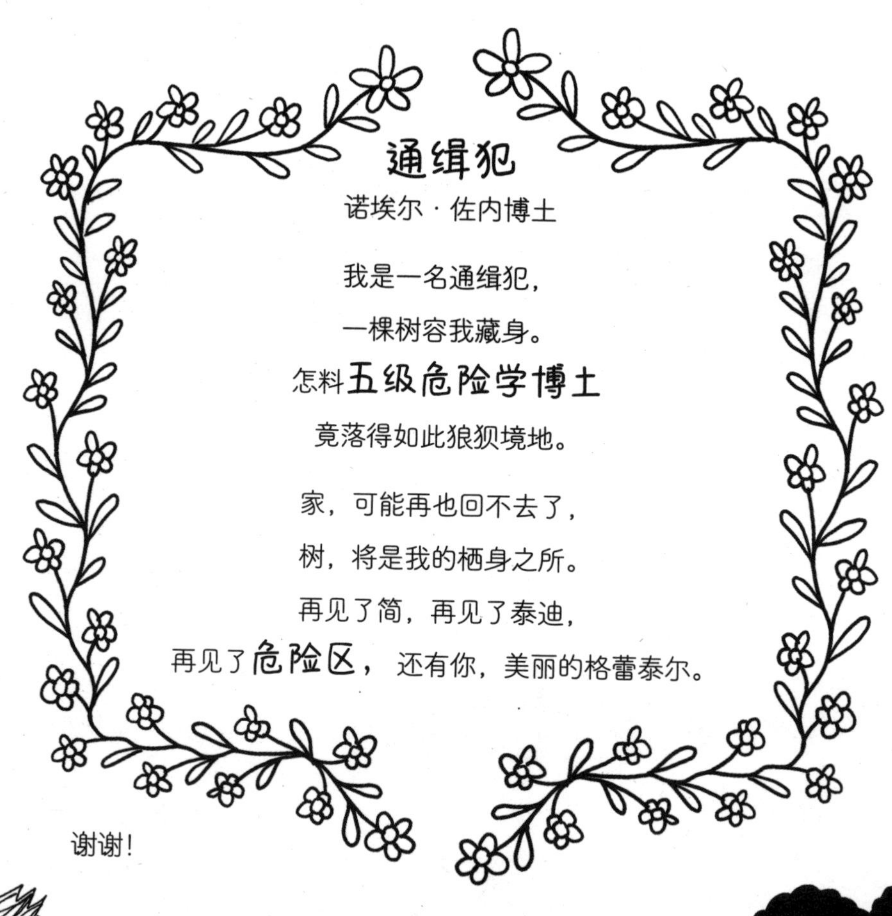

通缉犯

诺埃尔·佐内博士

我是一名通缉犯，

一棵树容我藏身。

怎料**五级危险学博士**

竟落得如此狼狈境地。

家，可能再也回不去了，

树，将是我的栖身之所。

再见了简，再见了泰迪，

再见了**危险区**，还有你，美丽的格蕾泰尔。

谢谢！

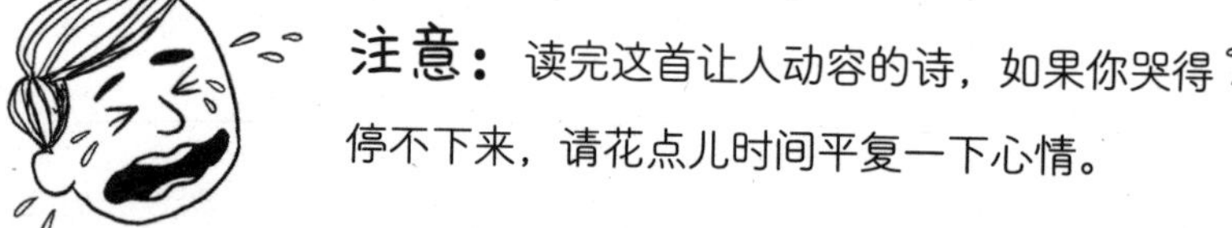

注意：读完这首让人动容的诗，如果你哭得停不下来，请花点儿时间平复一下心情。

在逃亡模式下，**安全靴**快得惊人。我没规划好也没想出来该去哪里，可是没过多久，我就发现自己已经置身于运动场旁边的小树林里了。

现在，你们已经知道我对树木的感情了。不过，此刻应该克制住那种感情——更准确地说，现在得爬到树上去。我找到一棵树，郁郁葱葱、枝繁叶茂，不但是最大的一棵，还有最适合藏身的枝枝杈杈。我赶紧爬了上去，能多快就爬多快，能多高就爬多高，一待就是一整夜。

我肯定是睡了一小会儿，因为今天早上一睁眼，我发现有只鸽子站在我的**安全头盔**上。

通常，这应该是一种**危险的紧急状况**，不过，今天不是个“通常”的日子。

“喂，鸽子君，请别把黏糊糊的屎拉在我身上，”我对他说，“因为从现在开始，我可能要和你一起在这里生活了。我叫诺埃尔。我以后叫你皮特。”

鸽子皮特似乎也为我感到难过。他把吃了一半的肉虫子丢在我的腿上。

“非常感谢。”我一边说一边假装吃虫子。刚搬完家的人不会对新邻居粗鲁无礼。

我真是饿了，正在考虑要不要吃些树叶充饥，只见一只松鼠从我旁边的树枝上跑过，胸前还抱着一个烂苹果。

我被吓了一跳，但还是竭力表现得很友善。

“喂，小松鼠。我是诺埃尔·佐内博士，刚搬过来住。请别来抢我的东西！”

她看见我好像非常惊讶。也许她趁我睡着的时候偷看了**便携式观察记录本**上关于松鼠的内容。真是这样的话，我还是给她赔个不是吧。

“抱歉。我相信你不会像其他松鼠那样又偷又抢，苏西。”她看起来就像一位名叫苏西的姑娘。

我把枝枝叶叶缠在身上，想把自己伪装起来。这时，一个熟悉的声音响起。

毫无疑问，这是

的声音！

我四下张望，看见泰迪正穿着全套**危险学制服**在巡逻。

我立即吹响哨子，给他回了过去。

泰迪分辨不出声音从何处而来。所以，我又**“嘘，嘘”**吹了两声，意思是“往上看”。可惜，泰迪并不知道这种三级**危险警报**暗号。

所以，我又学喜鹊叫了几声：**“呱，呱。”**

可是，泰迪好像更糊涂了。

他喊道：

“小鸟，你知道我舅舅在哪儿吗？”

我看附近没人，就冲下面喊了一声：“抬头看，我在树上！”

他跑过来，在我下面站住。

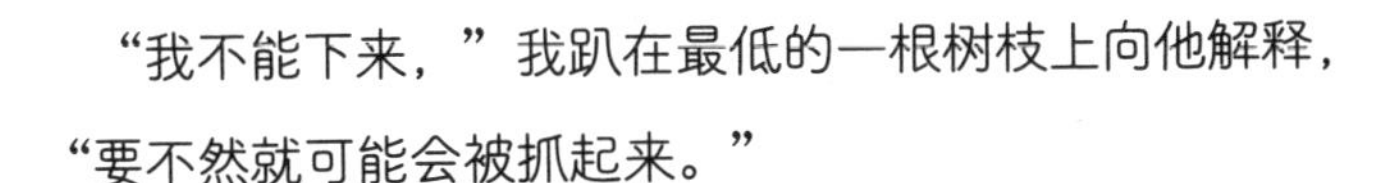

“我不能下来，”我趴在最低的一根树枝上向他解释，“要不然就可能会被抓起来。”

“那你要在树上待多、多、多久？”

“我也不清楚，可能再也下不来了。能给我帮个忙吗？去给我拿点儿吃的好不好？我快要饿死了，这里只有烂苹果和大肉虫子。”

“过一会儿我会带些东西去参加运、运、运动会！”

“泰迪，谢谢你为了我再回来一趟。”

“我们是**危、危、危险学家**，”他说道，“我们不会把任何一位**危险学家**抛下不管的。”

我的**危险学助手**有长进了。

周六，上午晚些时候——难忘的运动会

树上的视野很好，我什么都能看得见。

“苏西，你的想法可能是对的。也许我会习惯这里的生活。”可是，当我看见她的时候，她正在啃烂苹果，而皮特正在扯苹果里的一条大虫子。

泰迪离开没多久，斯特普尔斯校长就开始布置运动会赛场了。他推出来一个带无线话筒的大音箱，还用隔离锥把不同的比赛项目隔开了。在运动场对面，格蕾泰尔正在搭建快餐摊。不得不承认，其他人搭建的任何东西都没法和她搭建的快餐摊相比。

没过多久，学生们就穿着运动服，和全家人一起来了。极限小轮车团伙看见他们残破的自行车零件被还回来了，全都放声大哭起来，真是可怜。

等人都到齐了，斯特普尔斯校长便开始训话。他的声音从高音喇叭里传出来，变得更加无趣。

泰迪就在一班！

这是我经历的第一个运动会，“布袋赛跑”更是闻所未闻。他们该如何让布口袋跑起来？用绳子拉？还是等风吹？

还没等我想明白，**可怕**并且**危险**的一幕出现了。参赛者都站在布口袋**里面，争先恐后地往前跳。**

不，不，不，不，不。我可不喜欢这样。

突然被困在树上真是折磨人——

我眼看着**危险**发生，却**无能为力。**

还有一些比赛，比如说拔河，乍一看似乎挺安全的。两支队伍紧握一根绳子——没问题呀。可是，斯特普尔斯校长一声令下“开始”，拔河比赛瞬间就变成了我见过的最危险的事情之一。

树底下一阵骚乱，我俯身一看，斯特普尔斯校长的麦克风不见了。他派出了一队师生正在找呢。

“苏西，所有东西一到这所学校转眼就不见了，”我说道，“苏西……苏西？哟，你在那儿呀。”

她刚跑回来，正沿着树干往上爬。可这一次她拿的不是苹果，而是一个银光闪闪的大家伙……

苏西偷了斯特普尔斯校长的麦克风！

斯特普尔斯校长只好站在一张桌子上，大声喊出下一个比赛项目：
“请五班的三条腿赛跑集合了。”
一开始，我还以为用三条腿赛跑应该比用两条腿安全得多——毕竟每个人都多了一条腿（可能是手杖吧），跑起来应该更稳当才对……

可我却看见凯瑟琳和米丽森把两条腿绑在一起，正在跑道旁边摇摇晃晃地练习冲刺。我再也憋不住了，我抢过苏西偷来的麦克风，竭力模仿着斯特普尔斯校长的语音语调。

我们，啊，对赛程做了些调整，三条腿赛跑现在更名为“无腿赛跑”，请参赛者就地躺下，看谁第一个睡着。

你们猜怎么了？每个人都严格遵照广播的要求，在跑道上躺了下来，尽最大努力想让自己睡着。

斯特普尔斯校长彻底糊涂了，不知所措地看着眼前的这一幕。他没搞明白这声音是从哪里传出来的。

5分钟过去了，无一人睡着。我宣布比赛以平局结束。

“恭喜各位！你们获得了并列第一名。”我说道。他们看起来全都欣喜若狂。

我决定把这场普通的运动会改成

超级安全的运动会。

我把“汤勺盛蛋跑”改成了“持卷心菜漫步”，其余所有的赛跑项目都改成了“倒着爬”比赛。

我还把“扔雨靴比赛”变成了“穿脱**安全靴**竞赛”。

“安全靴？**卷心菜？**”斯特普尔斯校长尖叫出来，

“等一下！我知道是谁在说这些了……**啊，佐内！**你在哪儿？我知道这些都是你在幕后操纵的。”

只有泰迪一个人知道我的藏身之所，也只有他还记得要给我带些吃的。可是，他有点儿过于热情了。他突然冒了出来，和我并排坐在同一根树枝上。

“喂，诺、诺、诺埃尔舅舅！”

“你是怎么上来的？可别被其他人看见了。啊，泰迪，这可太危险了！”

“可是你就在这、这、这里啊，舅舅！你不是总说你是世、世、世界上最伟大的危、危、**危险学家**吗？”

当泰迪从他的背包里掏出一棵格蕾泰尔种的卷心菜，我脑子里乱七八糟的想法就都消失了。我把脸埋进卷心菜，一口气吃掉了半棵。

“这一定是史上最、最、最安全的一次运、运、运动会了。”泰迪说。不远处，参加50米跨栏比赛的选手正趴在跑道上向后爬，跨栏变成了钻栏。

我刚想夸泰迪说得对，就看见动物管理员罗克珊走进校门。哎哟，坏了。她手里怎么还有一根长绳子？而且绳子越升越高，越升越高……

绳子尽头是一张**非常**熟悉却特别烦人的面孔：**长颈鹿诺埃尔。**

斯特普尔斯校长大喊道：

“作为动物园外出展览计划的一部分，动物园给我们送来了一位特别的客人。大家欢迎这只最年幼的长颈鹿，诺——”

他甚至连我的名字都不愿意说出口，

“最年幼的长颈鹿，尼尔！”

全校掌声雷动，全都凑过来打招呼。

“离长颈鹿远点儿！”我冲着麦克风讲道，“说真的，他随时可能**疯掉**。看他那两颗乒乓球眼珠子多奇怪。”

不过，没有人再听我的警告了，他们都想和长颈鹿合影。可长颈鹿诺埃尔正饿着肚子呢，正努力吃着学校前面的常春藤。我看见凯瑟琳和罗克珊朝我藏身的这片树丛走了过来。

“哦，不，别过来！”

很快，他就在我隔壁的苹果树上津津有味地吃了起来。对于住在树上的人来说，说“邻树”是不是更准确些？

“如果我们保持安静，他可能就走开了。”我尽可能小声地向泰迪、皮特还有苏西嘀咕道，却忘了麦克风还开着呢。长颈鹿诺埃尔一听到我的声音，高兴得直蹦。

皮特一飞冲天。长颈鹿诺埃尔循着这点儿线索找到了我。他把傻乎乎的大脑袋伸到树冠中皮特刚才待过的地方，我俩又一次面面相觑了。

“别出声，诺埃尔！”我恳求道，“别把我出卖了，否则我会进监狱的！那是个跟动物园差不多的地方，但更加拥挤。”

“给你吃这、这、这个。”泰迪一边说，一边把剩下的半棵卷心菜递给他。

长颈鹿诺埃尔果然从未吃过如此美味的食物。现在，两个诺埃尔又多了一项共同爱好：吃格蕾泰尔种的卷心菜。

他陶醉地嚼着菜叶子，而我则趁机为他解释我的窘境：“每个人都以为是我把那里的自行车偷走的。”

我指着学校的方向，一个熟悉的身影映入眼帘——瓦多克夫人。她可能又要去摆弄那台吵死人的管风琴了。咦，她在看那些自行车，可能只是想确认一下它们都还安全吧。她在一辆车旁边停了下来——就是格蕾泰尔那一辆，车头有个用来装卷心菜的大筐。只见她四下环顾了好一会儿，才从口袋里掏出了一堆钥匙。她挨个试了一遍，试图打开格蕾泰尔的车锁……我用了一秒钟的时间才回过味儿来……**瓦多克夫人是偷车贼！**

“快看！”我一边说一边指给泰迪看。

“呜、呜、哇！”他也叫出声来。

可是，如果先从树上爬下来再去追捕她需要很长时间。等我们赶过去她早都跑没影了。

“跟、跟、跟我来，舅舅！”

泰迪伸出手，好像要拥抱长颈鹿诺埃尔，但他却像消防员使用速降杆一样，顺着长颈鹿的脖子滑了下去。

“你在干什么？”

我别无选择，只好跟着滑了下去。

紧接着，我们俩都坐在长颈鹿诺埃尔的背上，但面朝的方向反了。

我指着身后的瓦多克夫人说：

“追上那个偷车贼，诺埃尔。”

这一切都发生得太迅速、太出人意料了，长颈鹿诺埃尔挣脱了动物管理员罗克珊手中的绳子。就这样，两位诺埃尔和一位泰迪向着瓦多克夫人飞奔而去。

她看见我们追了上来，慌忙跳上格蕾泰尔的自行车，想骑着车逃走。

“站住！偷、偷、偷车贼！”泰迪大喊道。

就这样，参加运动会的每一个人都欣赏了一出好戏。

“我看见傻瓜队长正在那儿倒着骑长颈鹿。”墨镜姐说道。

“那家伙干什么都不稀奇。”帽衫哥说。

“等等，泰迪也在那儿！”棒球帽说。

“我们都要开始骑长颈鹿了吗？”刺头仔问道。

其余几个人没理他，扯着嗓子喊道：**“泰迪，加油！”**

我们追着瓦多克夫人绕跑道转了一整圈，所到之处无不呐喊助威。

我们就要抓住她了。

一酒酒

瓦多克夫人拐了个弯，穿过学校大门，径直冲进学校。

“她要去音乐教室！”泰迪说道。

“跟上她，诺埃尔！”我说。

长颈鹿诺埃尔猛地一低头，钻进了校门，走廊里响起了沉重的脚步声。瓦多克夫人看样子有点儿骑不动了。我们没过多久就追上了她，长颈鹿诺埃尔用足球袜一样的大舌头舔着瓦多克夫人的脸颊。

“啊——”她颤巍巍地喊道，“我被黏糊糊的东西包住了！”

快到走廊尽头的时候，我发现了司班戈丝。她就在我们正前方，她已经用小爪子打开了存放纸张的壁橱的门——打开那个密码锁可能比我想象的**容易很多**。长颈鹿诺埃尔急忙刹住脚步，而瓦多克夫人在惯性作用下一头冲进了的存放纸张的壁橱，脸贴在了复印机上，逃亡之旅戛然而止。

斯特普尔斯校长第一个赶到现场。他喜极而泣：“佐内、泰迪，你们成功了！你们救了我的命！”

泰迪首先发问：“瓦多克夫人，你拿我们的自行车做什么去了？”

“我在用自行车零部件组装我的管风琴。”她说道。复印机的出纸托盘堆满了她那张气急败坏的脸的复印件。

泰迪跑进音乐教室，打开盖住键盘的木制百叶帘，露出了已经被装在管风琴上的数百个自行车零件——车把被当成了音管，车轱辘被当成了滑轮，一排排的自行车车铃正被斯特普尔斯校长的平衡车把手敲击着。

“泰迪，你是个英雄！”墨镜姐说道。在场的每个人都鼓起掌来。

“泰迪和傻瓜队长，谢谢你们追回了我们的自行车！”帽衫哥和棒球帽说。

“复印机还好吗？”刺头仔问道。

孩子们涌进来，开始从管风琴上拆零件。女警官简也及时赶到，给瓦多克夫人戴上了手铐，“诺埃尔，要是没有你的帮助，我们是抓不住她的。谢谢你。”

“哦，没关系，”我说道，“我只不过做了一名**危险学家**应该做的事。虽然有时候会被**危险巡查车**卡住，或者倒骑着长颈鹿跑。但我肯定不**危险。**”

“请不要在这里再惹出什么麻烦了，博士。”她说道。

“我一定尽力而为！哦，其实是博**土**……”

可是简警官已经带着瓦多克夫人来到走廊，朝着警车走去。

周日下午——回到危险花园

“你救了我的自行车，太感谢你啦。”格蕾泰尔说道，我给她倒了一杯不太热的卷心菜茶，“我觉得你非常勇敢。”

我的脸红了，“哦，这没什么。”

“把树当作瞭望塔来抓小偷实在太妙了。你在那上面等了有多久？”

“要多久有多久，格蕾泰尔。要多久有多久。”

“如果是好几周的时间呢？你该如何生存下来？”

“当然是靠这个。”我一边说一边去够她送给我的答谢礼——一棵系了蝴蝶结的卷心菜。可是，卷心菜不见了。

“它跑哪儿去了？”我问道。

“诺埃尔，这个茶很好喝。”她说完又抿了一小口。

我端起茶杯，刚想喝却发现茶水已经没剩多少了。

“嘿！这到底是怎么了？”

“哦，对了，再次感谢你送给我的头盔，”她说道，“戴着它骑车简直完美。”

“哦，那是当然。每个人都应该有一顶高质量的**安全头盔**。”说着说着，我突然觉得头盔被摘掉了，耳边响起了呼哧呼哧的咀嚼声。

我抬头一看，长颈鹿诺埃尔正在吃他从桌上偷走的那棵卷心菜，我的头盔也戴在了他的脑袋上。

当他俯下身来喝我杯中所剩无几的卷心菜茶时，格蕾泰尔说：“我觉得你交了一位新朋友。如果我隔三岔五地来串个门看看他，你会介意吗？”

我可**太**喜欢这个想法了，“完全不介意，格蕾泰尔。**随时**欢迎你来。”

我抬头看着长颈鹿诺埃尔，他嘴里漏出来的卷心菜碎片像雪花一样落在我们身上。“谢谢你，长颈鹿诺埃尔，”我心里想，“或许咱们两个诺埃尔终究会成为朋友的。”

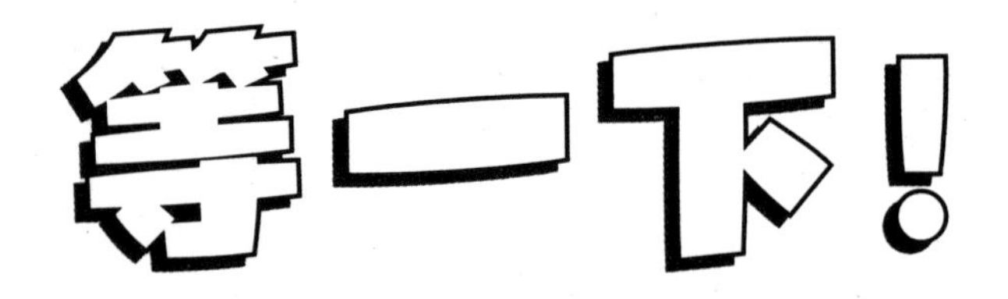

这本书还没结束呢。

我说过的，如果你能坚持到最后，你将会是一名合格的三级**危险学家。**

不过，现在**还没到最后呢。**

还记得吗？你需要先通过这本书最前面的**阅读资格测试**才能**开始**阅读。与之类似的是，你只有通过了三级**危险学测试**（成为一名不折不扣的危险学家所必须通过的**危险学测试**），才算真正读完了这本书。这个测试将会考查你在书中所学的内容。

谢谢！

注意1：如果你没能答对**危险学测试**中的所有问题，那你恐怕就要从头把这本书**再看一遍了。**而且，在答对所有问题之前，你不能看其他书。

十分抱歉，但这是规则。

注意2：这是我自己制定的规则，所以我再清楚不过了。

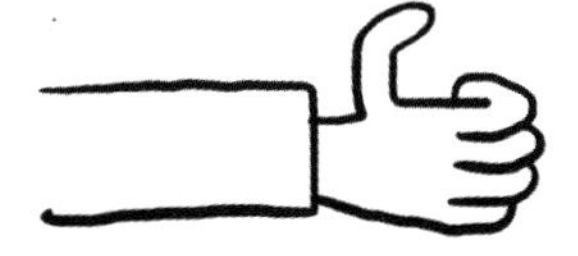

诺埃尔·佐内博士

～亲自命题～

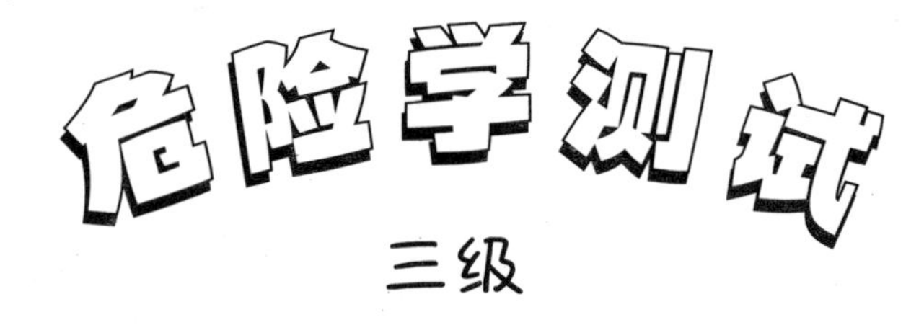

- 本测试共有10道题。
- 请在问题下方工整地写出答案，或者勾选出正确的选项。
- 正确答案附在试题之后，但切记不要作弊。

三级危险学学生们，祝你们好运！

1。下列哪件物品适合**外出进行危险巡查**时穿戴？

(a) 着火的人字拖 ☐

(b) 带有安全锥的**安全头盔** ☐

(c) 旱冰鞋 ☐

2。**DORK**是什么意思？

(a) 只使用回旋踢（**D**o **O**nly **R**oundhouse **K**icks） ☐

(b) 狗观察公路上被轧死的动物（**D**ogs **O**bserve **R**oad **K**ill） ☐

(c) 危险巡查车（**D**anger **O**bservation **R**connaissance **K**art） ☐

3. 幽灵闻起来像什么？

(a) 臭屁驴 ☐

(b) 陈年旧鞋 ☐

(c) 卷心菜 ☐

4. **树叶鳄**袭击人事件在哪个季节最多见？

(a) 秋季 ☐

(b) 春季 ☐

(c) 橄榄球赛季 ☐

5. 下列哪件物品坐上去最安全？

(a) 懒人沙发 ☐

(b) 自行车 ☐

(c) 长颈鹿 ☐

6. 下列哪个地方最适宜存放你的**便携式观察记录本**？

(a) 巨人的嘴里 ☐

(b) 自行车筐里 ☐

(c) 两片面包之间 ☐

7. 如何吓跑**校园变色龙**？

(a) 吹响**极危喇叭** ☐

(b) 用大蒜 ☐

(c) 用一些特别难的分数运算家庭作业 ☐

8. 下列剧目名称哪个**最安全**？

(a)《罗密欧、朱丽叶与秋千》 ☐

(b)《坐在懒人沙发上盯着垃圾箱看的两个人》 ☐

(c)《粉碎粉碎！炸掉炸掉！》 ☐

9. 下列哪项体育运动最安全？

(a) 刺猬和袋鼠的摔跤比赛 ☐

(b) 在跨栏下面慢速倒爬 ☐

(c) 快速爬树 ☐

10. 下列最适合作为每日午餐的是？

(a) 卷心菜汤 ☐

(b) 卷心菜汤 ☐

(c) 卷心菜汤 ☐

危险学测试答案
（三级）

1. (b) **带有安全锥的安全头盔**为每一套装备都增添了**时尚**和**安全**的元素。

2. (c) 这是危险巡查车（**D**anger **O**bservation **R**econnaissance **K**art）的英文首字母缩写。

3. (b) 陈年旧鞋。真恶心，上一秒钟还认为幽灵没那么惹人讨厌了呢。

4. (a) 秋天，**树叶鳄**会躲在满地落叶下面袭击人。

5. (a) 当然是懒人沙发！坐之前请确认一下，别把睡梦中的海狮当成懒人沙发了。

6. (c) 两片面包之间最适合存放你的**便携式观察记录本。可是它不能吃！**

7. (c) **校园变色龙**害怕数学。

这也是我们在下一页上放那么多算术题的原因。你可以把下一页剪下来，让**校园变色龙**再也不敢接近你。

8. (b)《坐在懒人沙发上盯着垃圾箱看的两个人》是最安全的剧目名称。

如果它们有机会上演，

请不要去看另外两部剧。

9. (b) 在跨栏**下面**慢速倒爬是最安全的体育运动。**最后一个**到达终点的参赛者将赢得比赛。

10. (a)(b)(c) 都是正确答案。

校园变色龙，
快走开！

校园变色龙，
快走开！

如果你全都答对了，

请翻到下一页。

如果没有全部答对，**不要翻页！**

请返回这本书的第一页，重新再看一遍。

热烈祝贺你顺利毕业！
诺埃尔
泰迪
卷心菜汤

危险学毕业证书（三级）

特此证明

______________博士

（填写你的姓名）

你已经出色掌握了**避免被愤怒和强攻击性动物攻击、生活避险十大诀窍，以及危险学领域的基本知识**，已经由**三级危险学学生**进阶成为一名不折不扣的**危险学家（三级）**。

现在，你可以驾驶自己的**危险巡查车（DORK）**——不过，请你留心山坡和起伏。并且始终牢记

危险无处不在

诺埃尔
专用
卷心菜章

Docter Noel Zone

诺埃尔·佐内博士（五级危险学家）

寄件人：诺埃尔·佐内博士

收件人：格蕾泰尔

我欠你一座花园小棚屋

对不起，格蕾泰尔。

危险真的无处不在。

危险无处不在 3

这本书手册是在我的两位
邻居的帮助下完成的。

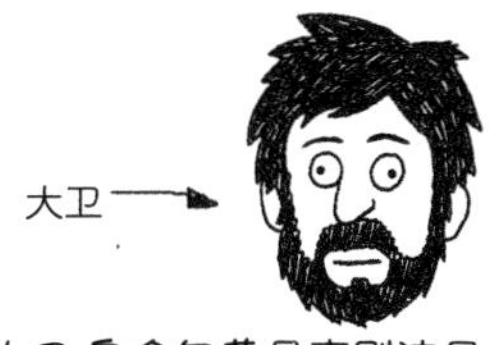

大卫·奥多尔蒂（著）
克里斯·贾齐（绘）

大卫·奥多尔蒂是喜剧演员、作家，经常在电视节目中担任嘉宾，如《非常有趣》《新闻问答》《我会骗你吗》。他写过两部儿童剧，在其中一部中他就把自行车搬上了舞台。

克里斯·贾齐是知名童书作家、插画家，他为孩子们创作了许多图画书。他的代表作有获奖作品《一只孤独的野兽》。他近期的工作是为罗迪·道伊尔的小说《闪耀》绘制插画，以及在咖啡馆里度过一个星期——在切面包板上画一些可能并不存在的动物。

克里斯曾经是一名乐队成员，而大卫经常去看他们的演出，他们俩就这样认识了。
他们俩都住在爱尔兰的都柏林。

图书在版编目（CIP）数据

危险无处不在：全三册 / (爱尔兰) 大卫・奥多尔蒂著；(爱尔兰) 克里斯・贾齐绘；韦萌译. -- 北京：北京联合出版公司, 2019.10（2023.8重印）

ISBN 978-7-5596-3521-1

Ⅰ. ①危… Ⅱ. ①大… ②克… ③韦… Ⅲ. ①安全教育—儿童读物 Ⅳ. ①X956-49

中国版本图书馆CIP数据核字(2019)第182036号

危险无处不在（全三册）

著　　者：［爱尔兰］大卫・奥多尔蒂
绘　　者：［爱尔兰］克里斯・贾齐
译　　者：韦　萌
出 品 人：赵红仕
选题策划：北京浪花朵朵文化传播有限公司
出版统筹：吴兴元
责任编辑：龚　将　夏应鹏
特约编辑：余以恒
营销推广：ONEBOOK
装帧制造：墨白空间・唐志永

北京联合出版公司出版
（北京市西城区德外大街 83 号楼 9 层　100088）
北京盛通印刷股份有限公司　新华书店经销
字数 270 千字　787 毫米 × 1092 毫米　1/24　30 印张
2019 年 11 月第 1 版　2023 年 8 月第 4 次印刷
ISBN 978-7-5596-3521-1
定价：99.80 元

读者服务：reader@hinabook.com 188-1142-1266
投稿服务：onebook@hinabook.com 133-6631-2326
直销服务：buy@hinabook.com 133-6657-3072
官方微博：@ 浪花朵朵童书
